高等职业教育本科、专科计算机类专业新型一体化教材

基于 CentOS 的云计算系统运维与管理

杨海艳　主编

電子工業出版社
Publishing House of Electronics Industry
北京 · BEIJING

内容简介

本书是基于 CentOS 7 的开源项目云计算系统运维与管理，从零基础入门到精通的项目式教材。其中，第 1 章介绍 CentOS 运维基础命令，第 2 章介绍 OpenStack 私有云计算系统运维与管理，第 3 章介绍分布式 OpenStack Ocata VXLAN 模式云计算系统运维与管理，第 4 章介绍 OpenNebula 云计算系统运维与管理，第 5 章介绍 CentOS 云计算系统运维与管理。

本书不仅可以作为高职院校计算机网络技术、云计算技术与应用等专业的核心课程用书，还可以作为对 CentOS 云计算系统运维与管理技术感兴趣的相关人员的自学参考用书。

图书在版编目（CIP）数据

基于 CentOS 的云计算系统运维与管理 / 杨海艳主编. —北京：电子工业出版社，2020.4（2024.8 重印）

ISBN 978-7-121-37498-2

Ⅰ. ①基… Ⅱ. ①杨… Ⅲ. ①Linux 操作系统 Ⅳ. ①TP316.85

中国版本图书馆 CIP 数据核字（2019）第 214180 号

责任编辑：李　静　　　　　特约编辑：田学清
印　　刷：北京虎彩文化传播有限公司
装　　订：北京虎彩文化传播有限公司
出版发行：电子工业出版社
　　　　　北京市海淀区万寿路 173 信箱　　　　邮编：100036
开　　本：787×1092　1/16　印张：12.25　　字数：336 千字
版　　次：2020 年 4 月第 1 版
印　　次：2024 年 8 月第 7 次印刷
定　　价：39.80 元

凡所购买电子工业出版社图书有缺损问题，请向购买书店调换。若书店售缺，请与本社发行部联系，联系及邮购电话：（010）88254888，88258888。

质量投诉请发邮件至 zlts@phei.com.cn，盗版侵权举报请发邮件至 dbqq@phei.com.cn。

本书咨询联系方式：（010）88254604，lijing@phei.com.cn。

前　言

云计算是分布式计算的一种。虚拟化是一种具体技术，是指把硬件资源虚拟化，实现隔离性、可扩展性、安全性、资源可充分利用等。目前，云计算大多依赖虚拟化，通过把多台服务器实体虚拟化后，构成一个资源池，实现共同计算、共享资源。其实在提出“云计算”这个名词之前，过去的“服务器集群”就已经实现了这些功能，只不过没有现在这么先进而已。

在互联网发展的最初几十年，人们适应了单机的工作模式，习惯了自己购买的软硬件。近几年来，随着网络的发展与普及，特别是“云计算”概念的出现，使软硬件都隐没于云端，实现了使用云端的服务就像使用天然气、水、电一样，用户在这种技术下使用的全部是服务。这些服务包括：计算能力的服务、软件功能服务、存储服务等。用户的个人终端将退化成为一个信息交互的工具，实现用户与云的沟通；利用云计算技术，用户通过普通终端甚至掌上终端就能完成现在大型机才能完成的功能，互联网等承载的是向用户传送服务、传送计算的能力，从而大大拓展了计算机的应用空间。

目前，市面上实现云计算技术的虚拟化软件众多，但大多是商业软件，是要付费才能使用的，而 CentOS 是 Linux 发行版本之一，它来自红帽的 RHEL，依据开放源代码规定释出的源代码编译而成。由于出自同样的源代码，因此有些要求高度稳定性的服务器以 CentOS 替代商业版的 Red Hat Enterprise Linux 使用，两者的不同，仅在于 CentOS 完全开源。

本书是基于 CentOS 7 的开源项目云计算系统运维与管理，从零基础入门到精通的项目式教材。其中，第 1 章介绍 CentOS 运维基础命令，第 2 章介绍 OpenStack 私有云计算系统运维与管理，第 3 章介绍分布式 OpenStack Ocata VXLAN 模式云计算系统运维与管理，第 4 章介绍 OpenNebula 云计算系统运维与管理，第 5 章介绍 CentOS 云计算系统运维与管理。

尽管编者在编写本书时精心设计了每个场景、案例，并且已经考虑了一些相关企业的共性问题，但就像天下没有完全相同的两个人一样，每个企业都有自己的特点，都有自己的需求。所以，这些案例可能并不完全适合每位读者的需求，读者在实际应用时需要根据实际情况进行相应的改动。

本书难免存在疏漏和不足之处，敬请广大读者批评、指正！

编　者

2019 年 11 月

目录

第 1 章　CentOS 运维基础命令

Linux 和 Windows 系统操作有很大的不同。要熟练地使用 Linux 系统，首先要了解 Linux 系统的目录结构，并且掌握常用的命令，以便进行文件操作、信息查看和系统参数配置等操作。本章的目的是通过示例的方式演示 CentOS 7 Linux 系统的一些常用命令，与运维相关的高级命令则在本书的第 2～5 章中详细介绍。

1.1　文件管理命令

文件是 Linux 的基本组成部分，文件管理包括文件的复制、删除、修改等操作。本节主要介绍 Linux 中文件管理相关的命令。

1.1.1　创建文件或修改文件时间命令 touch

touch 命令有两个功能：一是用于把已存在文件的时间标签更新为系统当前的时间（默认方式），它们的数据将原封不动地保留下来；二是用来创建新的空文件。

【touch yhy】在当前目录下建立一个名为 yhy 的空文件。然后，利用【ls -l】命令可以发现文件 yhy 的大小为 0，表示它是空文件。

【touch -t 201901142234.50 yhy】使用指定的日期时间，而非现在的时间。

日期时间格式为[[CC]YY]MMDDhhmm[.SS]。

这里，CC 为年数中的前两位，即“世纪数”；YY 为年数的后两位，即某世纪中的年数。如果不给出 CC 的值，则 touch 将把年数 CCYY 限定在 1969～2068 之内。MM 为月数，DD 为天数，hh 为小时数（几点），mm 为分钟数，SS 为秒数。此处秒的设定范围是 0~61，这样可以处理闰秒。这些数字组成的时间是环境变量 TZ 指定的时区中的一个时间。由于系统的限制，早于 1970 年 1 月 1 日的时间是错误的。

1.1.2　复制文件命令 cp 与移动文件命令 mv

Linux 操作系统在使用过程中，我们常常需要复制、移动文件或者目录，类似于 Windows 系统下的复制、剪切操作，那么在 Linux 系统下如何使用命令来执行复制、剪切任务呢？下面就以 CentOS 6.4 系统为例演示在 Linux 系统中如何对文件和目录进行复制和移动。

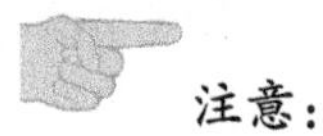

注意：

cp 命令与 mv 命令在很多功能上都非常相似，但是这两个命令又有着很大的区别，其中最明显的区别也是使用中需要注意的就是 cp 命令的使用会保留源文件与目录，而 mv 命令的使用会将源文件与目录删除。

如果希望复制文件，可以直接使用命令【cp 源文件 目的文件】来完成，命令输入后系统会在当前目录下复制，如果目的文件名存在则内容被重写，如果目的文件名不存在系统将会创建。如果希望剪切移动文件或者重命名文件，可以使用命令【mv 源文件 目的文件】，命令输入后当前目录下会出现与源文件内容相同但名称不同的新文件，并且源文件会被删除。

【cp yhy yhy.txt】命令可以把文件 yhy 复制成 yhy.txt，源文件 yhy 保留。

【mv yhy.txt yhy.txt.bak】命令可以把文件 yhy.txt 改名成 yhy.txt.bak，源文件 yhy.txt 被删除。

如果希望将文件复制到指定目录，可以使用命令【cp 源文件 指定目录】来完成，复制后的文件名与源文件名相同。同样，如果希望将文件移动到指定目录，可以使用命令【mv 源文件 指定目录】来完成，源文件会被系统删除，这就类似于 Windows 系统中的剪切移动操作。

【cp yhy.txt.bak /home】命令可以复制当前目录下文件 yhy.txt.bak 到/home 目录下，文件名不变，源文件保留。

【cp yhy.txt.bak /home/yhy.txt】命令可以复制文件 yhy.txt.bak 到/home 目录下，文件名改为 yhy.txt，源文件保留。

【mv install.log /home】命令可以移动 install.log 文件到/home 目录下，文件名不变，源文件被删除。

如果希望同时将多个文件复制到指定目录，可以使用命令【cp 源文件 1 源文件 2 指定目录】来完成。如果想完成多文件的移动操作，就可以使用命令【mv 源文件 1 源文件 2 指定目录】来完成。

如果希望将一个目录下的所有文件都复制到指定目录，可以通过 cp 命令配合通配符来完成：【cp 源目录/* 指定目录】。同样使用【mv 源目录/* 指定目录】命令也可以完成同一目录下所有文件整体移动的操作。

如果希望复制目录，可以使用命令【cp -r 源目录 目的目录】来完成，r 参数表明的是递归复制。当目的目录不存在，系统会自动创建目的目录；当目的目录存在时，系统会将源目录下的内容复制到目的目录中。如果将命令中的 cp -r 换成 mv，那么对目的目录的操作等同于 cp 命令，但源目录会被删除。

为防止用户在不经意的情况下使用 cp 命令破坏另一个文件，如用户指定的目标文件名已存在，用 cp 命令复制文件后，这个文件就会被覆盖，此时可以使用“i”选项实现在覆盖之前询问用户。

1.1.3 删除文件命令 rm

用户可以用 rm 命令删除不需要的文件。rm 命令可用于删除文件或目录，并且支持通配符，如目录中存在其他文件则会递归删除。删除软链接只是删除链接，对应的文件或目录不会被删除，软链接类似Windows系统中的快捷方式。删除硬链接后文件依然存在，其他的硬链接仍可以访问该文件内容。

Linux系统之下的删除不完全等同于Windows系统下的删除操作，其中需要操作者重视的就是，Linux系统下一旦删除了文件与目录那么它将会消失，而Windows系统下我们还可以通过回收站来进行还原。

Linux系统下的删除操作本身就具有很高的执行权限，如果再在root用户下执行，可以完全删除整个操作系统。

【rm 文件名】命令可以删除当前目录下的文件，如果不加任何参数，系统会自动提示是否删除，如果确定删除输入y即可完成。需要注意的是删除操作需要操作用户对该文件具有写权限。

【rm -r 目录名】命令可以删除当前目录下的一个目录，r参数代表的含义就是递归，系统会将该目录下的所有文件包括目录全部删除，当然系统也会逐个提示用户是否删除，输入y即可。

在删除目录的时候逐个输入y很麻烦，这时可以使用系统提供的另外一个参数f，实际上就是force的意思，代表的是强制执行。一旦输入命令【rm -rf 目录名】，那么系统会在没有任何提示的情况下完全删除目录。

在多数情况下，rm命令会配合通配符使用，例如需要删除所有后缀是.doc的文件可以使用命令【rm -rf *.doc】，一旦操作完成那么所有后缀为.doc的文件或者目录都会被删除。这里笔者还要再提醒一句，通配符在配合rm命令使用时一定要小心，如果在根目录下输入上述命令时不小心在*和.doc之间多加了一个空格变成【rm -rf * .doc】，那么整个Linux系统中的相关文件都会被删除。

当然rm命令后面所跟着的文件与目录，都可以使用绝对路径与相对路径。例如【rm -rf /root/Linux.doc】与在root目录下使用【rm -rf ./Linux.doc】和【rm -rf Linux.doc】的效果是一样的。

1.1.4 查看文件命令cat、less、tail、more

cat、more和less三种命令可以用来查阅全部的文件，使用它们查阅文件的方法也比较简单，都是【命令 文件名】，但是三者又有着以下区别。

- cat命令可以一次显示整个文件，但是如果文件比较大，使用不是很方便。
- more命令可以让屏幕在显示满一个屏幕时暂停，此时可按空格键继续显示下一个画面，或按Q键停止显示。
- less命令也可以分页显示文件，和more命令的区别就在于它支持上下键滚动屏幕，当结束浏览时，只要在less命令的提示符“:”后输入Q并按Enter键即可。

另外，多数情况下more和less命令会配合管道符来分页输出需要在屏幕上显示的内容。

下面分别使用cat、more、less命令显示root目录下的install.log文件，然后使用more和less命令配合grep与管道符查找install.log文件中包含i686的文本行，注意这三个命令的区别。

【cat /root/install.log】使用cat命令显示install.log文件，从结果中可以看出，系统会将install.log文件完整地显示出来，但是用户只能看到文件的末尾部分，该命令适合显示内容比较少的文件。

【more /root/install.log】使用 more 命令显示 install.log 文件，从结果中可以看出，系统在显示满一个屏幕时暂停，使用空格键可以翻页，使用 Q 键可以退出。

【less /root/install.log】使用 less 命令显示 install.log 文件，从结果中可以看出，系统同样在显示满一个屏幕时暂停，但是可以使用上下方向键滚动屏幕，要结束时只需在“:”后输入 Q 并按 Enter 键即可。

【cat /root/install.log | grep "i686"| more】或【cat /root/install.log | grep "i686"| less】分页显示 install.log 文件中包含 i686 的文本行，结合 grep 和管道符使用。这条命令实际上是将 install.log 文件内的所有内容管道给 grep，然后查找包含 i686 的文本行，最后将查找到的内容管道给 more 或 less 分页输出。

【cat -n /root/install.log】显示行号，空白行也进行编号。

【cat -b /root/install.log】对空白行不编号。

【cat filel file2 >file_1_2】合并 filel 和 file2 的内容到 file_1_2 中。

【cat >file3】创建文件 file3，等待键盘输入内容，按快捷键 Ctrl+D 结束输入。

【cat >>file3】往 file3 追加内容，等待键盘输入追加的内容，按快捷键 Ctrl+D 结束输入。

【more +6 file3】从第 6 行开始显示文件内容。

【more -c -10 file3】先清屏，然后将以每次 10 行的方式显示文件 file3 的内容。

tail 命令和 less 命令类似，它可以指定显示文件的最后多少行，并可以滚动显示文件内容。

【tail -n 100 /etc/cron】显示最后 100 行数据。

【tail -n -100 /etc/cron】前 99 行不显示，显示第 100 行到末尾行数据。

【tail -f filename】会把 filename 文件里最尾部的内容显示在屏幕上，并且不断刷新，只要 filename 更新就可以看到最新的文件内容。

1.1.5 查找文件或目录命令 find 和 locate

1. find 命令

find 命令可以根据给定的路径和表达式查找指定的文件或目录。find 命令的参数选项很多，并且支持正则表达式，功能强大；和管道结合使用可以实现复杂的功能，是系统管理者和普通用户必须掌握的命令。find 命令如不加任何参数，则表示查找当前路径下的所有文件和目录。

（1）通过文件名查找

【find / -name httpd.conf】查找名为 httpd.conf 的文件在 Linux 系统中的完整位置。

（2）无错误查找技巧

在 Linux 系统中 find 命令是大多数系统用户都可以使用的命令，并不是 ROOT 系统管理员的专利。但是普通用户使用 find 命令时也有可能遇到这样的问题，那就是 Linux 系统中系统管理员 ROOT 可以把某些文件目录设置成禁止访问模式，这样普通用户就没有权限用 find 命令来查询这些目录或者文件。当普通用户使用 find 命令来查询这些文件目录时，往往会出现 Permission denied（禁止访问）字样，系统将无法查询到你想要的文件。为了避免这样的错误，我们可以使用转移错误提示的方法尝试查找文件，例如输入：【find / -name access_log

2>/dev/null】。

（3）根据部分文件名查找

【find /etc -name '*srm*'】查找系统中在/etc下所有包含srm三个字母的文件。

这个命令表明了Linux系统将在/etc整个目录中查找所有的包含srm这三个字母的文件，比如absrmyz、tibc.srm等符合条件的文件都能显示出来。如果知道这个文件是由srm这三个字母打头的，那么可以省略最前面的星号，命令可改为【find /etc -name 'srm*'】。这时只有像srmyz这样的文件才会被查找出来，而像absrmyz或者absrm这样的文件都不符合要求，不会被显示，这样查找文件的效率和可靠性就大大增强了。

（4）根据文件的特征查询

【find /-size 1500c】查找一个大小为1500bytes的文件，字符c表明这个要查找的文件的大小是以bytes为单位。

【find / -size +10000000c】查找出大于10 000 000字节的文件并显示出来，命令中的“+”是表示要求系统只列出大于指定大小的文件，而使用“-”则表示要求系统列出小于指定大小的文件。

【find / -amin -10】查找在系统中最后10分钟内访问的文件。

【find / -atime -2】查找在系统中最后（2*24）48小时内访问的文件。

【find / --cmin 2】查找系统中最后2分钟内被改变状态的文件。

【find / -empty】查找在系统中为空的文件或者文件夹。

【find / -group cat】查找在系统中属于用户组cat的文件。

【find / -mmin -5】查找在系统中最后5分钟内修改过的文件。

【find / -mtime -1】查找在系统中最后24小时内修改过的文件。

【find / -nouser】查找在系统中属于作废用户的文件。

【find / -user yhy】查找在系统中属于yhy这个用户的文件。

【find / -false】查找系统中总是错误的文件。

【find / -fstype type】查找系统中存在于指定文件系统的文件，例如ext4。

2. locate命令

locate命令其实是find -name的另一种写法，但是要比后者快得多，原因在于它不搜索具体目录，而是搜索一个数据库/var/lib/locatedb，这个数据库中含有本地所有文件信息。Linux系统自动创建这个数据库，并且每天自动更新一次，所以使用locate命令查不到最新变动过的文件。为了避免这种情况，可以在使用locate之前，先使用【updatedb】命令，手动更新数据库。

【locate /etc/sh】搜索etc目录下所有以sh开头的文件。

【locate ~/m】搜索用户主目录下，所有以m开头的文件。

【locate -i ~/m】搜索用户主目录下，所有以m开头的文件，并且忽略大小写。

1.1.6 过滤文本命令grep

grep是一种强大的文本搜索命令，用于查找文件中符合指定格式的字符串，支持正则表达式。如不指定任何文件名称，或是所给予的文件名为“-”，则grep命令从标准输入设备读取数据。grep 家族包括 grep、egrep 和 fgrep。egrep 和 fgrep 命令与 grep 区别很小。egrep 是 grep 的扩展。fgrep 就是 fixed grep 或 fast grep，该命令可将任何正则表达式中的元字符表示回其自身的字面意义，不再特殊。其中 egrep 就等同于“grep -E”，fgrep 等同于“grep -F”。Linux 中的 grep 功能强大，支持很多丰富的参数，可以方便地进行一些文本处理工作。

grep 单独使用时至少有两个参数，如少于两个参数，grep 会一直等待，直到该程序被中断。如果遇到了这样的情况，可以按快捷键 Ctrl+C 终止。默认情况下只搜索当前目录，如果递归查找子目录，可使用“r”选项。

【grep root /etc/passwd】在指定文件/etc/passwd 中查找包含 root 字符串的行。

【cat /etc/passwd | grep root】结合管道一起使用，效果同上。

【grep -n root /etc/passwd】将显示符合条件的内容以及所在的行号。

【grep Listen httpd.conf】在 httpd.conf 中查找包含 Listen 的行并打印出来，区分大小写。

【grep -i uuid yhy.txt】在 yhy.txt 中查找指定字符串 uuid，不区分大小写。

1.1.7　比较文本文件差异的 diff 命令

diff 命令的功能为逐行比较两个文本文件，列出其不同之处。它对给出的文本文件进行系统的检查，并显示出两个文本文件中所有不同的行，以便告知用户为了使两个文本文件 filel 和 file2一致，需要修改它们的哪些行，比较之前不要求事先对文本文件进行排序。如果 diff 命令后跟的是目录，则会对该目录中的同名文件进行比较，但不会比较其中的子目录。

【diff httpd.conf httpd.conf.bak | cat -n】比较 httpd.conf 与 httpd.conf.bak 文件的差异。

在比较结果中，以“<”开头的行属于第 1 个文件，以“>”开头的行属于第 2 个文件。字母 a、d 和 c 分别表示附加、删除和修改操作。

1.1.8　在文件或目录之间创建链接的 ln 命令

ln 命令用于链接文件或目录，如同时指定两个以上的文件或目录，且最后的目的地是一个已经存在的目录，则会把前面指定的所有文件或目录复制到该目录中。若同时指定多个文件或目录，且最后的目的地并非是一个已存在的目录，则会出现错误信息。ln 命令会保持每一处链接文件的同步性，也就是说，改动其中一处，其他地方的文件都会发生相同的变化。

ln 分为软链接和硬链接。软链接只会在目的位置生成一个文件的链接文件，实际不会占用磁盘空间，相当于 Windows 中的快捷方式。硬链接会在目的位置上生成一个和源文件大小相同的文件。无论是软链接还是硬链接，文件都保持同步变化。软链接是可以跨分区的，但是硬链接必须在同一个文件系统中，并且不能对目录进行硬链接，而符号链接可以指向任意的位置。

【ln -s /data/ln/src /data/ln/dst】创建软链接，当源文件内容改变时，软链接指向的文件内容也会改变；删除源文件，软链接指向的文件内容将不复存在。

【ln /data/ln/src　/data/ln/dst_hard】创建硬链接，删除源文件，硬链接文件内容依然存在。

【ln -s /data/ln/* /data/ln2】对某一目录中的所有文件和目录建立链接。

对硬链接指向的文件进行读写和删除操作的时候，效果和符号链接相同。删除硬链接文件的源文件，硬链接文件仍然存在，可以将硬链接指向的文件认为是不同的文件，只是具有相同的内容。

1.1.9 显示文件类型的 file 命令

file 命令用来显示文件的类型，对于每个给定的参数，该命令试图将文件分类为文本文件、可执行文件、压缩文件或其他可理解的数据格式。

【file magic】显示文件类型，输出内容如下：

```
magic: magic text file for file(1) cmd
```

【file -b magic】不显示文件名称，只显示文件类型，输出内容如下：

```
magic text file for file(1) cmd
```

【file -i magic】显示文件 magic 的信息，输出内容如下：

```
magic: text/plain; charset=utf-8
```

【file /bin/cp】显示 cp 可执行文件的信息，输出内容如下：

```
/bin/cp: ELF 64~bit LSB executable, AMD x86-64 r version 1 {SYSV) , for GNU/Linux 2.6.4, dynamically linked (uses shared libs), for GNU/Linux 2.6.4, stripped
```

用【ln -s /bin/cp】命令创建软链接。

【file cp】显示链接文件 cp 的信息，输出内容如下：

```
cp:symbolic link to '/bin/cp '
```

【file -L cp】显示链接指向的实际文件的相关信息，输出内容如下：

```
cp: ELF 64-bit LSB executable, AMD x86-64, version 1 (SYSV), for GNU/Linux 2.6.4, dynamically linked (uses shared libs), for GNU/Linux 2.6.4f stripped
```

1.1.10 分割文件的 split 命令

当处理文件时，有时需要将文件进行分割处理。split 命令用于分割文件，可以按指定的行数分割文本文件，每个分割后的文件都包含相同的行数。split 也可以分割非文本文件，分割时可以指定每个文件的大小，分割后的文件有相同的大小。有时需要将文件分割成更小的片段，比如为提高可读性、生成日志等。使用 split 命令分割后的文件可以使用 cat 命令组装在一起。

【split yhy.txt】默认按 1000 行分割文件 yhy.txt。

split 命令后可以跟如下选项。

- -b：值为每一个输出文件的大小，单位为 byte。
- -C：每一个输出文件中，单行的最大 byte 数。
- -d：使用数字作为后缀。
- -l：值为每一个输出文件的行数大小。

【dd if=/dev/zero bs=100k count=1 of=yhy.file】生成一个大小为 100KB 的测试文件 yhy.file。

【split -b 10k yhy.file】使用 split 命令将上面创建的 yhy.file 文件分割成 10 个大小为 10KB 的小文件。

【split -b 10k yhy.file -d -a 3】文件被分割后得到多个带有字母后缀的文件，如果想用数字后缀可使用-d 参数，同时可以使用-a length 来指定后缀的长度。

【split -b 10k yhy.file -d -a 3 split_file】为分割后的文件指定文件名的前缀。

【split -l 10 yhy.file】使用-l 选项可根据文件的行数来分割文件，例如把文件分割成每个文件包含 10 行的多个小文件。

当把一个大的文件分拆为多个小文件后，如何校验文件的完整性呢？一般通过 MD5 工具来校验对比。对应的 Linux 命令为 md5sum（有关 MD5 的校验机制和原理请参考相关文档，本节不展开讲解）。

1.1.11 文件默认权限设置命令 umask

umask 用于指定在建立文件时默认的权限掩码。权限掩码由 3 个八进制数字所组成，将现有的存取权限减去权限掩码后，即可得到建立文件时默认的权限。

需要注意的是文件基数为 666，目录为 777，即文件无法设 x 位，目录可设 x 位。chmod 改变文件权限位时设定哪个位，那么哪个位就有权限；而 umask 是设定哪个位，则哪个位上就没权限。当完成一次设定后，只对当前登录的环境有效，如想永久有效，可以加入对应用户的 profile 文件中。

【umask】查询当前 umask 默认值，默认输出“0022”。

umask 参数中的数字范围为 000~777。umask 计算方法分为目录和文件两种情况。相应的文件和目录默认创建权限确定步骤如下。

（1）目录和文件的最大权限模式为 777，即所有用户都具有读、写和执行权限。

（2）得到当前环境 umask 的值，当前系统为 0022。

（3）对于目录来说，根据互补原则目录权限为 755，而文件由于默认没有执行权限，最大为 666，因此对应的文件权限为 644。

【touch file】创建文件。

【mkdir dir】创建目录。

文件默认权限为 666−022=644，目录默认权限为 777−022=755。

1.1.12 文本操作命令 awk 和 sed

awk 和 sed 为 Linux 系统中强大的文本处理工具，其使用方法比较简洁，而且处理效率非常高，本节主要介绍 awk 和 sed 命令的使用方法。

1. awk 命令

awk 命令用于 Linux 下的文本处理，数据可以来自文件或标准输入，具有支持正则表达式等功能，是 Linux 下强大的文本处理工具。

例如，执行【awk '{print $0}' /etc/passwd|head】命令后输出如下内容：

```
root:x:0:0:root:/root:/bin/bash
bin:x:1:1:bin:/bin:/sbin/nologin
daemon:x:2:2:daemon:/sbin "sbin/nologin
adm:x:3;4:adm:/var/adm:/sbin/nologin
lp:x:4:7:lp:/var/spool/lpd:/sbin/nologin
sync:x:5:0:sync:/sbin:/bin/sync
```

当指定 awk 时，首先从给定的文件中读取内容，然后针对文件中的每一行执行 print 命令，并把输出内容发送至标准输出，如屏幕。在 awk 中，“{}”用于将代码分块。由于 awk 默认的分隔符为空格等空白字符，上述示例中的功能为将文件中的每行打印出来。

2. sed 命令

在修改文件时，如果不断地重复某些编辑动作，则可用 sed 命令完成。sed 命令为 Linux 系统中将编辑工作自动化的编辑器，使用者无须直接编辑数据，是一种非交互式上下文编辑器，一般的 Linux 系统，本身即安装有 sed 工具。使用 sed 可以完成数据行的删除、更改、添加、插入、合并或交换等操作。同 awk 类似，sed 命令可以通过命令行、管道或文件输入。

sed 命令可以打印指定的行至标准输出或重定向至文件，打印指定的行可使用 sed 的编辑命令“p”，可以打印指定的某一行或某个范围内的行。

执行【head -3 /etc/passwd | sed -n 2p】命令后输出如下内容：

```
bin:x:1:1:bin:/bin:/bin/bash
```

执行【head -3 /etc/passwd | sed -n 2, 3p】命令后输出如下内容：

```
bin:x:1:1:bin:/bin:/bin/bash
daemon:x:2:2:Daemon:/sbin:/bin/bash
```

注意：

“2p”表示只打印第 2 行，而“2,3p”表示打印一个范围。

1.2 目录管理命令

目录是 Linux 的基本组成部分，目录管理包括目录的复制、删除、修改等操作，本节主要介绍 Linux 中目录管理相关的命令。

1.2.1 显示当前工作目录的 pwd 命令

pwd 命令用于显示当前工作目录的完整路径。pwd 命令使用比较简单，默认情况下不带任何参数，执行该命令显示当前路径。如果当前路径有软链接，则显示链接路径而非实际路径，使用“p”参数可以显示当前路径的实际路径。

【pwd】默认显示链接路径。

【pwd -p】显示实际路径。

1.2.2 建立目录命令 mkdir

mkdir 命令用于创建指定的目录。创建目录时当前用户对需要操作的目录有读写权限。如果目录已经存在，会提示报错并退出。mkdir 可以创建多级目录。

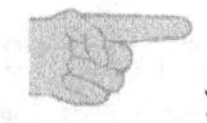

注意：

创建目录时目的路径不能存在重名的目录或文件。使用 p 参数可以一次创建多个目录，并且创建多级目录，而不需要多级目录中每个目录都存在。

【mkdir soft】创建 soft 目录。如目录已经存在，提示 mkdir:cannot create directory 'soft'; File exists 错误信息并退出。

【mkdir -p soft】使用“p”参数可以创建存在或不存在的目录。

【mkdir -m775 apache】指定新创建目录的权限。

【mkdir -p /data/(yhy1,yhy2)】或【mkdir -p /data/yhy3 /data/yhy4】一次创建多个目录。

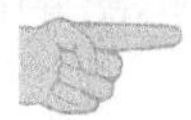

注意：

无写权限则不能创建目录，虽然没有权限写入，但由于目录存在，故不会提示任何信息。

1.2.3 删除目录命令 rmdir

rmdir 命令用来删除空目录。当目录不再被使用，或者磁盘空间已到达使用限定值时，就需要删除失去使用价值的目录。利用 rmdir 命令可以从一个目录中删除一个或多个空的子目录。删除目录时，必须具有对其父目录的写权限。

【rmdir -p bin/os_1】删除子目录 os_1 和其父目录 bin。

注意：

子目录被删除之前应该是空目录，也就是说，该目录中的所有文件必须用 rm 命令全部删除，另外，当前工作目录必须在被删除目录之上，不能是被删除目录本身，也不能是被删除目录的子目录。

虽然还可以用带有-r 选项的 rm 命令递归删除一个目录中的所有文件和该目录本身，但是这样做存在很大的危险性。

注意：

当使用“p”参数时，如目录中存在空目录和文件，则空目录会被删除，上一级目录不能删除。

1.2.4 查看目录树命令 tree

使用 tree 命令能够以树状图递归的形式显示各级目录，从而可以方便地查看目录结构。

【tree】以树状图递归的形式显示各级目录。

【tree -f】在每个文件或目录之前，显示完整的相对路径名称。

1.2.5 打包或解包文件命令 tar

tar 命令用于将文件打包或解包，扩展名一般为.tar，指定特定参数可以调用 gzip 或 bzip2 制作压缩包或解开压缩包，扩展名为.tar.gz 或.tar.bz2。tar 命令相关的包一般使用.tar 作为文件名标识。如果加 z 参数，则以.tax.gz 或.tgz 来代表 gzip 压缩过的 tar 文件。

【tar -cvf /tmp/etc.tar /etc】仅打包，不压缩。

【tar -zcvf /tmp/etc.tar.gz /etc】打包并使用 gzip 压缩。

【tar -jcvf /tmp/etc.tar.bz2 /etc】打包并使用 bzip2 压缩。

【tar -ztvf /tmp/etc.tar.gz】查看压缩包文件列表。

【cd /data】切换目录。

【tar -zxvf /tmp/etc.tar.gz】解压压缩包至当前路径。

【tar -zxvf /tmp/etc.tar.gz etc/passwd】只解压指定文件。

【tar -zxvpf /tmp/etc.tar.gz /etc】建立压缩包时保留文件属性。

【tar --exclude /home/*log -zxvpf /tmp/etc.tar.gz /data/soft】排除某些文件。

1.2.6 压缩或解压缩文件和目录命令 zip/unzip

zip 是 Linux 系统下广泛使用的压缩程序，文件压缩后扩展名为“.zip”。

zip 命令的基本用法是：zip [参数][打包后的文件名][打包的目录路径]。路径可以是相对路径，也可以是绝对路径。

【zip -r myfile.zip ./* 】将当前目录下的所有文件和文件夹全部压缩成 myfile.zip 文件，-r 表示递归压缩子目录下所有文件。

【unzip -o -d /home/yhy myfile.zip】把 myfile.zip 文件解压到/home/yhy/下，-o 参数表示不提示的情况下覆盖文件；-d 选项指明将文件解压缩到/home/yhy 目录下。

【zip -d myfile.zip yhy.txt】删除压缩文件中的 yhy.txt 文件。

【zip -m myfile.zip ./yhy.txt】向压缩文件 myfile.zip 中添加 yhy.txt 文件。

【zip -q -r html.zip /home/Blinux/html】将/home/Blinux/html/目录下的所有文件和文件夹打包为当前目录下的 html.zip。

上面的命令操作是将绝对地址的文件及文件夹进行压缩，若是压缩相对路径的文件及文件夹，比如目前在 Bliux 这个目录下，执行以下操作可以达到和上面同样的效果：

【zip -q -r html.zip html】

unzip 命令用于解压缩由 zip 命令压缩的“.zip”压缩包。

【unzip test.zip】将压缩文件 test.zip 在当前目录下解压缩。

【unzip -n test.zip -d /tmp】将压缩文件 test.zip 在指定目录/tmp 下解压缩，如果已有相同的文件存在，要求 unzip 命令不覆盖原先的文件。

【unzip -v test.zip】或【zcat test.zip】查看压缩文件目录，但不解压缩。

【unzip -o test.zip -d /tmp】将压缩文件 test.zip 在指定目录/tmp 下解压缩，如果已有相同的文件存在，要求 unzip 命令覆盖原先的文件。

1.2.7 压缩或解压缩文件和目录命令 gzip/gunzip

和 zip 命令类似，gzip 用于文件的压缩，它压缩后的文件扩展名为“.gz”。gzip 默认压缩后会删除原文件。gunzip 用于解压缩经过 gzip 压缩过的文件，事实上 gunzip 就是 gzip 的硬链接，因此不论是压缩或解压缩，都可通过 gzip 命令单独完成。

【gzip *】把当前目录下的每个文件压缩成.gz 文件。

【gzip -dv *】把上面使用 gzip 命令压缩的每个文件解压缩，并列出详细的信息。

【gzip -l *】详细显示上面使用 gzip 命令压缩的每个文件的信息，并不解压缩。

【gzip -r log.tar】压缩一个.tar 备份文件，此时压缩文件的扩展名为.tar.gz。

【gzip -rv test】递归地压缩目录 test。这样，所有 test 下面的文件都变成了*.gz 文件，目录依然存在，只是目录里面的文件相应变成了*.gz 文件。这就是压缩和打包的不同。因为是对目录操作，所以需要加上-r 选项，这样也可以对子目录进行递归了。

【gzip -dr test】递归地解压缩目录。

【zip -r /opt/etc.zip /etc】将/etc 目录下的所有文件以及子目录进行压缩，备份压缩包 etc.zip 到/opt 目录。

【gzip -9v /opt/etc.zip】对 etc.zip 文件进行 gzip 压缩，设置 gzip 的压缩级别为 9。此命令将会生成压缩文件 etc.zip.gz。

【gzip -l /opt/etc.zip.gz】查看上述 etc.zip.gz 文件的压缩信息。

【gzip -d /opt/etc.zip.gz】或【gunzip /opt/etc.zip.gz】解压缩 etc.zip.gz 文件到当前目录。【gzip -d】命令等价于【gunzip】命令。

1.2.8 压缩或解压缩文件和目录命令 bzip2/bunzip2

bzip2 是一个基于 Burrows-Wheeler 变换的无损压缩软件，压缩效果比传统的 LZ77/LZ78 压缩算法来得好。它是一款免费软件，可以自由分发免费使用。它广泛存在于 UNIX 和 Linux 的许多发行版本中。bzip2 能够进行高质量的数据压缩。它利用先进的压缩技术，能够把普通的数据文件压缩 10%至 15%，压缩的速度和解压缩的效率都非常高；支持现在大多数压缩格式，包括.tar、.gzip 文件。没有加上任何参数，bzip2 压缩完文件后会产生.bz2 压缩文件，并删除原始的文件。

bunzip2 是 bzip2 的一个符号连接，但 bunzip2 和 bzip2 的功能却正好相反。bzip2 是用来压缩文件的，而 bunzip2 是用来解压缩文件的，相当于 bzip2 -d，类似的有 zip 和 unzip、gzip 和 gunzip、compress 和 uncompress。

gzip、bzip2 一次只能压缩一个文件，如果要同时压缩多个文件，则需将其打成 tar 包，然后压缩即得到 tar.gz、tar.bz2。Linux 系统中 bzip2 也可以与 tar 一起使用。bzip2 可以压缩文件，也可以解压缩文件，解压缩也可以使用另外一个名字 bunzip2。bzip2 的命令行标志大部分与 gzip 相同，所以，从 tar 文件解压缩 bzip2 压缩文件的方法如下所示。

【bzip2 file_test】压缩指定文件，压缩后原文件会被删除。

【tar -jcvf test.tar.bz2 filel file2 l.txt】多个文件压缩并打包。

【bzcat test.tar.bz2】查看 bzip 压缩过的文件内容。

【bzip2 -d -k shell.txt.bz2】使用-d 参数压缩，-k 参数保留原文件。

bzip2 包含的参数选项有以下几个。

- -f 或--force：解压缩时，若输出的文件与现有文件同名时，默认不会覆盖现有的文件。
- -k 或--keep：在解压缩后，默认会删除原来的压缩文件。若要保留压缩文件，请使用此参数。
- -s 或--small：降低程序执行时内存的使用量。
- -v 或--verbose：解压缩文件时，显示详细的信息。
- -l、--license、-V 或--version：显示版本信息。

1.3 系统管理命令

如何查看系统帮助？历史命令如何查看？日常使用中有一些命令可以提高 Linux 系统的使用效率，本节主要介绍系统管理相关的命令。

1.3.1 查看帮助命令 man

man 命令是 Linux 下的帮助指令，通过 man 命令可以查看 Linux 中的命令帮助、配置文件帮助和编程帮助等信息。

【man man】显示 man 命令的帮助信息。

当输入 man ls 时，系统会在最左上角显示“LS（1）”，在这里，“LS”表示手册名称，而“(1)”表示该手册位于第一章节。同样，当我们输入 man ifconfig 时，系统会在最左上角显示“IFCONFIG（8）”。也可以这样输入命令：“man [章节号]手册名称”。

1.3.2 查看历史记录命令 history

当使用终端命令行输入并执行命令时，Linux 会自动把命令记录到历史列表中，一般保存在用户 HOME 目录下的.bash_history 文件中。默认保存 1000 条，这个值可以更改。如果不需要查看历史命令中的所有项目，history 可以只查看最近 n 条命令列表。history 命令不仅可以查询历史命令，而且有相关的功能执行命令。

系统安装完毕，执行 history 并不会记录历史命令执行的时间，通过特定的设置可以记录历史命令的执行时间。使用上下方向键可以方便地看到执行的历史命令，使用快捷键 Ctrl+R 对历史命令进行搜索，对于想要重复执行某个命令时非常有用。当找到命令后，通常再按 Enter 键就可以执行该命令。如果想对找到的命令进行调整后再执行，则可以按左或右方向键。使用感叹号“!”可以方便地执行历史命令。

【!2】执行 history 显示的第 2 条命令。

【!up】执行最近一条以 up 开头的命令。

【history -c】清除已有的历史命令，使用-c 选项。

1.3.3 显示或修改系统时间与日期命令 date

date 命令的功能是显示或设置系统的日期和时间。

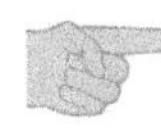

注意：

只有超级用户才能用 date 命令设置时间，一般用户只能用 date 命令显示时间。另外，一些环境变量会影响 date 命令的执行效果。

【date】显示系统当前时间，例如输出“Wed May 1 12:31:35 CST 2018”，CST 表示中国标准时间，UTC 表示世界标准时间，中国标准时间与世界标准时间的时差为+8，也就是 UTC+8。另外 GMT 表示格林尼治标准时间。

【date +%Y-%m-%d " " %H: %M: %S】按指定格式显示系统时间，例如输出“2018-05-01 12:31:36”。

【date -s 20180530】设置系统日期，只有 root 用户才能查看。

【date -s 12:31:34】设置系统时间。

【date +%Y-%m-%d " " %H:%M:%S -d "10 days ago"】显示 10 天之前的日期。

当以 root 身份更改了系统时间之后，还需要通过 clock -w 命令将系统时间写入 CMOS 中，这样下次重新开机时系统时间才会使用最新的值。date 参数丰富，其他参数用法可上机实践。

1.3.4 清除屏幕命令 clear

clear 命令用于清空终端屏幕，类似 DOS 下的 cls 命令，其使用比较简单，如要清除当前屏幕内容，直接输入 clear 即可，快捷键为 Ctrl+L。

如果终端有乱码，clear 不能恢复时可以使用 reset 命令使屏幕恢复正常。

1.3.5 查看系统负载命令 uptime

Linux 系统中的 uptime 命令主要用于获取主机运行时间和查询 Linux 系统负载等信息。uptime 命令可以显示系统已经运行了多长时间，信息显示依次为：现在时间，系统已经运行了多长时间，目前有多少登录用户，系统在过去的 1 分钟、5 分钟和 15 分钟内的平均负载。uptime 命令用法十分简单，直接输入 uptime 即可。

【uptime】输入命令后显示如下内容：

```
07:30:09 up 9:15, 3 users, load average: 0.00, 0.00, 0.00
```

07:30:09 表示系统当前时间；up 9:15 表示主机已运行时间，时间值越大，说明机器越稳定。3 users 表示用户连接数，是总连接数而不是用户数。load average 表示系统平均负载，统计最近 1、5、15 分钟的系统平均负载。系统平均负载是指在特定时间间隔内运行队列中的平均进程数。对于单核 CPU，负载小于 3 表示当前系统性能良好；3~10 表示需要关注，系统负载可能过大，需要做对应的优化；大于 10 表示系统性能有严重问题。另外 15 分钟系统负载需重点参考并作为当前系统运行情况的负载依据。

1.3.6 显示系统内存状态命令 free

free 命令会显示内存的使用情况，包括实体内存、虚拟的交换文件内存、共享内存区段，以及系统核心使用的缓冲区等。

【free -m】以 MB 为单位查看系统内存资源占用情况，输出如下信息：

```
total        used  free   shared   buffers   cached
Mem:         16040   13128   2911        0        329   6265
-/+ buffers/cache:   6534     9506
Swap:        1961 100          1860
```

- Mem：表示物理内存统计。
- -/+ buffers/cached：表示物理内存的缓存统计。
- Swap：表示硬盘上交换分区的使用情况，如剩余空间较小，需要留意当前系统内存使用情况及负载。

数据 16040 表示物理内存总量，13128 表示总计分配给缓存（包含 buffers 与 cache）使用的数量，但其中可能部分缓存并未实际使用，2911 表示未被分配的内存。shared 为 0，表示共享内存，329 表示系统分配但未被使用的 buffers 数量，6265 表示系统分配但未被使用的 cache 数量。

以上示例显示系统总内存为 16040MB，如需计算应用程序占用内存，可以使用以下公式计算：total-free-buffers-cached=l6040-2911-329-6265=6535。内存使用百分比为 6535/16040≈41%，表示系统内存资源能满足应用程序需求。如应用程序占用内存量超过 80%，则应该及时进行应用程序算法优化。

1.3.7 转换或复制文件命令 dd

dd 命令可以用指定大小的块复制一个文件，并在复制的同时进行指定的转换，可以结合参数 b/c/k 组合使用。

【dd if=/dev/zero of=/file bs=lM count=100】创建一个大小为 100MB 的文件。

【ls -lh /file】查看文件大小。

【dd if=/dev/hdb of=/dev/hdd】将本地的/dev/hdb 全盘备份到/dev/hdd。

【dd if=/dev/hdb of=/root/Image】将 dev/hdb 全盘数据备份到指定路径的 image 文件。

【dd if=/root/image of =/dev/hdb】将备份文件恢复到指定盘。

【dd if=/dev/hdb | gzip > /root/image.gz】备份/dev/hdb 全盘数据，并利用 gzip 工具进行压缩，保存到指定路径。

【gzip -dc /root/image.gz | dd of=/dev/hdb】将压缩的备份文件恢复到指定盘。

注意：

指定数字的地方若以下列字符结尾则乘以相应的数字：b=512;c=l;k=1024;w=2。

/dev/null 表示可以向它输出任何数据，而写入的数据都会丢失，/dev/zero 是一个输入设备，可用来初始化文件，该设备无穷尽地提供 0。

增加 swap 分区文件大小的方法如下。

（1）【dd if=/dev/zero of=/swapfile bs=1024 count=262144】创建一个大小为 256MB 的文件。

（2）【mkswap /swapfile】把这个文件变成 swap 文件。

（3）【swapon /swapfile】启用这个 swap 文件。

（4）编辑/etc/fstab 文件，在该文件最下方追加如下代码，使得在每次开机时自动加载 swap 文件。

```
/swapfile   swap   swap   default   0   0
```

（5）【dd if=/dev/urandom of=/dev/hdal】如果不再需要这个 swap 分区文件，使用此命令销毁磁盘数据。

1.4　任务管理命令

Windows 系统中提供了计划任务，功能就是安排自动运行的任务。Linux 系统也提供了对应的命令完成任务管理，本节主要介绍相关命令的实现。

1.4.1　单次任务 at

at 可以设置在一个指定的时间执行一个指定任务，只能执行一次，使用前确认系统开启了 atd 进程。如果指定的时间已经过去则会放在第 2 天执行。

例如要实现明天 17 点钟，输出时间（date）到/root/2018.log 文件中，可使用命令【at 17:00 tomorrow】进入交互式情景，输入如下内容：

```
at> date   >/root/2018.log
at>
<E0T>
```

不过，并不是所有用户都可以执行 at 计划任务。利用/etc/at.allow 与/etc/at.deny 这两个文件来设置 at 的使用限制。系统首先查找/etc/at.allow 这个文件，只有写在这个文件中的使用者才能使用 at，没有在这个文件中的使用者则不能使用 at。如果/etc/at.allow 不存在，就寻找/etc/at.deny 这个文件，若是写在 at.deny 中的使用者则不能使用 at，而没有在这个 at.deny 文件中的使用者，就可以使用 at 命令了。

1.4.2　周期任务 crond

crond 是 Linux 下用来周期性地执行某种任务或等待处理某些事件的服务工具，如进程监控、日志处理等，和 Windows 下的计划任务类似。当安装操作系统时默认会安装此服务工具，并且会自动启动 crond 进程。crond 进程每分钟会定期检查是否有要执行的任务，如果有要执行的任务，则自动执行该任务。crond 的最小调度单位为分钟。

Linux 下的任务调度分为两类：系统任务调度和用户任务调度。

1. 系统任务调度

系统周期性所要执行的工作，比如写缓存数据到硬盘、日志清理等。在/etc目录下有一个crontab文件，这个就是系统任务调度的配置文件。

/etc/crontab文件内容如图1.1所示。

```
[root@bogon ~]#  cat /etc/crontab
SHELL=/bin/bash
PATH=/sbin:/bin:/usr/sbin:/usr/bin
MAILTO=root

# For details see man 4 crontabs

# Example of job definition:
# .---------------- minute (0 - 59)
# |  .------------- hour (0 - 23)
# |  |  .---------- day of month (1 - 31)
# |  |  |  .------- month (1 - 12) OR jan,feb,mar,apr ...
# |  |  |  |  .---- day of week (0 - 6) (Sunday=0 or 7) OR sun,mon,tue,wed,thu,fri,sat
# |  |  |  |  |
# *  *  *  *  * user-name  command to be executed

[root@bogon ~]#
```

图1.1 /etc/crontab文件内容

前4行是用来配置crond任务运行的环境变量，第2行SHELL变量指定了系统要使用哪个Shell，这里是bash；第3行PATH变量指定了系统执行命令的路径；第4行MAILTO变量指定了crond的任务执行信息将通过电子邮件发送给root用户，如果MAILTO变量的值为空，则表示不发送任务执行信息给用户。

2. 用户任务调度

用户定期要执行的工作，比如用户数据备份、定时邮件提醒等。用户可以使用crontab工具来定制自己的计划任务。所有用户定义的crontab文件都被保存在/var/spool/cron目录中。其文件名与用户名一致。

用户所建立的crontab文件中，每一行都代表一项任务，每行的每个字段代表一项设置，它的格式共分为6个字段，前5段是时间设定段，第6段是要执行的命令段，格式如下：minute hour day month week command，具体说明如表1.1所示。

表1.1 crontab任务设置对应参数说明

参　数	说　明
minute	表示分钟，可以是0～59之间的任何整数
hour	表示小时，可以是0～23之间的任何整数
day	表示日期，可以是1～31之间的任何整数
month	表示月份，可以是1～12之间的任何整数
week	表示星期几，可以是0～7之间的任何整数，这里的0或7代表星期日
command	要执行的命令，可以是系统命令，也可以是自己编写的脚本文件

crontab是Linux用来定期执行程序的命令。当安装完操作系统之后，默认便会启动此任务调度命令。crontab命令每分钟会定期检查是否有要执行的工作。crontab命令常用参数说明

如表 1.2 所示。

表 1.2 crontab 命令常用参数说明

参 数	说 明
-e	执行文字编辑器来编辑任务列表，内定的文字编辑器是 VI
-r	删除目前的任务列表
-1	列出目前的任务列表

crontab 命令的一些使用方法介绍如下。

【0 7 * * * /bin/ls】每月每天每小时的第 0 分钟执行一次/bin/ls。

【0 6-12/3 * 12 * /usr/bin/backup】在 12 月内，每天的上午 6 点到 12 点之间，每隔 20 分钟执行一次/usr/bin/backup。

【0 */2 * * * /sbin/service httpd restart】每两小时重启一次 Apache 服务。

第 2 章　OpenStack 私有云计算系统运维与管理

OpenStack 提供了一个部署云的操作平台或工具集。其宗旨在于为公有云、私有云，以及大云、小云提供可扩展的、灵活的云计算。

云计算是近些年来兴起的新技术之一，关于云计算还没有一个准确的定义，有许多种关于云计算的解释。但广为人们接受的是美国国家标准与技术研究院（National Institute of Standards and Technology，NIST）对云计算的定义：云计算是一种按使用量付费的模式，这种模式提供便捷、可用和按需求的网络访问，进入可配置的计算资源共享池（资源包括网络、服务器、存储应用软件及服务），这些资源能够被快速提供，只需投入很少的管理工作，或与服务供应商进行很少的交互。

云计算有许多种应用实例和模式，但本书中介绍的云计算模式均是以虚拟化为核心、以计算机网络技术为基础的计算模式。此类模式为企业提供了更加经济、便捷的管理模式，广泛应用于各类企业中。

云计算将原来较为分散的计算、存储、服务器等资源，通过计算机网络和云计算软件有效地整合起来，从而形成一个便于管理、分配的资源库。当新客户到来或有新的需求时，管理员仅需要从资源库中选择合乎要求的各类资源，并进行重新组装即可供新客户使用。同时在原有基础上还实现了资源细化及按需配置。

简单来说，云计算就是将原有的服务器计算、网络（通过 VLAN 的形式）、存储等资源通过虚拟化的方式，重新组装成新的虚拟计算机，从而实现对资源的精确分配。由此可以说云计算是传统的分布式计算、网络存储、并行计算、虚拟化、负载均衡、效用计算等技术与网络技术互相融合的产物。

2.1　初识 OpenStack

OpenStack 是一个免费的开放源代码的云计算平台，用户可以将其部署成为一个基础设施即服务（IaaS）的解决方案。OpenStack 不是一个单一的项目，而是由多个相关的项目组成的，包括 Nova、Swift、Glance、Keystone 以及 Horizon 等。这些项目分别实现不同的功能，如弹性计算服务、对象存储服务、虚拟机磁盘镜像服务、安全统一认证服务以及管理平台等。OpenStack 由 Apache 许可授权。

OpenStack 最早开始于 2010 年，作为美国国家航空航天局和 Rackspace 合作研发的云端运算软件项目，目前，OpenStack 由 OpenStack 基金会管理，该基金会是一个非营利组织，创立于 2012 年。现在已经有超过 200 家公司参与了该项目，包括 Arista Networks、AT&T、AMD、Cisco、Dell、EMC、HP、IBM、Intel、NEC、NetApp 以及 Red Hat 等大型公司。

OpenStack 发展非常迅速，至 2017 年 8 月已经发布了 16 个版本，每个版本都有代号，分别为 Austin、Bexar、Cactus、Diablo、Essex、Folsom、Grizzly、Havana、Icehouse、Juno、Kilo、Liberty、Mitaka、Newton、Ocata、Pike 以及最新的 Queens 版本。

除了 OpenStack，还有其他的一些云计算平台，如 Eucalyptus、AbiCloud、OpenNebula 等，这些云计算平台都有自己的特点，关于它们之间具体的区别，请读者参考相关书籍，此处不再详细说明。

2.1.1 理解 OpenStack 系统架构

由于 OpenStack 由多个组件组成，所以其系统架构相对比较复杂。但是，只有了解 OpenStack 的系统架构，才能够成功地部署和管理 OpenStack。本节将对 OpenStack 的整体系统架构进行介绍。

OpenStack 由多个服务模块构成，表 2.1～表 2.4 列出了这些服务模块。

表 2.1 基本模块

名　称	说　明
Horizon	提供了基于 Web 的控制台，以此来展示 OpenStack 的功能
Nova	OpenStack 云计算架构的基础模块，是基础设施即服务（IaaS）中的核心模块。它负责管理在多种 Hypervisor 上的虚拟机的生命周期
Neutron	提供云计算环境下的虚拟网络功能

表 2.2 存储模块

名　称	说　明
Swift	提供了弹性可伸缩、高可用的分布式对象存储服务，适合存储大规模非结构化数据
Cinder	提供块存储服务

表 2.3 共享服务模块

名　称	说　明
Keystone	为其他的模块提供认证和授权
Glance	存储和访问虚拟机磁盘镜像文件
Ceilometer	为计费和监控以及其他服务提供数据支撑

表 2.4 其他的服务模块

名 称	说 明
Heat	实现弹性扩展，自动部署
Trove	提供数据库即服务功能

图 2.1 描述了 OpenStack 中各子模块与其功能之间的关系。

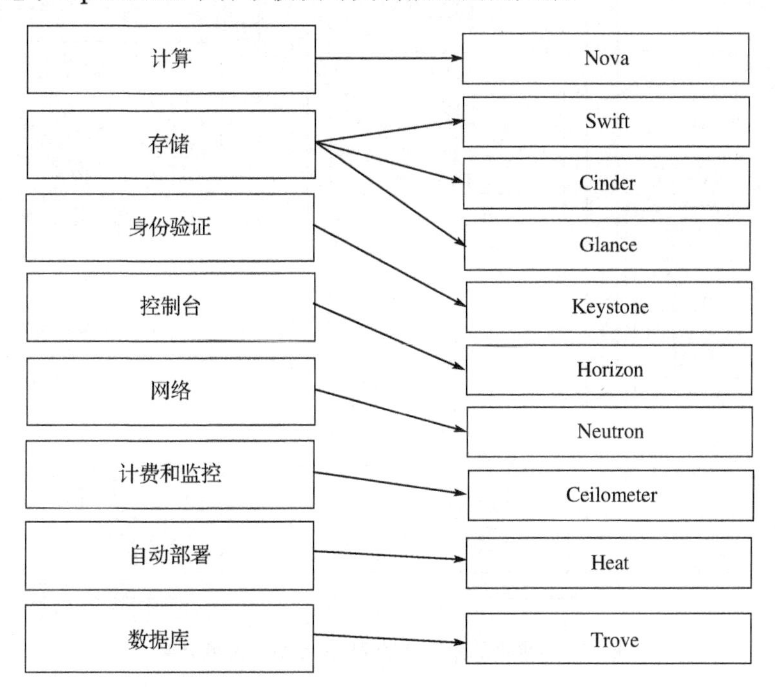

图 2.1 各子模块与功能之间的关系

图 2.2 描述了 OpenStack 各功能模块之间的关系。

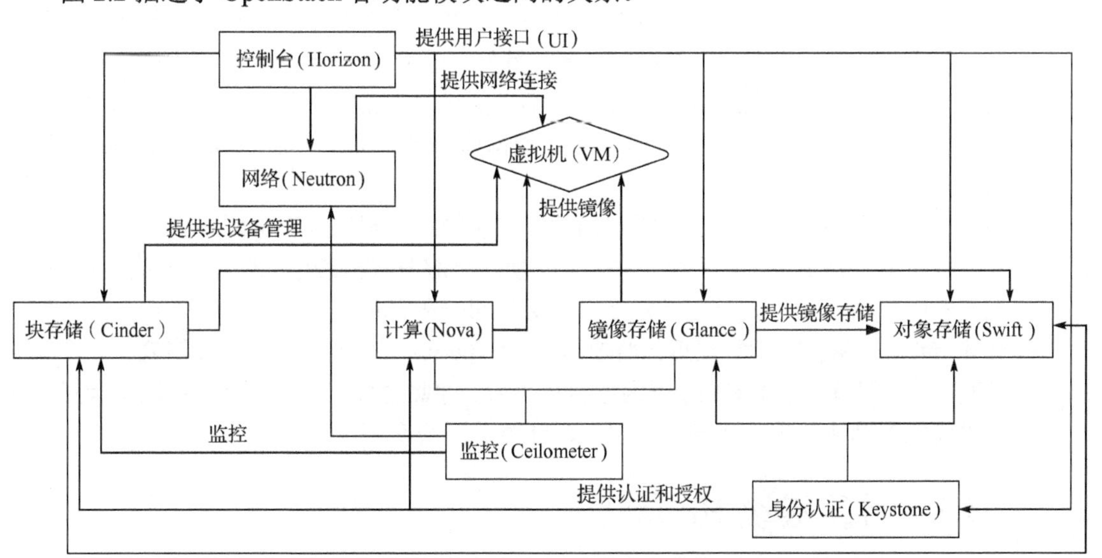

图 2.2 OpenStack 各功能模块之间的关系

2.1.2 OpenStack 部署方式

针对不同的计算、网络和存储环境，用户可以非常灵活地配置 OpenStack 来满足自己的需求。图 2.3 显示了含有三个节点的 OpenStack 的部署方案。

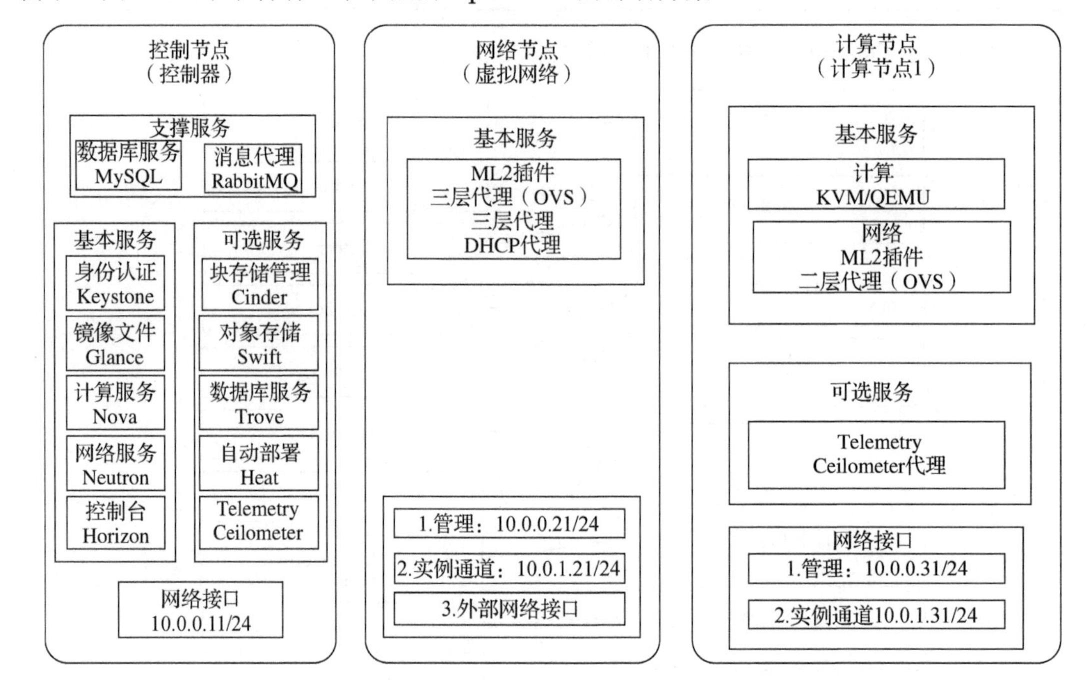

图 2.3 含有三个节点的 OpenStack 部署方案

在图 2.3 中，使用 Neutron 作为虚拟网络的管理模块，包含控制节点、网络节点和计算节点，这三个节点的功能分别描述如下。

- 控制节点：基本控制节点运行身份认证服务、镜像文件服务、计算节点和网络接口的管理服务、虚拟网络插件以及控制台等。另外，还运行一些基础服务，例如 OpenStack 数据库、消息代理以及网络时间 NTP 服务等。控制节点还可以运行某些可选服务，例如部分的块存储管理、对象存储管理、数据库服务、自动部署（Orchestration）以及 Telemetry（Ceilometer）。
- 网络节点：网络节点运行虚拟网络插件、二层网络代理以及三层网络代理。其中，二层网络服务包括虚拟网络和隧道技术，三层网络服务包括路由、网络地址转换（NAT）以及 DHCP 等。此外，网络节点还负责虚拟机与外部网络的联系。
- 计算节点：计算节点运行虚拟化监控程序（Hypervisor），管理虚拟机或者实例。在默认情况下，计算节点采用 KVM 作为虚拟化平台。除此之外，计算节点还可以运行网络插件以及二层网络代理。在通常情况下，计算节点会有多个。

2.1.3 计算模块 Nova

Nova 是 OpenStack 系统的核心模块，其主要功能是负责虚拟机实例的生命周期管理、网络管理、存储卷管理、用户管理以及其他的相关云平台管理功能。从能力上讲，Nova 类似于 Amazon EC2。Nova 逻辑结构中的大部分组件可以划分为以下两种自定义的 Python 守护进程。

- 接收与处理 API 调用请求的 Web 服务器网关接口（Python WebServer Gateway Interface，WSGI），例如 Nova-API 和 Glance-API 等。
- 执行部署任务的 Worker 守护进程，例如 Nova-Compute、Nova-Network 以及 Nova-Schedule 等。

消息队列（Queue）与数据库（Database）作为 Nova 架构中的两个重要的组成部分，虽然不属于 WSGI 或者 Worker 进程，但是两者通过系统内消息传递和信息共享的方式实现任务之间、模块之间以及接口之间的异步部署，在系统层面大大简化了复杂任务的调度流程与模式，是 Nova 的核心模块。

由于 Nova 采用无共享和基于消息的灵活架构，所以 Nova 的组件有多种部署方式。用户可以将每个组件单独部署到一台服务器上，也可以根据实际情况，将多个组件部署到一台服务器上。

下面给出了几种常见的部署方式。

- 单节点方式：在这种方式下，所有的 Nova 服务都集中在一台服务器上，同时也包含虚拟机实例。由于这种方式的性能不高，所以不适合生产环境，但是部署起来相对比较简单，所以非常适合初学者练习或者进行相关开发。
- 双节点方式：这种部署方式由两台服务器构成，其中一台作为控制节点，另外一台作为计算节点。控制节点运行除 Nova-Compute 服务之外的所有其他服务，计算节点运行 Nova-Compute 服务。双节点部署方式适合规模较小的生产环境或者开发环境。
- 多节点方式：这种部署方式由用户根据业务性能需求，实现多个功能模块的灵活安装，包括控制节点的层次化部署和计算节点规模的扩大。多节点部署方式适合各种对于性能要求较高的生产环境。

2.1.4 分布式对象存储模块 Swift

Swift 是 OpenStack 系统中的对象存储模块，其目标是使用标准化的服务器来创建冗余的、可扩展且存储空间达到 PB 级的对象存储系统。简单地讲，Swift 非常类似于 AWS 的 S3 服务。它并不是传统意义上的文件系统或者实时数据存储系统，而是长期静态数据存储系统。

Swift 主要由以下三种功能组成。

- 代理服务：提供数据定位功能，充当对象存储系统中的元数据服务器的角色，维护账户、容器以及对象在环（Ring）中的位置信息，并且向外提供 API，处理用户访问请求。
- 对象存储：作为对象存储设备，实现用户对象数据的存储功能。
- 身份认证：提供用户身份认证功能。

OpenStack 中的对象由存储实体和元数据组成，相当于文件的概念。当向 Swift 对象存储系统上传文件的时候，文件并不经过压缩或者加密，而是和文件存放的容器名、对象名以及文件的元数据组成对象，存储在服务器上。

2.1.5 虚拟机镜像管理模块 Glance

Glance 模块主要提供虚拟机镜像服务，其功能包括虚拟机镜像，存储和获取关于虚拟机镜像的元数据，将虚拟机镜像从一种格式转换为另外一种格式。

Glance 主要包括两个部分，分别是 Glance API 和 Glance Registry。Glance API 主要提供接口，处理来自 Nova 的各种请求。Glance Registry 用来和 MySQL 数据库进行交互，存储或者获取镜像的元数据。这个模块本身不存储大量的数据，需要挂载后台存储 Swift 来存放实际的镜像数据。

2.1.6 身份认证模块 Keystone

Keystone 是 OpenStack 中负责身份认证和授权的功能模块。Keystone 类似一个服务总线，或者说是整个 OpenStack 框架的注册表，其他服务通过 Keystone 来注册其服务的端点（Endpoint），任何服务之间的相互调用，都需要经过 Keystone 的身份认证来获得目标服务的端点，从而找到目标服务。

Keystone 涉及以下 5 个基本概念。

1. 用户（User）

用户代表可以通过 Keystone 进行访问的人或程序。用户通过认证信息如密码、API Keys 等进行验证。

2. 租户（Tenant）

租户是各个服务中的一些可以访问的资源集合。例如，在 Nova 中一个租户可以是一些机器，在 Swift 和 Glance 中一个租户可以是一些镜像存储，在 Quantum 中一个租户可以是一些网络资源。在默认情况下，用户总是绑定到某些租户上面。

3. 角色（Role）

角色代表一组用户可以访问的资源权限，例如 Nova 中的虚拟机、Glance 中的镜像。用户可以被添加到任意一个全局的或租户内的角色中。在全局的角色中，用户的角色权限作用于所有的租户，即可以对所有的租户执行角色规定的权限；在租户内的角色中，用户仅能在当前租户内执行角色规定的权限。

4. 服务（Service）

OpenStack 中包含许多服务，如 Nova、Glance、Swift。根据前三个概念，即用户、租户和角色，一个服务可以确认当前用户是否具有访问其资源的权限。但是当一个用户尝试着访问其租户内的服务时，该用户必须知道这个服务是否存在以及如何访问这个服务，这里通常使用一些不同的名称表示不同的服务。

5. 端点（Endpoint）

所谓端点，是指某个服务的 URL。如果需要访问一个服务，则必须知道该服务的端点。因此，在 Keystone 中包含一个端点模板，这个模板提供了所有存在的服务的端点信息。一个端点模板包含一个 URL 列表，列表中的每个 URL 都对应一个服务实例的访问地址，并且具有 public、private 和 admin 这三种权限。其中 public 类型的端点可以被全局访问，私有（private）URL 只能被局域网访问，admin 类型的 URL 被从常规的访问中分离。

2.1.7 控制台 Horizon

Horizon 为用户提供了一个管理 OpenStack 的控制台，使得用户可以通过浏览器，以图形界面的方式进行相应的任务管理，避免去记忆烦琐、复杂的命令。Horizon 几乎提供了所有的操作功能，包括 Nova 虚拟机实例的管理和 Swift 存储管理等。图 2.4 展示了 Horizon 登录界面，关于 Horizon 的详细功能，将在后面的内容中介绍。

图 2.4　Horizon 登录界面

2.2 OpenStack 主要部署工具

OpenStack 的体系架构比较复杂，对于初学者来说，逐个使用命令来安装各个组件是一项非常困难的事情。幸运的是，为了简化 OpenStack 的安装操作，许多部署工具已经被开发出来。通过这些工具，用户可以快速地搭建出一个 OpenStack 的学习环境。本节将对主要的 OpenStack 部署工具进行介绍。

2.2.1 Fuel

Fuel 是一个端到端一键部署 OpenStack 功能的工具，主要包括裸机部署、配置管理、OpenStack 组件以及图形界面等几个部分，下面分别进行简单介绍。

- 裸机部署：Fuel 支持裸机部署，该项功能由 HP 的 Cobbler 提供。Cobbler 是一个快速网络安装 Linux 的服务，该工具使用 Python 开发，小巧轻便，使用简单的命令即可完成 PXE 网络安装环境的配置，同时还可以管理 DHCP、DNS 以及 yum 包镜像。
- 配置管理：采用 Puppet 实现。Puppet 是一个非常有名的云环境自动化配置管理工具，采用 XML 语言配置。Puppet 提供了一个强大的框架，简化了常见的系统管理任务，大量细节交给 Puppet 去完成，管理员只需要集中精力在功能配置上。系统管理员使用 Puppet 的描述语言来配置功能，便于共享。Puppet 伸缩性强，可以管理成千上万台机器。
- OpenStack 组件：除了可灵活选择安装 OpenStack 核心组件以外，还可以安装 Monitoring 和 HA 组件。Fuel 还支持心跳检查。
- 图形界面：Fuel 提供了基于 Web 的管理界面 FuelWeb，可以使用户非常方便地部署和管理 OpenStack 的各个组件。

2.2.2 TripleO

TripleO 是另外一套 OpenStack 部署工具，它又被称为 OpenStack 的 OpenStack（OpenStack Over OpenStack）。通过使用 OpenStack 运行在裸机上的自有设施作为该平台的基础，这个项目可以实现 OpenStack 的安装、升级和操作流程的自动化。

在使用 TripleO 的时候，需要先准备一个 OpenStack 控制器的镜像，然后用这个镜像通过 OpenStack 的 Ironic 功能去部署裸机，再通过 HEAT 在裸机上部署 OpenStack。

2.2.3 RDO

RDO（Red Hat Distribution of OpenStack）是由红帽公司推出的部署 OpenStack 集群的一个基于 Puppet 的部署工具，通过 RDO 可以很快地部署一个复杂的 OpenStack 环境。如果用户想在 REHL 上面部署 OpenStack，最便捷的方式就是 RDO。在 2.3 节中，我们就是采用 RDO 来介绍 OpenStack 的安装。

2.2.4 DevStack

DevStack 实际上是个 Shell 脚本，可以用来快速搭建 OpenStack 的运行和开发环境，特别适合 OpenStack 开发者下载最新的 OpenStack 代码后迅速在自己的计算机上搭建一个开发环境。正如 DevStack 官方所强调的，DevStack 不适合用在生产环境中。

2.3 通过 RDO 一键部署 OpenStack（Queens）

Packstack 提供了多种方式来部署 OpenStack，包括单节点和多节点等，其中单节点部署最简单。在单节点部署方式中，OpenStack 所有的组件都被安装在同一台服务器上面。用户还可以选择控制器加多个计算节点的方式或者其他的部署方式。为了简化操作，本节将选择单节点部署方式。

尽管 OpenStack 已经拥有了许多部署工具，但是在 RHEL 或者 CentOS 等操作系统上部署 OpenStack，RDO 仍然是首选的方案。尤其对于初学者来说，使用 RDO 可以大大降低部署的难度。本节将对使用 RDO 部署 OpenStack 进行详细介绍。官方部署文档：https://www.rdoproject.org/install/packstack。

2.3.1 部署前的准备

OpenStack 对于软硬件环境都有一定的要求，其中 RHEL 是官方推荐的版本，另外，用户也可以选择其他的基于 RHEL 的发行版，例如 CentOS 7.2 及之后的版本、Scientific Linux 7 或者 Fedora 20 以上。为了避免 Packstack 域名解析出现问题，需要把主机名设置为完整的域名来代替短主机名（注意，即使不使用自建的 DNS 服务器，也要修改/etc/hosts）。

硬件方面，环境使用 VMware 进行测试，内存为 8GB，处理器数量为 4，磁盘大小为 200GB，有两块网卡，一块为 NAT，另一块为仅主机模式（桥接模式）。CPU 需要支持硬件虚拟化，并且开启虚拟机的虚拟化引擎，勾选"虚拟化 Intel VT-x/EPT 或 AMD-V/RVI(V)"选项。VMware Workstation 12 的配置如图 2.5 所示。

图 2.5 VMware Workstation 12 的配置

2.3.2 CentOS 7.5 最小化安装

1. 获取安装镜像文件

直接访问 CentOS 官方开源镜像网站（http://mirror.centos.org），从网站中我们可以看到各个版本的目录，进入 centos/目录后，我们使用 7.5.1804 版本来进行部署，如图 2.6 所示。

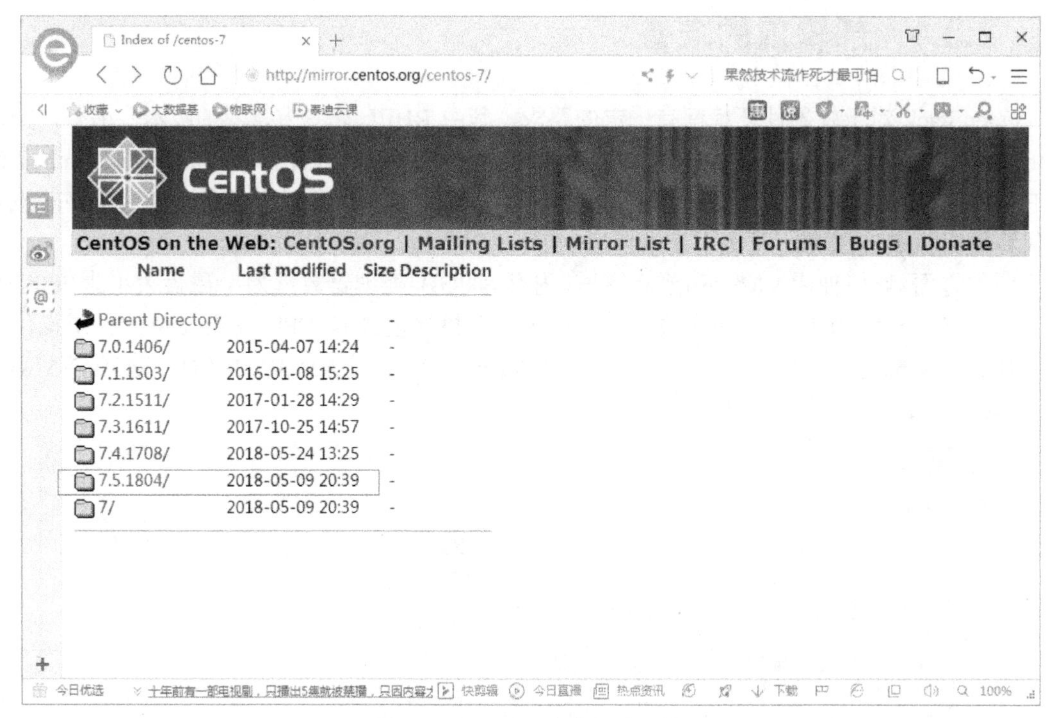

图 2.6 CentOS 官方网站目录

单击进入 7.5.1804 目录后，会发现 isos 目录，这个就是存放 ISO 格式镜像的目录；os 目录则是将 ISO 格式镜像解压后得到的所有文件目录；cloud 是搭建 OpenStack 等云项目需要的软件包目录。进入 isos 目录后，因为从 CentOS 7 起只有 64 位系统，所以仅看到 x86_64 目录，然而进入 x84_64 目录后，并没有发现 ISO 镜像文件，只有其他镜像网站列表，并发表了声明：为了节省公共可用带宽，此镜像网站不再提供 ISO 镜像文件下载，请从以下网站下载。就是说 CentOS 官网在国外，为了节省下载时间，可以从如图 2.7 所示的镜像列表中选择距离你最近的地区、最快的服务器来下载。

2. 安装操作系统

虚拟机可以直接使用虚拟光驱加载 ISO 镜像文件，物理机可以使用管理口的虚拟光驱来加载（具体过程这里不再讲述，请参考相应服务器使用文档）。从虚拟光驱启动后，进入安装界面。选择 Install CentOS 7 直接进入安装，如图 2.8 所示。

图 2.7 推荐的下载网站地址列表

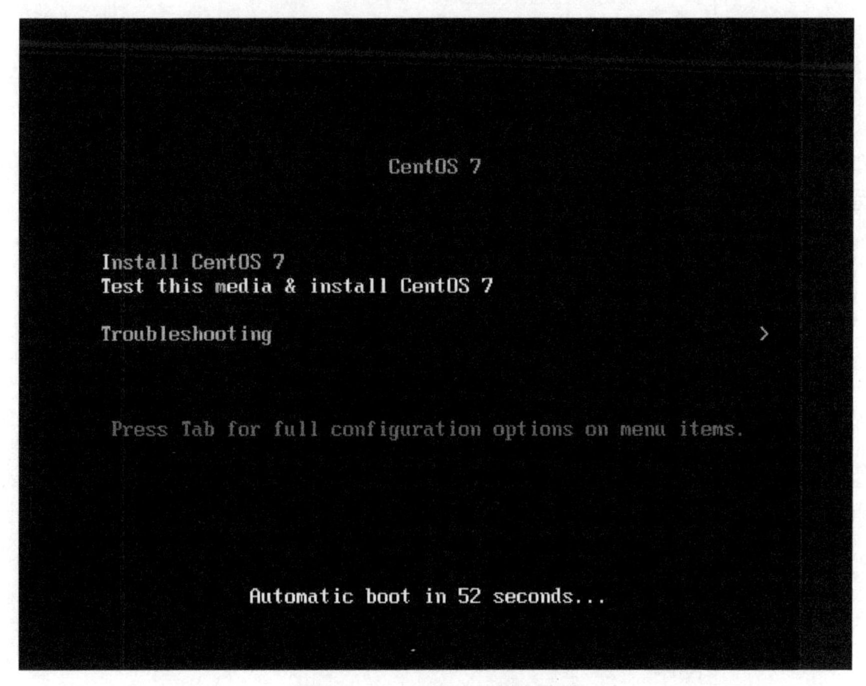

图 2.8 CentOS 7 安装界面

设置键盘类型与安装语言为 English（United States），如图 2.9 所示。

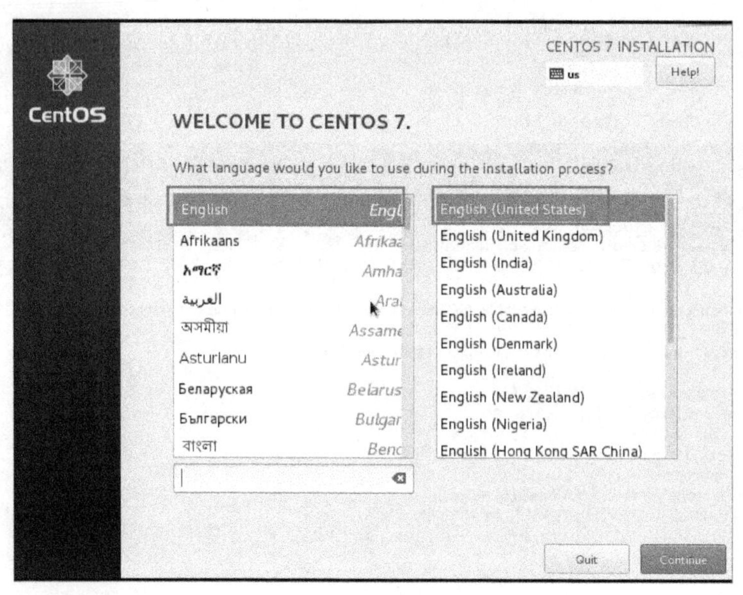

图 2.9 选择安装语言

设置日期和时间，如图 2.10 所示。

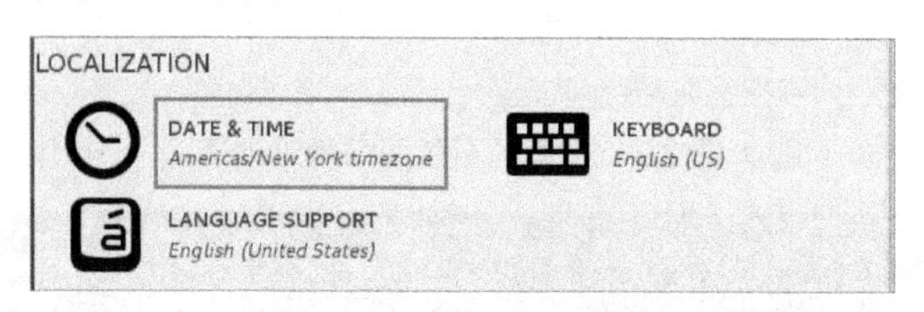

图 2.10 设置日期和时间

这里设置为国内使用的时区——东八区亚洲上海，单击左上角的 Done 按钮完成设置，如图 2.11 所示。

图 2.11 设置时区

软件包选择默认的最小化安装即可。可在安装完系统后，配置 yum 源再次安装需要的软件包。单击 INSTALLATION DESTINATION 选项为硬盘分区，如图 2.12 所示。

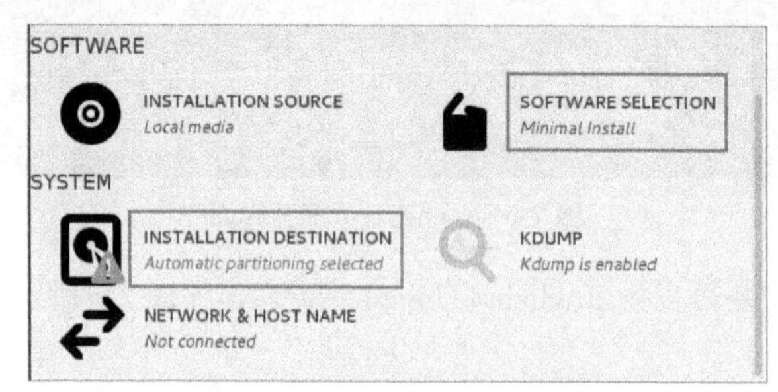

图 2.12 软件包及分区方式选择

在 Local Standard Disks 下会出现所有本地硬盘，选择计划安装操作系统的磁盘后，选择下面的 I will configure partitioning 单选按钮，然后单击左上角的 Done 按钮来执行分区操作，如图 2.13 所示。

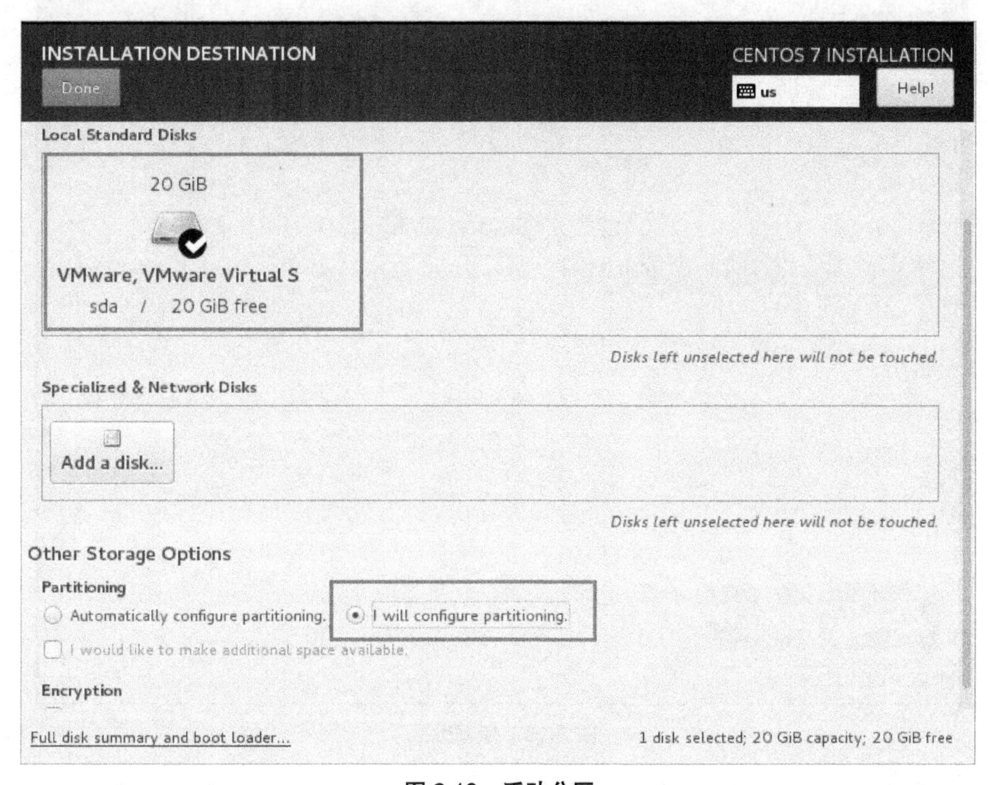

图 2.13 手动分区

选择 Standard Partition（标准分区）类型再单击“+”按钮，开始分区，如图 2.14 所示。

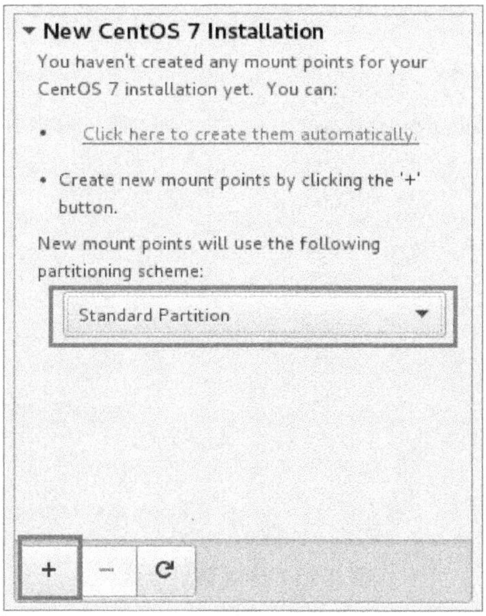

New CentOS 7 Installation
You haven't created any mount points for your CentOS 7 installation yet. You can:
- Click here to create them automatically.
- Create new mount points by clicking the '+' button.

New mount points will use the following partitioning scheme:
Standard Partition

图 2.14 新建分区

根据实际需求情况挂载点/根分区，再单击Add mount point。再次单击“+”按钮，继续分区，挂载swap分区和boot分区。单击左上角Done按钮完成分区设置，如图2.15所示。

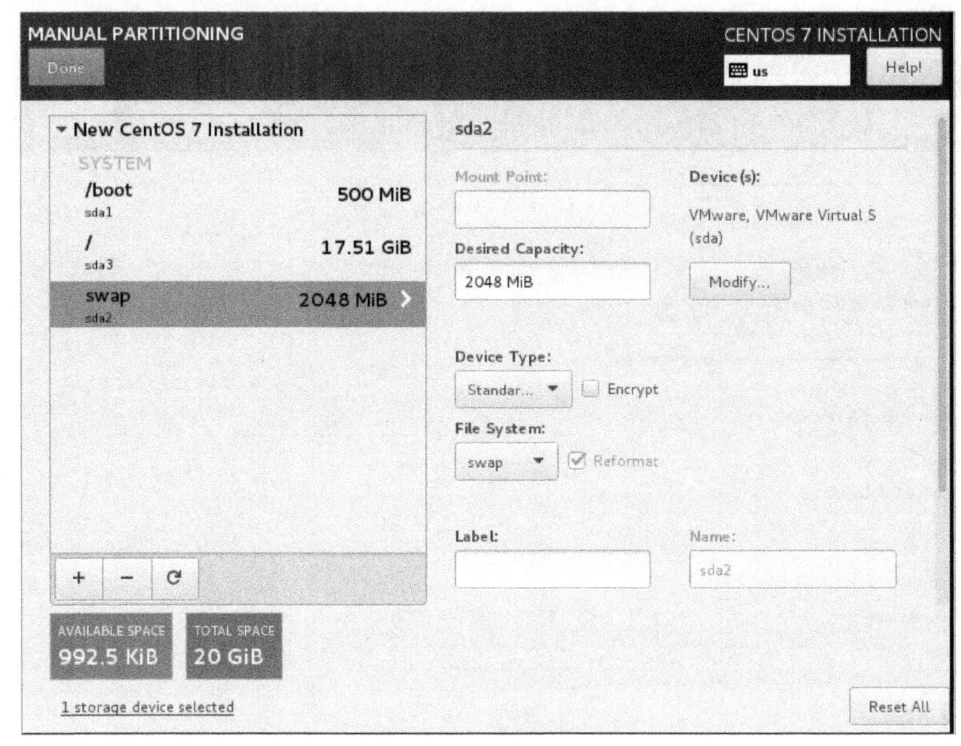

图2.15 挂载分区

此时弹出分区信息概览，如图2.16所示，单击Accept Changes按钮完成设置。

SUMMARY OF CHANGES

Your customizations will result in the following changes taking effect after you return to the main menu and begin installation:

Order	Action	Type	Device Name	Mount point
1	Destroy Format	Unknown	sda	
2	Create Format	partition table (MSDOS)	sda	
3	Create Device	partition	sda1	
4	Create Format	xfs	sda1	/boot
5	Create Device	partition	sda2	
6	Create Format	swap	sda2	
7	Create Device	partition	sda3	
8	Create Format	xfs	sda3	/

Cancel & Return to Custom Partitioning　　Accept Changes

图2.16 分区信息概览

单击右下角的Begin Installation开始安装处理，再单击ROOT PASSWORD来设置root

用户的密码，如图 2.17 所示。

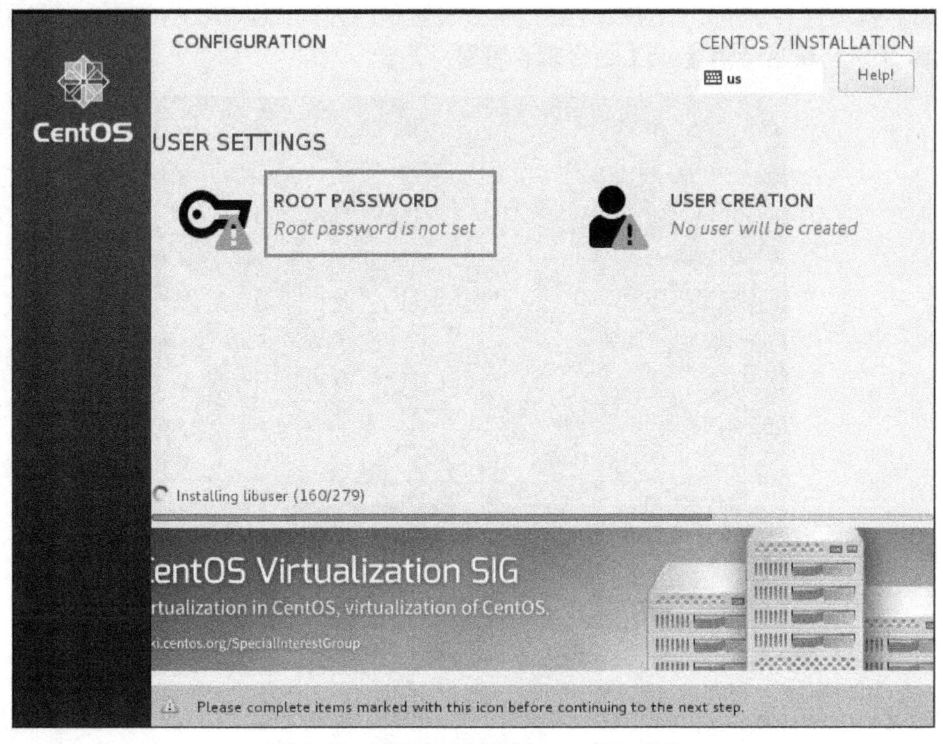

图 2.17 开始安装与设置 root 密码界面

根据密码复杂性要求设置一个安全度高的密码，如图 2.18 所示。

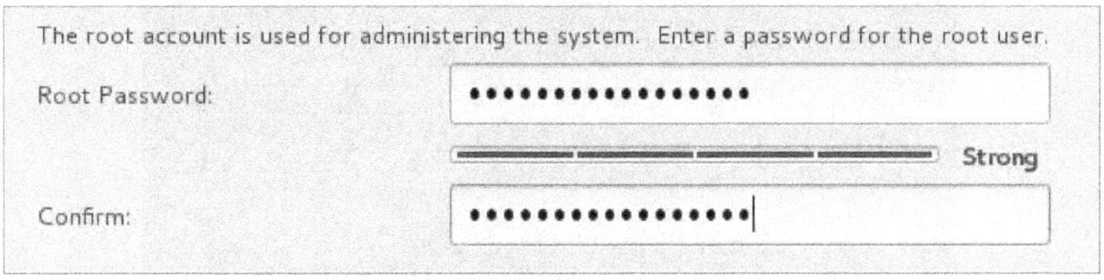

The root account is used for administering the system. Enter a password for the root user.

Root Password: ●●●●●●●●●●●●●●●●●●

Strong

Confirm: ●●●●●●●●●●●●●●●●●●

图 2.18 设置 root 用户密码

等待几分钟后系统安装完成，右下角出现 Reboot 按钮，单击该按钮来完成系统重新启动。

CentOS 7.5 这样默认的安装是启动到命令行界面的，需要键入 root 用户与安装时设置的密码登录到系统。需要注意的是键入密码时，系统无任何显示。

2.3.3 配置 CentOS 7.5 网络

因为从 CentOS 7 版本开始，对网卡命令规则有所改变，所以在/etc/sysconfig/network-scripts/命令后会发现网卡默认命令不再是 eth0、eth1 等，而是 ens192、ens33、eno16777736 等字样。不过这并不影响系统正常使用，使用【vi /etc/sysconfig/network-scripts/ifcfg-ens33】命令编辑配置文件。

如果使用静态 IP 地址，则 BOOTPROTO 参数修改为 static；若使用 DHCP 方式获取动态

IP，则参数修改为 dhcp。ONBOOT 参数修改为 yes，表示在系统启动时自动激活该网卡。为 IPADDR 参数设置 IP 地址，为 NETMASK 参数设置子网掩码，为 GATEWAY 参数设置网关，如图 2.19 所示，最后使用【wq】命令保存设置并退出。

```
TYPE=Ethernet
PROXY_METHOD=none
BROWSER_ONLY=no
BOOTPROTO=static
DEFROUTE=yes
IPV4_FAILURE_FATAL=no
IPV6INIT=yes
IPV6_AUTOCONF=yes
IPV6_DEFROUTE=yes
IPV6_FAILURE_FATAL=no
IPV6_ADDR_GEN_MODE=stable-privacy
NAME=ens32
UUID=ca617397-078f-42a2-958b-da1906cb99cc
DEVICE=ens32
ONBOOT=yes
IPADDR=192.168.11.88
NETMASK=255.255.255.0
GATEWAY=192.168.11.254
~
~
```

图 2.19　网卡配置文件

使用【vi /etc/sysconfig/network-scripts/ifcfg-ens34】命令设置第二块网卡的 IP 地址，如图 2.20 所示。

```
TYPE=Ethernet
PROXY_METHOD=none
BROWSER_ONLY=no
BOOTPROTO=static
DEFROUTE=yes
IPV4_FAILURE_FATAL=no
IPV6INIT=yes
IPV6_AUTOCONF=yes
IPV6_DEFROUTE=yes
IPV6_FAILURE_FATAL=no
IPV6_ADDR_GEN_MODE=stable-privacy
NAME=ens34
UUID=58326638-ba1f-4e46-a666-8ba09ace4805
DEVICE=ens34
ONBOOT=yes
IPADDR=10.10.10.10
NETMASK=255.255.255.0
~
```

图 2.20　设置第二块网卡的 IP 地址

使用【vi /etc/resolv】命令编辑 DNS 域名解析服务器文件，添加运营商提供的 DNS 服务器地址。下面是笔者的 DNS 服务器配置，最后使用【wq】命令保存并退出。

```
nameserver 114.114.114.114
nameserver 8.8.8.8
```

使用【/etc/init.d/network restart】或【systemctl restart NetworkManage】命令重启网络服务，

使用【ifconfig】或【ip addr】命令查看网卡信息，如图2.21所示。

```
[root@rdo-openstack ~]# ip add
1: lo: <LOOPBACK,UP,LOWER_UP> mtu 65536 qdisc noqueue state UNKNOWN group default ql
en 1000
    link/loopback 00:00:00:00:00:00 brd 00:00:00:00:00:00
    inet 127.0.0.1/8 scope host lo
       valid_lft forever preferred_lft forever
    inet6 ::1/128 scope host
       valid_lft forever preferred_lft forever
2: ens32: <BROADCAST,MULTICAST,UP,LOWER_UP> mtu 1500 qdisc pfifo_fast state UP group
 default qlen 1000
    link/ether 00:0c:29:11:c5:8d brd ff:ff:ff:ff:ff:ff
    inet 192.168.11.88/24 brd 192.168.11.255 scope global ens32
       valid_lft forever preferred_lft forever
    inet6 fe80::20c:29ff:fe11:c58d/64 scope link
       valid_lft forever preferred_lft forever
```

图2.21 查看网卡信息

开始配置网络，由于最小化安装默认是没有安装net-tools软件包的，所以找不到【ifconfig】和【vim】命令。使用【yum install -y net-tools vim】命令安装后即可使用。

使用【ping】命令测试到百度服务器（www.baidu.com）的连通性良好，如图2.22所示。

```
[root@rdo-openstack ~]# ping www.baidu.com
PING www.a.shifen.com (14.215.177.39) 56(84) bytes of data.
64 bytes from 14.215.177.39 (14.215.177.39): icmp_seq=1 ttl=56 time=9.41 ms
64 bytes from 14.215.177.39 (14.215.177.39): icmp_seq=2 ttl=56 time=8.79 ms
64 bytes from 14.215.177.39 (14.215.177.39): icmp_seq=3 ttl=56 time=9.94 ms
64 bytes from 14.215.177.39 (14.215.177.39): icmp_seq=4 ttl=56 time=10.7 ms
^X^C
--- www.a.shifen.com ping statistics ---
4 packets transmitted, 4 received, 0% packet loss, time 3003ms
rtt min/avg/max/mdev = 8.792/9.721/10.737/0.724 ms
[root@rdo-openstack ~]#
```

图2.22 测试与百度服务器的连通性

2.3.4 开始部署OpenStack

在正式开始安装OpenStack之前，还需要妥善处理SELinux和防火墙等，以免安装过程中出现问题或导致安装完成后无法访问系统：

【systemctl disable NetworkManager】禁用NetworkManager服务。

【systemctl stop NetworkManager】关闭NetworkManager服务。

【systemctl enable network】在开机时启动网络服务。

【systemctl start network】启动网络服务。

【hostnamectl set-hostname rdo-openstack】设置主机名为rdo-openstack。

【systemctl stop firewalld.service】关闭防火墙。

【systemctl disable firewalld.service】禁用防火墙。

【firewall-cmd --state】查看防火墙状态，显示“not running”字样，表示防火墙关闭成功。

【sed -i '/^SELINUX=.*/c SELINUX=disabled' /etc/selinux/config】设置SELINUX=disabled。

【sed -i 's/^SELINUXTYPE=.*/SELINUXTYPE=disabled/g' /etc/selinux/config】设置SELINUXTYPE=

disabled。

【grep --color=auto '^SELINUX' /etc/selinux/config】查看防火墙状态，显示“SELINUX=disabled”以及“SELINUXTYPE=disabled”表示 SELinux 设置成功。

【setenforce 0】设置 SELinux 关闭即时生效。

另外，在部署的过程中会有 puppet/rabbitmq 等需要主机名作为通信信息，使用【vi /etc/hosts】命令配置 hosts 文件，在该文件最后添加如下一行：

```
192.168.11.88    rdo-openstack
```

配置语言环境。如果正在使用非英语区域设置，需要配置环境“/etc/environment”。使用【vi /etc/environment】命令，在该文件中添加如下两行代码：

```
LANG=en_US.utf-8
LC_ALL=en_US.utf-8
```

配置完上面的基本环境后使用【reboot】命令重启系统。

在 CentOS 上，存储 Extras 库提供启用 OpenStack 存储库的 RPM。Extras 在 CentOS 7 上默认启用，因此可以直接安装 RPM 来设置 OpenStack 存储库，命令如下：

【yum install -y centos-release-openstack-queens】网络 yum 源安装 openstack-queens。

为了保证当前系统的所有软件包都是最新的，需要使用 yum 命令进行更新操作，命令如下：

【yum update -y】更新系统。

执行以上命令之后，yum 软件包管理器会查询安装源，以验证当前系统中的软件包是否有更新；如果存在更新，则会自动进行安装。由于系统中的软件包通常会非常多，所以上面的更新操作可能会花费较长的时间。

在使用 RDO 安装 OpenStack 的过程中，需要 Packstack 来部署 OpenStack，所以，必须提前安装 Packstack 软件包。Packstack 的底层也是基于 Puppet 的，通过 Puppet 部署 OpenStack 各组件。Packstack 的安装命令如下：

【yum install -y openstack-packstack】安装 Packstack 软件包。

在一个节点上面快速部署 OpenStack，可以使用 packstack 命令的-allinone 选项：

【packstack --allinone】单节点安装 OpenStack。

完成后将会输出如图 2.23 所示的信息。

在输出的信息中，除告诉用户已经安装部署完成之外，还有其他的一些附加信息，这些信息包括提醒用户当前主机上没有安装 NTP 服务，因此时间同步的相关配置被跳过去了；脚本文件/root/keystonerc_admin 已经被创建，如果用户需要使用命令行工具来配置 OpenStack，则应该首先使用 source 命令读取并且执行其中的命令；用户可以通过 http://192.168.11.88/dashboard 来访问 Dashboard，即控制台，登录信息存储在用户主目录的 keystonerc admin 文件里面；用户可以通过 http://192.168.11.88/nagios 来访问 Nagios，并给出用户名和密码。此外还有一些安装日志文件的位置信息。安装完成，在文件/root/keystonerc_admin 中查看 admin 用户密码。

登录 Dashboard。上面讲过，在 OpenStack 部署的最后，会告诉用户控制台的登录信息位于用户主目录的 keystonerc_admin 文件中，所以可以使用【cat /root/keystonerc_admin】命令查看该文件的内容，如图 2.24 所示。

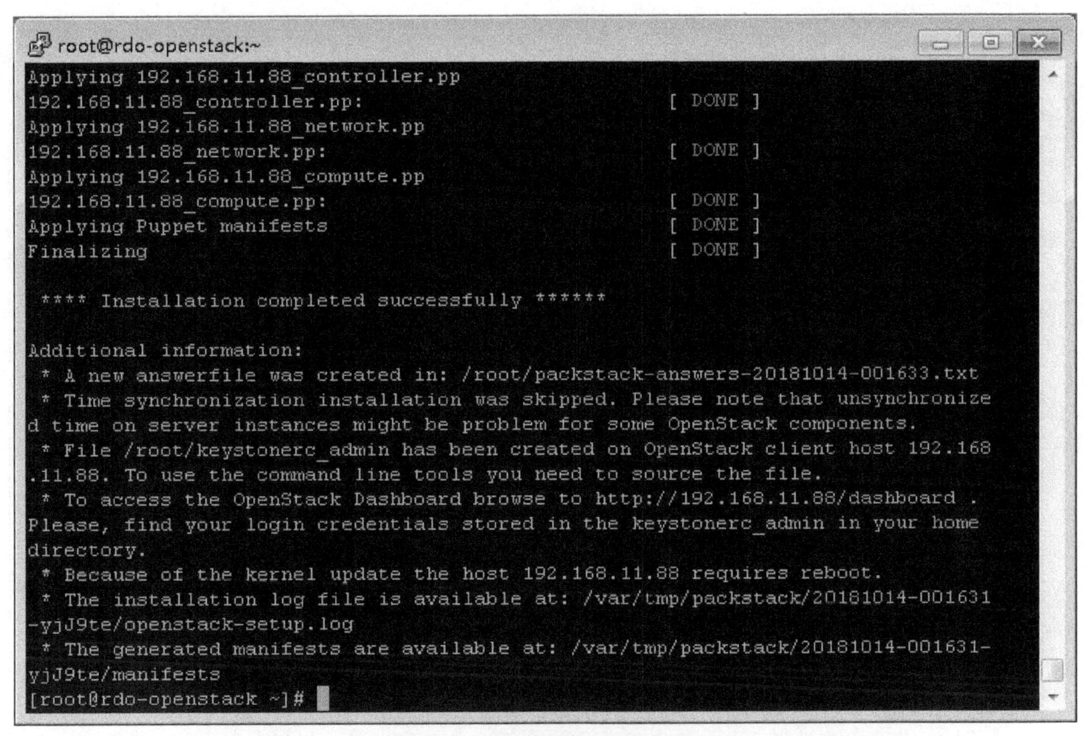

图 2.23　安装完成后的输出信息

```
[root@rdo-openstack ~]# cat ~/keystonerc_admin
unset OS_SERVICE_TOKEN
    export OS_USERNAME=admin
    export OS_PASSWORD='ed8bc9121a65458b'
    export OS_AUTH_URL=http://192.168.11.88:5000/v3
    export PS1='[\u@\h \W(keystone_admin)]\$ '

export OS_PROJECT_NAME=admin
export OS_USER_DOMAIN_NAME=Default
export OS_PROJECT_DOMAIN_NAME=Default
export OS_IDENTITY_API_VERSION=3
    [root@rdo-openstack ~]#
```

图 2.24　用户控制台的登录信息

在图 2.24 所示的代码中，OS_USERNAME 就是控制台的用户名，这里的用户名是 admin，而 OS_PASSWORD 则是控制台的登录密码，这个密码由 Packstack 自动生成，所以比较复杂。

安装成功之后，用户就可以通过浏览器来访问控制台，其地址为主机的 IP 地址加上 Dashboard。例如，在本例中，主机的 IP 地址为 192.168.11.88，所以其默认的控制台网址为“http://192.168.11.88/dashboard/”。输入账号和密码后，单击“连接”，登录成功之后，会出现控制台主界面，如图 2.25 所示。左侧为导航栏，分为“项目”、“管理员”和“身份管理”三大菜单项。如果使用普通用户登录，则只出现“项目”菜单项。

图 2.25　控制台主界面

2.3.5　OpenStack 安装选项

Packstack 提供了一个名称为 packstack 的命令来执行部署操作。该命令支持非常多的选项，用户可以通过以下命令来查看这些选项及其含义：

【packstack --help】

从大的方面来说，packstack 命令的选项主要分为全局选项、vCenter 选项、MySQL 选项、AMQP 选项、Keystone 选项、Glance 选项、Cinder 选项、Nova 选项、Neutron 选项、Horizon 选项、Swift 选项、Heat 选项、Ceilometer 选项以及 Nagios 选项等。可以看出 packstack 命令非常灵活，几乎为所有的 OpenStack 都提供了相应的选项。下面对常用的选项进行介绍。

【packstack --gen-answer-file】该选项用来创建一个应答文件（answer file），应答文件是一个普通的纯文本文件，包含了 Packstack 部署 OpenStack 所需的各种选项。

【packstack --answer-file】该选项用来指定一个已经存在的应答文件，packstack 命令将从该文件中读取各选项的值。

【packstack --install-hosts】该选项用来指定一批主机，主机之间用逗号隔开。列表中的第 1 台主机将被部署为控制节点，其余的部署为计算节点。如果只提供了一台主机，则所有的组件都将被部署在该主机上面。

【packstack --allinone】该选项用来执行单节点部署。

【packstack --os-mysql-install】该选项的值为 y 或者 n，用来指定是否安装 MySQL 服务器。

【packstack --os-glance-install】该选项的值为 y 或者 n，用来指定是否安装 Glance 组件。

【packstack --os-cinder-install】该选项的值为 y 或者 n，用来指定是否安装 Cinder 组件。

【packstack --os-nova-install】该选项的值为 y 或者 n，用来指定是否安装 Nova 组件。

【packstack --os-neutron-install】该选项的值为 y 或者 n，用来指定是否安装 Neutron 组件。

【packstack --os-horizon-install】该选项的值为 y 或者 n，用来指定是否安装 Horizon 组件。

【packstack --os-swift-install】该选项的值为 y 或者 n，用来指定是否安装 Swift 组件。

【packstack --os-ceilometer-install】该组件的值为 y 或者 n，用来指定是否安装 Ceilometer 组件。

除了以上选项之外，对于每个具体的组件，packstack 也提供了许多选项，这里不再详细介绍。如果用户想在一个节点上面快速部署 OpenStack，可以使用--allinone 选项，命令如下：

【packstack --allinone】

如果想要单独指定其中的某个选项，例如下面的命令将采用单节点部署，并且虚拟网络采用 Neutron：

【packstack --allinone --os-neutron-install=y】

由于 packstack 的选项非常多，为了便于使用，packstack 命令还支持将选项及其值写入一个应答文件（answer file）中。用户可以通过--gen-answer-file 选项来创建应答文件，命令如下：

【packstack --gen-answer-file openstack.txt】

应答文件为一个普通的纯文本文件，包含了 Packstack 部署 OpenStack 所需的各种选项，用户可以根据自己的需要来修改生成的应答文件，以确定某个组件是否需要安装，以及确定相应的安装选项。修改完成之后，使用以下命令进行安装部署：

【packstack --answer-file openstack.txt】

如果没有设置 SSH 密钥，在部署之前，Packstack 会询问参与部署的各主机的 root 用户的密码，用户输入相应的密码即可。

由于 CentOS 7 使用 yum 源的关系，安装某些组件时可能会失败，例如 mariaDB，此时只需手动将其安装好并设置其访问权限继续安装即可。具体细节可参考 mariaDB 相关文档了解，此处不再赘述。

每次使用--allinone 选项来安装 OpenStack 都会自动创建一个应答文件。因此如果在安装过程中出现了问题，重新执行单节点安装时，应该使用--answer-file 指定自动创建的应答文件。

2.4 管理 OpenStack

OpenStack 提供了许多命令行的工具来管理配置各项功能，但是这需要记忆大量的命令和选项，对于初学者来说，其难度非常大。通过 Horizon 控制台，则可以非常方便地管理 OpenStack 的各项功能，对于初学者来说，这是一个便捷的途径。本节主要介绍通过控制台管理 OpenStack。

2.4.1 登录控制台

OpenStack 安装成功之后，用户就可以通过浏览器来访问控制台，用户名和密码详见 2.3.4 节。输入用户名和密码后，单击“连接”按钮。登录成功之后，会出现控制台主界面。

“项目”菜单项中包含了用户安装的各个组件，二级菜单根据用户选择的组件有所变化。在本例中，包含了“计算”“卷”“网络”和“对象存储”4 个菜单项。其中“计算”菜单项中包含了与计算节点有关的功能，例如“概况”“实例”“镜像”“密钥对”等。“网络”则包含了网络拓扑、虚拟网络以及路由等。“对象存储”主要包含容器的管理。“管理员”菜单项包含与系统管理有关的操作，主要有“概况”“计算”“卷”“网络”和“系统”。其中，用户可以通过“系统”下的“系统信息”菜单项来查看当前安装的 OpenStack 服务及其主机，如图 2.26 所示。

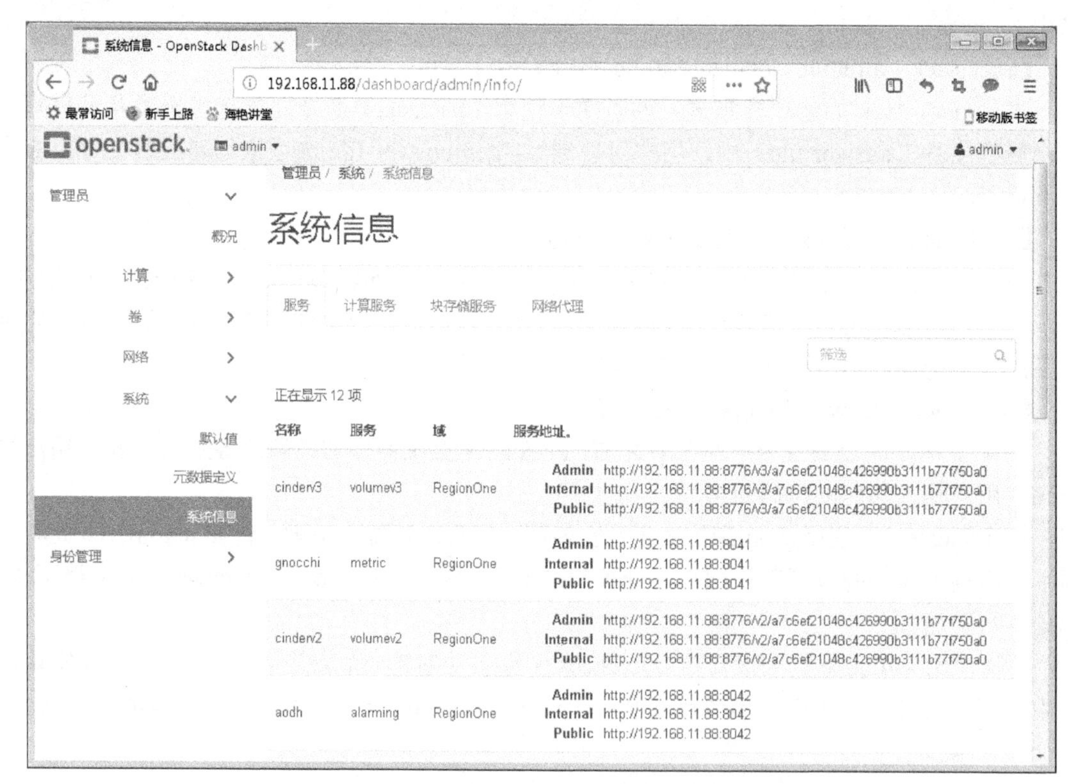

图 2.26　当前安装的 OpenStack 服务及其主机

“身份管理”菜单项主要与用户认证有关，包含“项目”“用户”“组”和“角色”4 个菜单项，其中项目实际上指的就是租户，而用户指的是系统用户。

2.4.2 用户设置

单击主界面右上角的用户名对应的下拉菜单，选择“设置”命令，打开“用户设置”窗口，如图 2.27 所示。

用户可以设置“语言”和“时区”等选项。单击左侧的“修改密码”菜单项，切换到

“修改密码”界面，输入当前的密码和新密码并单击“修改”按钮，就可以修改用户密码，如图 2.28 所示。

在很多以前的版本中，用户设置的语言和时区，只保存在 Cookie 里面，并没有保存在数据库里。默认语言是根据浏览器的语言来决定的，用户的个性化设置都无法保存。因为很多以前的版本 Keystone 无法存放这些数据，所以用户也无法修改邮箱，也就导致无法实现取回密码功能。在本实验中使用的是 Ocata 版本，不存在此问题。

图 2.27　用户设置

图 2.28　修改密码

2.4.3 管理用户

在“身份管理”菜单中，选择“用户”菜单项，窗口的右侧列出了当前系统的各个用户，如图2.29所示。

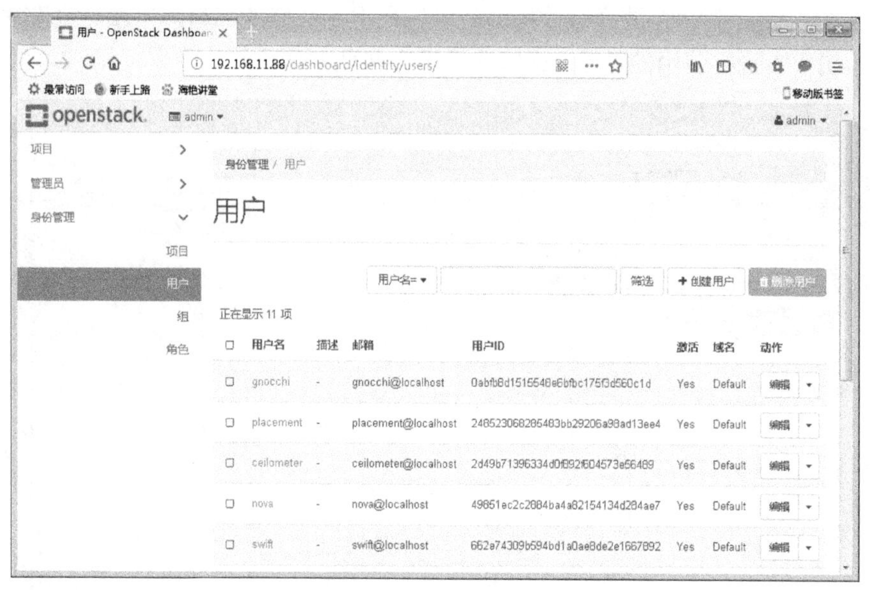

图 2.29 系统用户

单击右侧的“编辑”下拉菜单，可以修改当前的用户。选择某个用户左侧的复选框，然后单击“删除用户”按钮，可以将选中的用户删除。单击“创建用户”按钮，可以打开“创建用户”对话框，如图2.30所示。在“用户名”“邮箱”“密码”及“确认密码”等文本框中输入相应的信息，选择“主项目”和“角色”之后，单击“创建用户”按钮即可完成用户的创建。

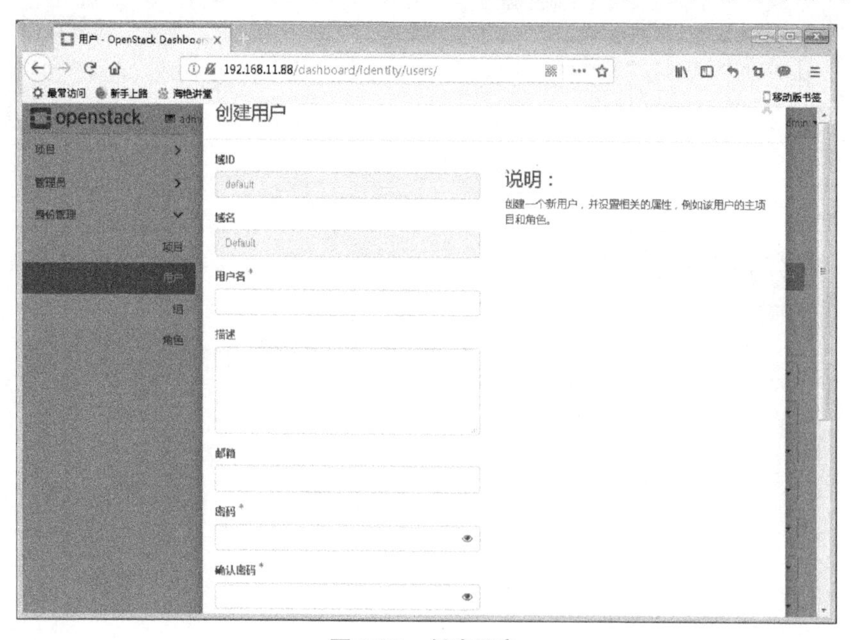

图 2.30 创建用户

2.4.4 管理镜像

用户可以管理当前 OpenStack 中的镜像文件。前面已经介绍过，Glance 支持很多格式，但是对于企业来说，其实用不了那么多格式。用户可以自己制作镜像文件，也可以从网络下载已经制作好的镜像文件。以下网址列出了常用的操作系统的镜像文件。

- http://cloud.centos.org/centos/：CentOS 官方提供 CentOS 6 和 CentOS 7 的镜像网址，默认的用户名是 centos。
- http://cloud-images.ubuntu.com/trusty/：Ubuntu14 的 OpenStack 镜像下载网址。
- https://download.cirros-cloud.net/：Cirros 镜像网址，这是一个大家在 OpenStack 测试时非常喜欢使用的镜像，小于 15MB，测试起来非常方便。

下面以 CentOS 7.5 为例，说明如何创建一个镜像。

进入“管理员”下的“计算”页面，选择“镜像”菜单项，右侧列出了当前系统中的镜像，如图 2.31 所示。

图 2.31 镜像列表

单击“创建镜像”按钮，打开“创建镜像”窗口，如图 2.32 所示。

在“镜像名称”文本框中输入镜像的名称，例如 CentOS7；在“镜像描述”文本框中输入相应的描述信息；“镜像源”只支持本地文件上传，单击“浏览”按钮，选择下载过的镜像文件；在“镜像格式”下拉菜单选择相应的文件格式，在本例中选择“QCOW2-QEMU 模拟器”选项。如果不是生产环境，其他的选项可以保留默认值。

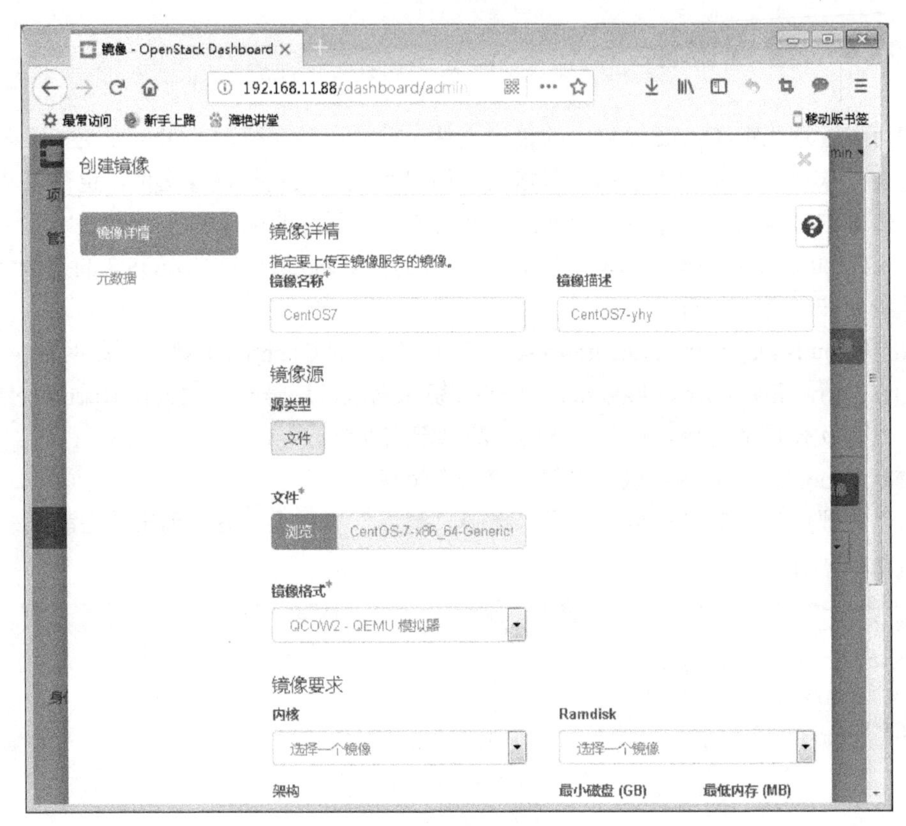

图 2.32　创建镜像

单击“创建镜像”按钮，关闭窗口。在镜像列表中列出了刚才创建的镜像，其状态为“保存中”。

由于需要把整个镜像文件上传到云端，所以需要较长的时间。等到镜像的状态变成“运行中”时，表示镜像已经创建成功，处于可用状态，如图 2.33 所示。

图 2.33　镜像创建成功

对于其他的镜像文件，用户可以采用类似的步骤来完成创建操作。

如果用户想要修改某个镜像的信息，可以单击“启动”右侧的下拉按钮，在弹出菜单中选择“编辑镜像”命令，打开“编辑镜像”对话框，如图 2.34 所示。

图 2.34　编辑镜像信息

修改完成之后，单击右下角的“更新镜像”按钮关闭对话框。

如果用户不再需要某个镜像文件，可以单击“启动”右侧的下拉按钮，选择弹出菜单中的“删除镜像”命令，即可将该镜像文件删除。

2.4.5　管理云主机类型

云主机类型（Flavors）实际上对云主机的硬件配置进行了限定。进入“管理员”菜单里面的“计算”面板，单击“实例类型”菜单项，窗口的右侧列出了当前已经预定义好的主机类型，如图 2.35 所示，从图中可以得知，系统默认内置了 5 个云主机类型，分别是 ml.tiny、ml.small、ml.medium、ml.large 和 ml.xlarge。从列表中可以看出，这 5 个内置的云主机类型的硬件配置是从低到高的，主要体现在 CPU 的个数、内存及根磁盘这三个方面。

这 5 个类型已经基本满足用户的需求。如果用户需要其他配置的主机类型，则可以创建新的主机类型。下面介绍创建新的主机类型的步骤。

单击图 2.35 中右上角的“创建实例类型”按钮，打开“创建实例类型”窗口。在“名称”文本框中输入主机类型的名称，如 CentOS-yhy; ID 文本框保留原来的 auto，表示自动生成 ID; VCPU 数量实际上指的是实例云主机 CPU 的个数，在本例中输入 4；内存以 MB 为单位，在本例中输入 1024，根磁盘的容量以 GB 为单位，在本例中输入 50；临时磁盘和交换盘空间都为 0，如图 2.36 所示。

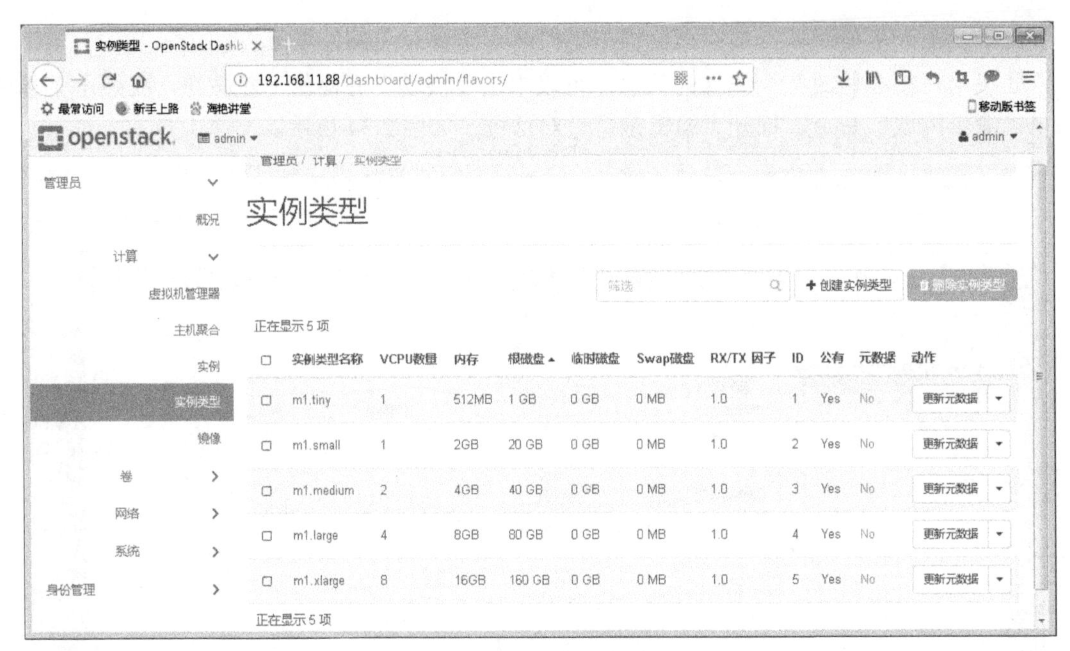

图 2.35　云主机类型

图 2.36　创建实例类型

单击窗口上面的“实例类型使用权”，切换到“实例类型使用权”选项卡。在窗口的左侧列出了当前系统中所有的租户，右侧则列出了可以访问该主机类型的租户。单击某个租户右侧的+按钮，将该租户添加到右侧，赋予该租户使用该类型的权限，如图 2.37 所示。

图 2.37　指定云主机实例类型的访问权限

设置完成之后，单击窗口右下角的“创建实例类型”按钮，完成实例类型的创建。

除了添加实例类型之外，用户还可以修改实例类型的信息、使用权以及删除实例类型。这些操作都比较简单，这里不再详细说明。

2.4.6　管理网络

Neutron 是 OpenStack 核心模块之一，提供云计算环境下的虚拟网络功能。Neutron 的功能日益强大，并且在 Horizon 面板中已经集成该模块。为了能够使读者更好地掌握网络的管理，下面首先介绍一下 Neutron 的几个基本概念。

1. 网络

在普通人的眼里，网络就是网线和供网线插入的端口，一个盒子会提供这些端口。对于网络工程师来说，网络的盒子指的是交换机和路由器。所以在物理世界中，网络可以简单地被认为包括网线、交换机和路由器。当然，除了物理设备，还有软件方面的组成部分，例如 IP 地址、交换机与路由器的配置和管理软件以及各种网络协议。要管理好一个物理网络需要非常多的网络专业知识和经验。

Neutron 网络的目的是划分物理网络，在多租户环境下提供给每个租户独立的网络环境。另外，Neutron 提供 API 来实现这种目标。Neutron 中“网络”是一个可以被用户创建的对象，如果要和物理环境下的概念相映射的话，这个对象相当于一个巨大的交换机，可以拥有无限多个动态可创建和销毁的虚拟端口。

2. 端口

在物理网络环境中，端口是用于连接设备进入网络的地方。Neutron 中的端口起着类似的功能，它是路由器和虚拟机挂接网络的附着点。

3. 路由器

和物理环境下的路由器类似，Neutron 中的路由器也是一个路由选择和转发部件。只不过在 Neutron 中，它是可以创建和销毁的软部件。

4. 子网

简单地说，子网是由一组 IP 地址组成的地址池。不同子网间的通信需要路由器的支持，这一点 Neutron 和物理网络下是一致的。Neutron 中子网隶属于网络。图 2.38 描述了一个典型的 Neutron 网络结构。

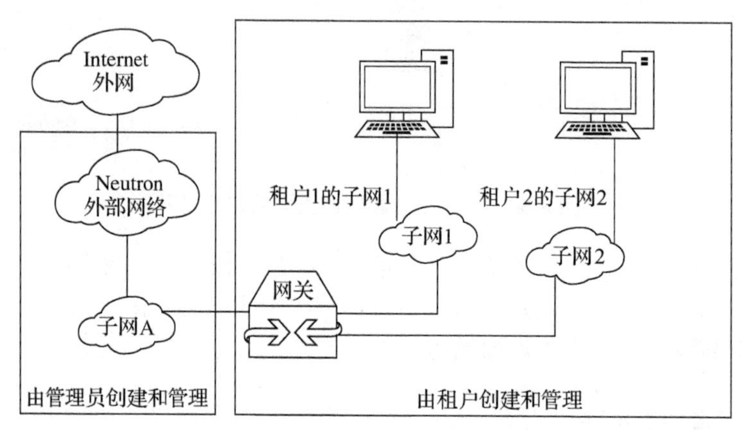

图 2.38 典型的 Neutron 网络结构

在图 2.38 中，存在一个和互联网连接的 Neutron 外部网络。这个外部网络是租户虚拟机访问互联网或者互联网访问虚拟机的途径。外部网络有一个子网 A，它是一组在互联网上可寻址的 IP 地址。一般情况下，外部网络只有一个，并且由管理员创建和管理。租户网络可由租户任意创建。当一个租户网络上的虚拟机需要和外部网络以及互联网通信时，这个租户就需要一个路由器。路由器有两种臂，一种是网关（gateway）臂，另一种是网络接口臂。网关臂只有一个，用于连接外部网；网络接口臂可以有多个，用于连接租户网络的子网。

对于如图 2.38 所示的网络结构，用户可以通过以下的步骤来实施：

（1）管理员拿到一组可以在互联网上寻址的 IP 地址，并且创建一个外部网络和子网；

（2）租户创建一个网络和子网；

（3）租户创建一个路由器并且连接租户子网和外部网络；

（4）租户创建虚拟机。

接下来介绍如何在控制台中实现以上网络。管理员登录控制台，切换到“管理员”面板，单击“网络”菜单项后显示当前网络列表，如图 2.39 所示。

图 2.39　当前网络列表

从图 2.39 中可以得知，OpenStack 已经默认创建了一个名称为 public 的外部网络，并且已经拥有了一个名称为 public_subnet、网络地址为 172.24.4.0/24 的子网。

单击网络列表右上角的“创建网络”按钮，可以打开“创建网络”窗口，创建新的外部网络，如图 2.40 所示。

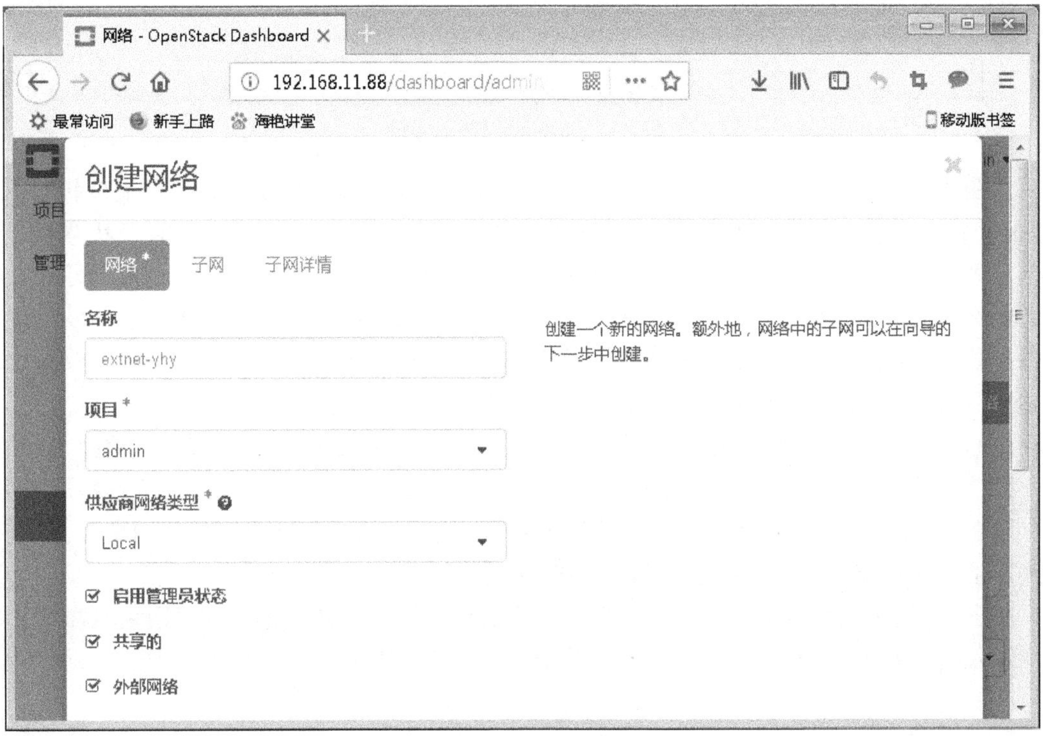

图 2.40　创建网络

尽管 Neutron 支持多个外部网络，但是在多个外部网络存在的情况下，其配置会非常复杂，所以不再介绍创建新的外部网络的步骤，而是直接使用已有的名称为 public 的外部网络。在网络列表窗口中，单击网络名称就可以查看相应网络的详细信息，如图 2.41 所示。

图 2.41　public 网络的详情

从图 2.41 中可以看到，网络详情主要包含 4 个部分，分别是网络概况、子网、端口和 DHCP Agents。网络概况部分描述了外部网络的重要属性，例如名称、ID、项目 ID 以及状态等。子网部分列出了该网络划分的子网，包含子网名称、网络地址以及网关等信息；用户可以添加或者删除子网。端口部分列出了网络中的网络接口，包括名称、固定 IP、连接设备以及状态等信息。DHCP Agents 的配置默认为空，单击“增加 DHCP Agent”可以增加 DHCP Agent，包括主机名称、状态信息以及管理状态和动作信息等。

前面已经介绍过，除了外部网络之外，还有租户网络。租户网络主要包括子网、路由器等，租户可以创建、删除属于自己的网络、子网以及路由器等。下面介绍如何管理租户网络。

以普通用户 demo 登录控制台，在左侧的菜单中选择“项目”菜单下的“网络”，页面右侧列出了当前系统中可用的网络列表，如图 2.42 所示。

单击“创建网络”按钮，打开“创建网络”窗口，如图 2.43 所示。在“网络名称”文本框中输入网络的名称，例如 Private-yhy，单击“下一步”按钮，进入下一个界面。

图 2.42　demo 用户可用的网络

图 2.43　设置网络名称

如果需要创建子网，则选中“创建子网”复选框。在“子网名称”文本框中输入子网的名称，例如 Private-yhy_subnet2；在“网络地址”文本框中输入子网的 ID，例如 192.168.88.0/24；在“IP 版本”下拉菜单中选择“IPv4”选项；在“网关 IP”文本框中输入子网网关的 IP 地址，例如 192.168.88.1，如图 2.44 所示。单击“下一步”按钮，进入下一个界面。

图 2.44　设置子网

选中“激活 DHCP”复选框，在“分配地址池”文本框中输入 DHCP 地址池的范围，例如 192.168.88.10.192.168.88.200，在“DNS 服务器”文本框中输入 DNS 服务器的 IP 地址，如图 2.45 所示。单击“已创建”按钮，完成网络的创建。

图 2.45　设置 DHCP 服务

通过上面的操作，租户已经创建了一个新的网络，但是这个网络还不能与外部网络连通。为了连通外部网络，租户还需要创建和设置路由器。下面介绍如何通过设置路由器将新创建的网络连接到外部网络。

以 demo 用户登录控制台，选择“项目”菜单下的“路由”页面，窗口右侧列出当前租户可用的路由器，如图 2.46 所示。

图 2.46　租户路由器列表

在图 2.46 中列出了一个名称为 router1 的路由器，该路由器为安装 OpenStack 时自动创建的路由器。从图中可以得知，该路由器已经连接到名称为 public 的外部网络。

单击路由器名称，打开路由详情页面，如图 2.47 所示。该页面主要包括路由概况和接口两个部分。路由概况部分列出了路由器的名称、ID、状态和外部网关等信息；接口部分列出了该路由器所拥有的连接到内部网络的接口。

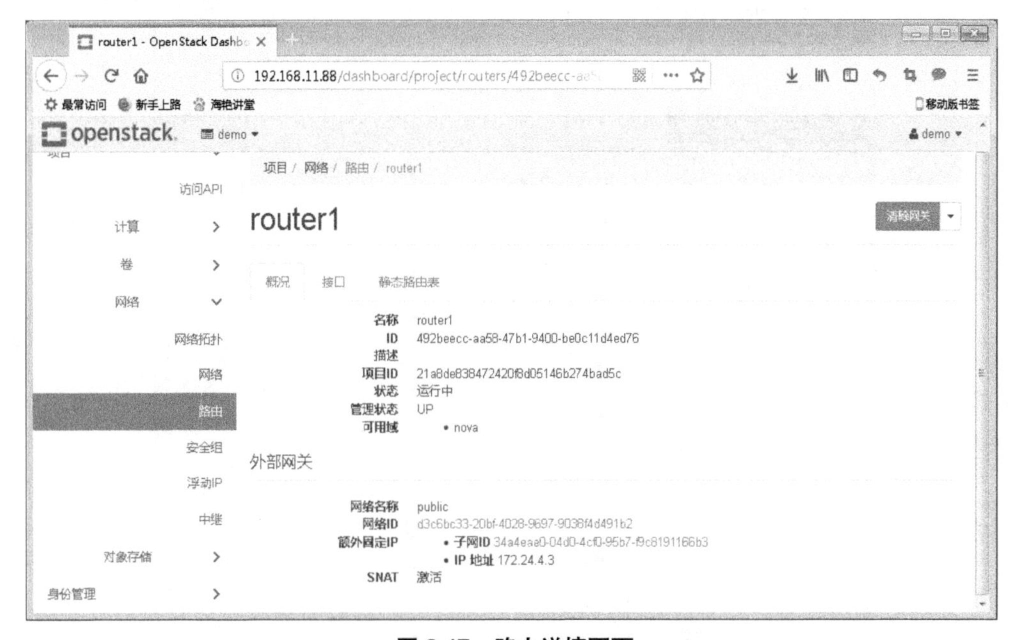

图 2.47　路由详情页面

单击“增加接口”按钮，打开“增加接口”页面，如图 2.48 所示。在“子网”下拉菜单中选择刚刚创建的网络 Private-yhy 的子网 Private-yhy_subnet2，再在“IP 地址”文本框中输入接口的 IP 地址，例如 192.168.88.10。单击“提交”按钮，关闭页面。

图 2.48　增加接口

现在这个租户的路由器已经连接了外网和租户的子网，接下来这个租户可以创建虚拟机，这个虚拟机借助路由器就可以访问外部网络甚至互联网。选择“网络”→“网络拓扑”菜单项，可以查看当前租户的网络拓扑结构，如图 2.49 所示。

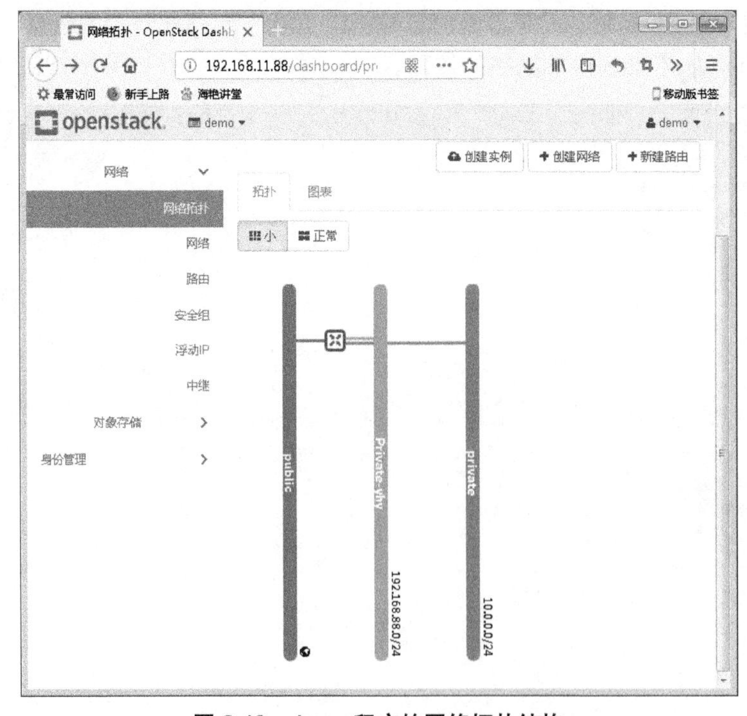

图 2.49　demo 租户的网络拓扑结构

从图 2.49 可以得知，demo 租户拥有两个网络，其名称分别为 private 和 Private-yhy，其网络地址分别为 10.0.0.0/24 和 192.168.88.0/24，每个子网中都可以连接多台虚拟机。这两个网络分别连接到路由器 router1 的两个接口上面，接口的 IP 地址分别为 10.0.0.1 和 192.168.88.10。实际上，这两个网络接口分别充当两个网络的网关。路由器 router1 的另外一个接口连接到外部网络 public。

2.4.7 管理实例

所谓实例（instance），实际上指的就是虚拟机。之所以称为实例，是因为在 OpenStack 中，虚拟机总是从一个镜像创建而来的。下面介绍如何管理实例。

以 demo 用户登录控制台，进入“项目”下“计算”页面的“实例”菜单，窗口右侧列出了当前租户所拥有的实例，如图 2.50 所示。在本例中，实例列表为空。

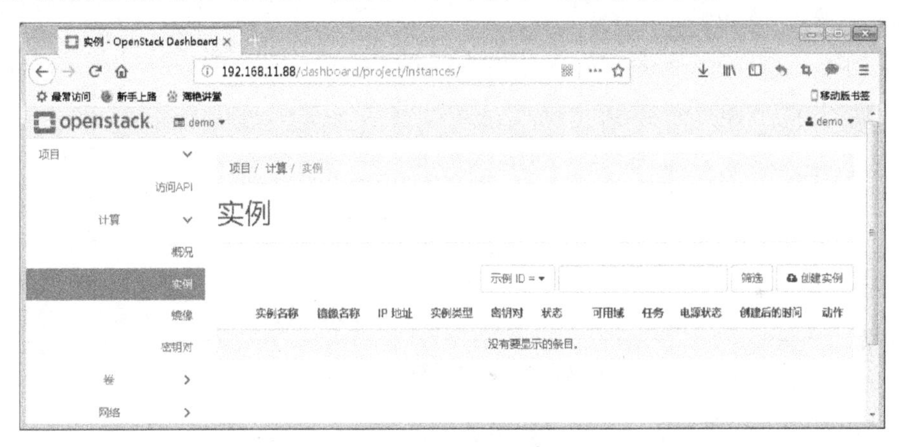

图 2.50　实例列表

单击右上角的“创建实例”按钮，打开“创建实例”对话框，如图 2.51 所示。

图 2.51　创建实例

在云主机“实例名称”文本框中输入主机名称，例如 DataCenter；在云主机“描述”文本框中输入实例描述；可用域选择“nova”；在云主机“数量”文本框中输入 1，即只创建一个虚拟机。单击“下一项”按钮，进入配置源页面。

在配置源页面，可用源选择“CentOS7”后的向上箭头，把 CentOS7 的源移动到“已分配”项下。单击“下一项”按钮，进入选择实例类型页面。

在配置实例类型页面，可用实例类型选择“m1.small”后的向上箭头，把 m1.small 的实例类型移动到“已分配”项下。单击“下一项”按钮，进入选择网络页面。

在配置网络页面，可用列表选择“Private-yhy”后的向上箭头，把 Private-yhy 的网络移动到“已分配”项下。单击“下一项”按钮，进入网络接口页面。

网络接口设置暂时跳过，因为当前没有可用的网络接口，“安全组”中的“default”选项默认已分配。单击“下一项”按钮，进入创建密钥对页面。

如果目前还没有密钥对，则在创建密钥对页面单击上侧的“+创建密钥对”按钮，打开“创建密钥对”对话框，如图 2.52 所示。

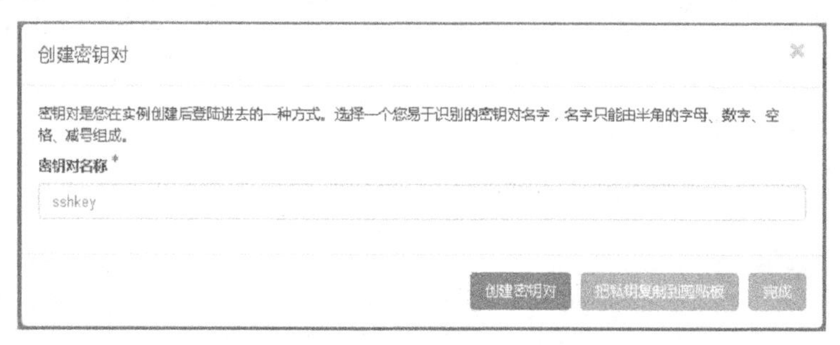

图 2.52 “创建密钥对”对话框

在“密钥对名称”文本框中，输入将要创建的密钥对名称，单击“创建密钥对”按钮，进入下一界面，如图 2.53 所示。

图 2.53 创建密钥对

单击“把私钥复制到剪贴板”按钮复制私钥，然后使用记事本备份私钥，以备不时之需。单击“完成”按钮，完成密钥对的创建。

其他的选项可以跳过不用设置。单击“创建实例”按钮，开始创建实例。

此时，刚刚创建的实例 DataCenter 已经出现在实例列表中，并且已经为其分配了一个地址 172.24.4.6。单击实例名称，打开云主机详情窗口。切换到“控制台”选项卡，可以看到该虚拟机已经启动，如图 2.54 所示。

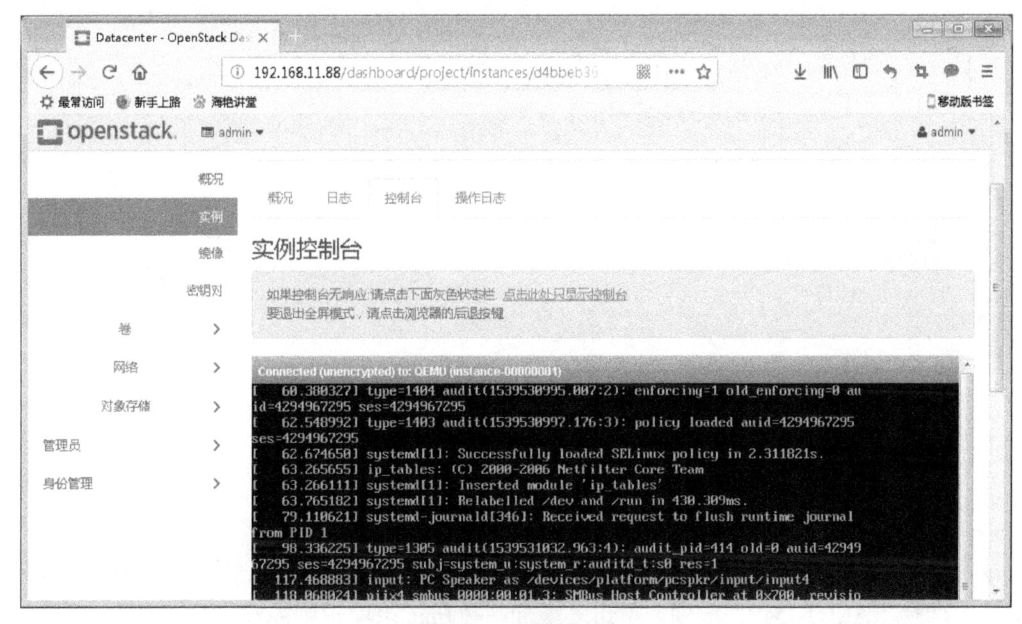

图 2.54　实例控制台

尽管实例已经成功创建，但是此时仍然不能通过 SSH 访问虚拟机，也无法 ping 通该虚拟机。这主要是因为安全组规则所限，所以需要修改其中的规则。

选择“项目”菜单下“网络”的“安全组”页面，窗口右侧列出了所有的安全组，如图 2.55 所示。

图 2.55　安全组列表

由于前面在创建实例时使用了 default 安全组，所以单击“管理规则”按钮，打开“管理安全组规则”窗口，如图 2.56 所示。

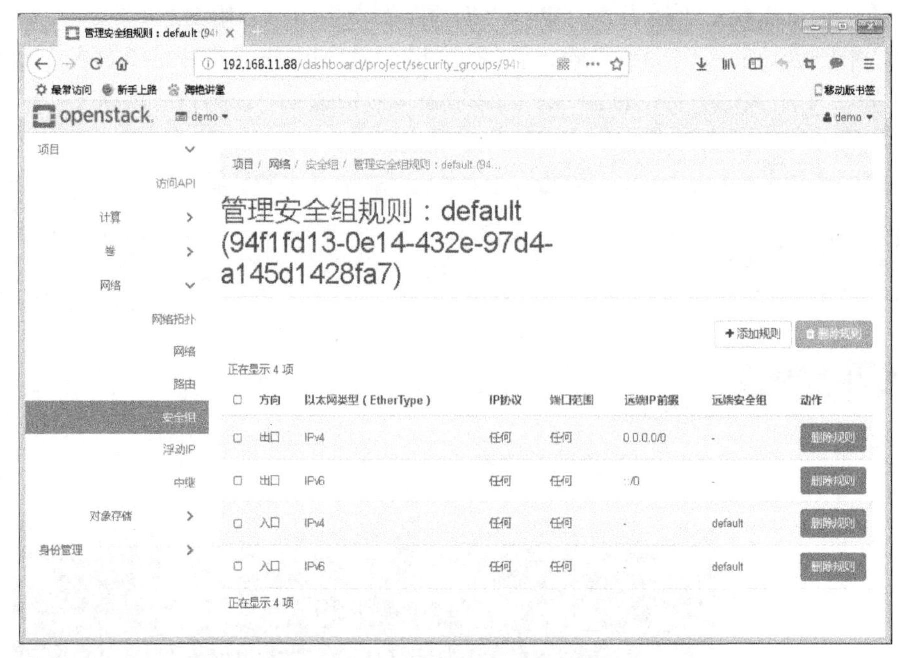

图 2.56 “管理安全组规则”窗口

单击列表右上角的“添加规则”按钮打开相应的对话框，如图 2.57 所示。在“规则”下拉菜单中选择“ALL ICMP”选项，单击“添加”按钮将该项规则添加到列表里面。再通过相同的步骤，将 SSH 规则添加进去。前者使得用户可以 ping 通虚拟机，后者使得用户可以通过 SSH 客户端连接虚拟机。

图 2.57 添加规则

为了能够使外部网络中的主机可以访问虚拟机，还需要为虚拟机绑定浮动 IP。在实例列表中，单击 Webserver 虚拟机所在行最右边的“更多”按钮，选择“绑定浮动 IP”命令，打开“管理浮动 IP 的关联”对话框，在“IP 地址”下拉菜单中选择一个外部网络的 IP 地址，单击“关联”按钮，完成 IP 的绑定。

如果 IP 地址下拉菜单中没有选项，则可以单击右侧的+按钮，添加浮动 IP。

对于已经绑定浮动 IP 的虚拟机来说，其 IP 地址会有两个，分别为租户网络的 IP 地址和外部网络地址。在本例中，虚拟机 Webserver 的 IP 地址分别为 192.168.21.3 和 172.24.4.229。然后在终端窗口中输入 ping 命令，以验证是否可以访问虚拟机，命令如下：

【ping 172.24.4.229】

从上面的命令可以得知，外部网络中的主机已经可以访问虚拟机。接下来使用 SSH 命令配合密钥来访问虚拟机，命令如下：

【ssh -i cloud.key cirros@172.24.4.229】

可以发现，上面的命令已经成功登录虚拟机，并且出现了虚拟机的命令提示符$。下面验证虚拟机能否访问互联网，输入以下命令：

【ping www.baidu.com】

可以发现，虚拟机已经可以访问互联网上的资源。

如果用户想要重新启动某台虚拟机，则可以单击对应行右侧的“更多”按钮，选择“软重启云主机”或者“硬重启云主机”命令，来实现虚拟机的重新启动。

此外，用户还可以删除虚拟机、创建快照以及关闭虚拟机。这些操作都比较简单，这里不再详细说明。

第3章　分布式OpenStack Ocata VXLAN模式云计算系统运维与管理

Ocata版是OpenStack社区于2017年2月22日正式发布的第15个版本。Ocata版在单个网络上集成裸机，在虚拟机和容器方面进行了实质性的创新；其侧重于稳定性，包括核心计算和网络服务的可扩展性和性能；可以在网络层为基于容器的应用程序框架提供更大的支持，在OpenStack容器化部署方面也更加简便。

在这个发布周期中，OpenStack社区见证了越来越多的多云趋势，企业在公有云和私有云上采用了更加复杂的工作负载分配策略。特别是OpenStack用户看到了OpenStack私有云成本的显著节省和合规性优势后，随着远程管理的私有云新模型的出现，用户也更容易在专用的环境中体验公有云的好处。

本章主要介绍的是分布式Ocata版OpenStack（Controller + 1 Compute + 1 Cinder）的搭建过程。搭建的时候，请读者严格按照本章中的讲解内容进行配置，在不熟悉的情况下，严禁自行添加额外的配置和设置。

3.1　环境准备

为了方便学习，本例将OpenStack部署在三台虚拟机中，如果三台虚拟机被部署在一台物理机中，物理机建议配置16GB的内存和100GB以上的固态硬盘，故在正式部署OpenStack之前，最需要厘清的是OpenStack分布式部署的环境。

3.1.1　物理网络拓扑规划

安装VMware Workstation 12.5.0虚拟机软件，在VMware Workstation中虚拟出三台虚拟机，三台虚拟机的基本配置规划如表3.1所示。

表 3.1 虚拟机配置规划表

节点名称	CPU 核心	内存	硬盘	网络规划		
				名称	用途	IP 地址
Controller	4 核心	4GB	200GB	eth0	external	1.1.1.128/24
				eth1	admin mgt	10.1.1.128/24
				eth2	tunnel	10.2.2.128/24
Compute	4 核心	4GB	200GB	eth1	admin mgt	10.1.1.129/24
				eth2	tunnel	10.2.2.129/24
Cinder	4 核心	4GB	200GB+100GB	eth1	admin mgt	10.1.1.130/24
				eth2	tunnel	10.2.2.130/24

三个网络的规划说明如下。

- external：这个网络是连接外网的，也就是说 OpenStack 环境里的虚拟机要让用户访问，则必须有个网段是连接外网的，用户通过这个网络能访问虚拟机。如果搭建的是公有云，那么这个 IP 段一般是公网的。
- admin mgt：这个网段是用来管理网络的。OpenStack 环境里面各模块之间需要交互，像连接数据库、连接 Message Queue 等都需要一个网络去支撑，该网段就是起这个作用的，简而言之，就是 OpenStack 自身用的 IP 段。
- tunnel：隧道网络。OpenStack 里面使用 GRE 或 VXLAN 模式，需要有隧道网络；隧道网络采用点到点通信协议，从而代替了交换连接，在 OpenStack 里，这个 tunnel 就是虚拟机走网络数据流量用的。

当然，这三个网络也可以放在一起，但是只能用于测试学习环境，在真正的生产环境中，三者是要分开的。所以在创建完虚拟机后，请给虚拟机再添加两块网卡，根据生产环境的要求搭建学习。

三种网络在生产环境里是必须分开的，有的生产环境还有分布式存储，所以还要给存储再添加一个网络——storage 段。网络分开的好处就是数据分流、安全、不相互干扰。

3.1.2 虚拟机网卡设置

在 VMware Workstation 中，单击"编辑"→"虚拟网络编辑器"命令。对网络的连接采用如图 3.1 所示的虚拟网络编辑器设置。

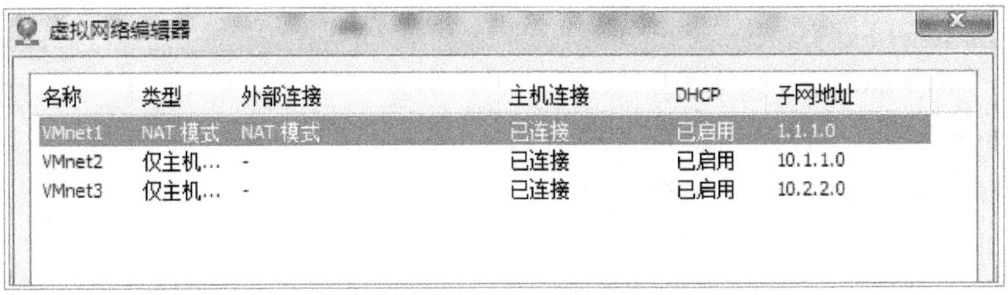

虚拟网络编辑器

名称	类型	外部连接	主机连接	DHCP	子网地址
VMnet1	NAT 模式	NAT 模式	已连接	已启用	1.1.1.0
VMnet2	仅主机…	-	已连接	已启用	10.1.1.0
VMnet3	仅主机…	-	已连接	已启用	10.2.2.0

图 3.1 虚拟网络编辑器设置

在 Controller 节点虚拟机的设置中删除默认的网卡，重新添加三张网卡，三张网卡分别自定义连接到 VMnet1、VMnet2、VMnet3 上，虚拟机网卡设置如图 3.2 所示。

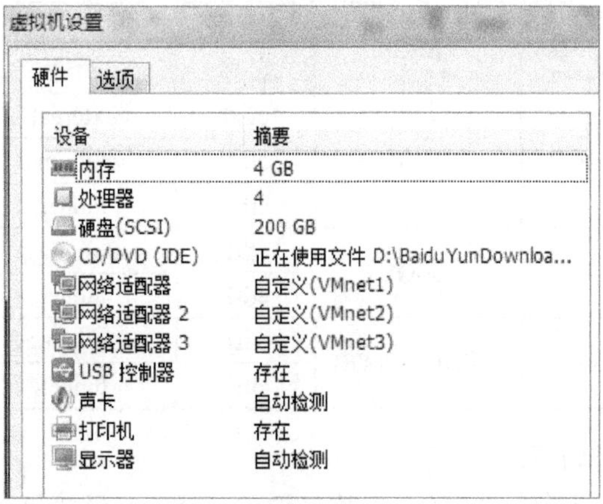

虚拟机设置

硬件　选项

设备	摘要
内存	4 GB
处理器	4
硬盘(SCSI)	200 GB
CD/DVD (IDE)	正在使用文件 D:\BaiduYunDownloa...
网络适配器	自定义(VMnet1)
网络适配器 2	自定义(VMnet2)
网络适配器 3	自定义(VMnet3)
USB 控制器	存在
声卡	自动检测
打印机	存在
显示器	自动检测

图 3.2　虚拟机网卡设置

在 Compute 节点虚拟机的设置中删除默认的网卡，重新添加两张网卡，两张网卡分别自定义连接到 VMnet2 和 VMnet3 上。

在 Cinder 节点虚拟机的设置中删除默认的网卡，重新添加两张网卡，两张网卡分别自定义连接到 VMnet2 和 VMnet3 上。

3.1.3　虚拟机系统与基本配置

第 1 步：所有节点安装 CentOS 7.2 系统（最小化安装，不要用【yum update】命令升级到 7.3 版本！Ocata 版在 7.3 版本下依然有虚拟机启动出现 iPXE 启动的问题）。

第 2 步：关闭防火墙和 SELinux。

【systemctl stop firewalld】停止防火墙服务。

【systemctl disable firewalld】禁用防火墙服务。

【vi /etc/sysconfig/selinux】设置 SELinux 的如下内容：

```
SELINUX=disable
```

第 3 步：安装相关工具。

因为安装系统时采用的是最小化安装，所以一些最基本的命令工具均未安装，如 ifconfig、vim 等命令，所以需要运行下面的命令安装上述工具：

【yum install net-tools wget vim ntpdate bash-completion -y】

第 4 步：更改 hostname 主机名。

在 Controller 节点运行如下命令修改主机名：

【hostnamectl set-hostname controller】

在 Compute 节点运行如下命令修改 Compute 节点主机名：

【hostnamectl set-hostname compute】

在 Cinder 节点运行如下命令修改 Cinder 节点主机名：

【hostnamectl set-hostname cinder】

第 5 步：修改 hosts 文件。

在每个节点运行【vim /etc/hosts】命令，为hosts配置文件增加如下代码，作为IP地址与主机名的映射。

```
10.1.1.128    controller
10.1.1.129    compute1
10.1.1.130    cinder
```

hosts文件配置效果如图3.3所示。

```
127.0.0.1    localhost localhost.localdomain localhost4 localhost4.localdomain4
::1          localhost localhost.localdomain localhost6 localhost6.localdomain6
10.1.1.128   controller
10.1.1.129   compute1
10.1.1.130   cinder
                                                        1,1          All
```

图3.3 hosts文件配置效果

3.2 Controller节点配置

3.2.1 使用NTP服务同步系统时间

OpenStack是分布式架构，每个节点都不能有时间差，但刚安装完CentOS系统，时间会跟当前的北京时间不一致，所以必须使用NTP服务同步时间，命令如下：

【yum install ntp】安装时间服务。

【date】查询当前时间。

【ntpdate cn.pool.ntp.org】同步本机到当前北京时间。

在3.1.1节的网络拓扑规划中，Controller节点是可以连接外网的，运行上述命令即可同步时间，但是，规划的Compute节点和Cinder节点是不可以连接外网的，因此，需要在Controller节点上配置和运行NTP Server。

使用【vim /etc/ntp.conf】命令编辑NTP Server配置文件，修改文件中的第21～24行，即将第21行修改为“server ntpdate.pool.ntp.org iburst”，注释掉第22～24行的内容，NTP服务配置文件效果如图3.4所示。

图3.4 NTP服务配置文件效果

在Controller节点的NTP Server时间服务器搭建成功后，Compute和Cinder节点即可直接使用【ntpdate controller】命令同步时间。

另外，建议把如下命令添加到/etc/rc.d/rc.local中，使它们开机启动：

【echo "ntpdate cn.pool.ntp.org" >> /etc/rc.d/rc.local】

【chmod +x /etc/rc.d/rc.local】

3.2.2 搭建OpenStack内部使用yum源

yum是“Yellow dog Updater，Modified”的缩写，是一个软件包管理器，它会从指定的位置（相关网站的RPM包地址或本地的RPM路径）自动下载RPM包并且安装，能够很好地解决依赖关系问题。

Linux安装某个软件时往往需要安装很多其他特有的依赖软件，yum就是为了解决依赖关系而存在的。yum源相当于是一个目录项，当我们使用yum机制安装软件时，若需要安装依赖软件，系统就会根据在yum源中定义好的路径查找依赖软件，并将依赖软件安装好。

yum的基本工作机制包括服务器端和客户机端，分别介绍如下。

- 服务器端：在服务器中存放了所有的RPM软件包，然后以相关的功能分析每个RPM文件的依赖性关系，将这些数据记录成文件并存放在服务器的某特定目录内。
- 客户机端：如果需要安装某个软件时，先下载服务器中记录的依赖性关系文件（可通过WWW或FTP方式），通过对服务器端下载的记录数据进行分析，然后取得所有相关的软件，一次性全部下载后进行安装。

自己搭建yum源相对来说比较安全，安装软件时从本地下载，速度快；另外，网络yum更新很快，但是生产中没有必要实时更新系统，这样搭建的yum还起到备份的作用，方便以后重用。所以，搭建内部yum源非常重要。

OpenStack搭建用到的源有CentOS7源、Epel7源、MariaDB10.1源、OpenStack Ocata源。

搭建yum源的方式有很多种，可以通过httpd、nginx、apache、Windows本地xampp、FTP等搭建。

在本节中，我们通过MyWebServer在自己的物理机上搭建一个Web服务器，然后把相应的yum源放到Web服务器的根目录下即可。

运行如下命令配置yum源的客户端文件。

【mkdir /etc/yum.repos.d/bak】建立备份文件夹。

【mv /etc/yum.repos.d/*.* /etc/yum.repos.d/bak】移动原配置文件到备份文件。

【vim /etc/yum.repos.d/centos_epel_openstack_mariadb.repo】新建yum源客户端文件，具体内容如下：

```
[centos]
name=centos7.2
baseurl= http://10.1.1.1/centos7.2/7.2/os/x86_64/
enabled=1
gpgcheck=0

[epel]
```

```
name=epel
baseurl= http://10.1.1.1/epel/7/x86_64/
enabled=1
gpgcheck=0

[openstack]
name=ocata
baseurl=http://10.1.1.1/openstack-ocata/
enabled=1
gpgcheck=0

[mariadb]
name=mariadb10.1
baseurl=http://10.1.1.1/mariadb10.1/
enabled=1
gpgcheck=0
```

建立好 yum 源的配置文件后使用【yum clean all】命令清除原来的 yum 数据库，使用【yum makecache】命令重新查找 yum 源。如果没有报错，yum 源服务器和客户端便搭建成功。

3.2.3 搭建 MariaDB 数据库服务

MariaDB 数据库管理系统是 MySQL 的一个分支，主要由开源社区维护，采用 GPL 授权许可。MariaDB 的目的是完全兼容 MySQL，包括 API 和命令行，使之能轻松成为 MySQL 的替代品。在存储引擎方面，使用 XtraDB 代替 MySQL 的 InnoDB。MariaDB 由 MySQL 的创始人米凯尔・维德纽斯（Michael Widenius）主导开发，早前，他曾以 10 亿美元的价格，将自己创建的公司 MySQL AB 卖给了 SUN 公司，此后，随着 SUN 公司被 Oracle 公司收购，MySQL 的所有权也转入 Oracle 公司。

MariaDB 这个名称来自米凯尔・维德纽斯女儿的名字 Maria。MariaDB 基于事务的 Maria 存储引擎，替代了 MySQL 的 MyISAM 存储引擎，它使用了 Percona 的 XtraDB（InnoDB 的变体，分支的开发者希望提供访问 MySQL 5.4 InnoDB 的性能）。这个版本还包括了 PrimeBase XT（PBXT）和 FederatedX 存储引擎。

MariaDB 用于存储 OpenStack 中的所有信息，具体搭建方法如下。

（1）使用【yum install -y MariaDB-server MariaDB-client】命令安装 MariaDB。

（2）配置 MariaDB。使用【vim /etc/my.cnf.d/mariadb-openstack.cnf】命令创建配置文件，添加如下内容：

```
[mysqld]
default-storage-engine = innodb
innodb_file_per_table
collation-server = utf8_general_ci
init-connect = 'SET NAMES utf8'
```

```
character-set-server = utf8
bind-address = 1.1.1.128
```

（3）启动数据库及设置 MariaDB 开机启动：

【systemctl enable mariadb.service】

【systemctl restart mariadb.service】

【systemctl status mariadb.service】

【systemctl list-unit-files |grep mariadb.service】

（4）配置 MariaDB，给 MariaDB 设置密码。运行【mysql_secure_installation】命令设置 MariaDB 数据库的 root 密码。

先按 Enter 键，然后按 Y 键，设置 MySQL 密码，然后一直按 Y 键结束，这里我们设置的密码是 yhy。需要注意，输入密码时，屏幕是没有任何显示的，但主机系统已经接收到了输入的密码，如图 3.5 所示。

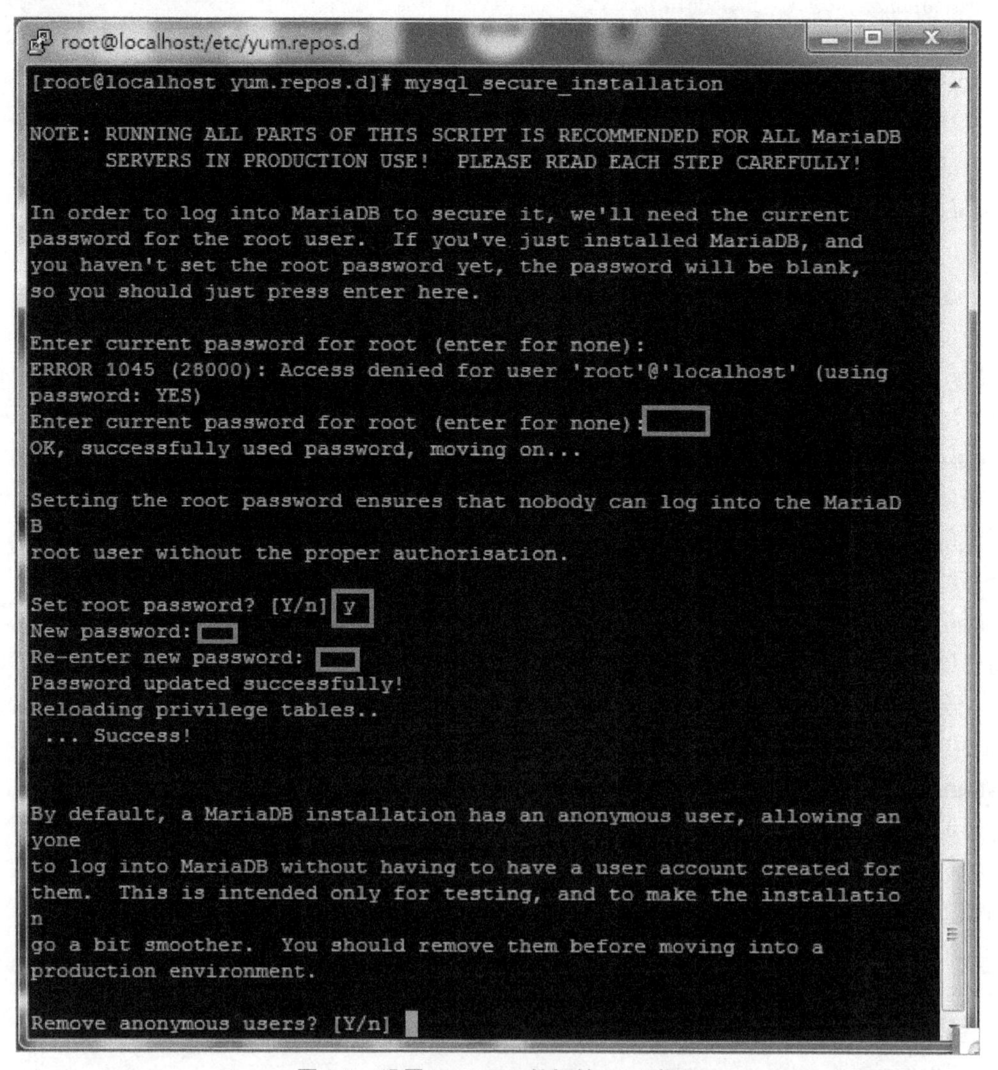

图 3.5　设置 MariaDB 数据的 root 密码

3.2.4 安装 RabbitMQ

第 1 步：安装 erlang。

【yum install -y erlang】

第 2 步：安装 RabbitMQ。

【yum install -y rabbitmq-server】

第 3 步：启动 RabbitMQ 及设置开机启动。

【systemctl enable rabbitmq-server.service】

【systemctl restart rabbitmq-server.service】

【systemctl status rabbitmq-server.service】

【systemctl list-unit-files |grep rabbitmq-server.service】

第 4 步：创建用户，将用户名设置为 openstack，并将密码设置为 yhy。

【rabbitmqctl add_user openstack yhy】

所有组件通过用户 openstack 与 RabbitMQ 打交道。

第 5 步：为用户 openstack 赋予权限。

【rabbitmqctl set_permissions openstack ".*" ".*" ".*"】赋予相应的权限。

【rabbitmqctl set_user_tags openstack administrator】定义成 administrator 角色。

【rabbitmqctl list_users】查看添加的用户。

第 6 步：查看监听端口。

【netstat -ntlp |grep 5672】

RabbitMQ 使用的是 5672 端口。

第 7 步：查看 RabbitMQ 插件。

【/usr/lib/rabbitmq/bin/rabbitmq-plugins list】

第 8 步：打开 RabbitMQ 相关插件。

【/usr/lib/rabbitmq/bin/rabbitmq-plugins enable rabbitmq_management mochiweb webmachine rabbitmq_web_dispatch amqp_client rabbitmq_management_agent】

打开相关插件后，通过【systemctl restart rabbitmq-server】命令重启 RabbitMQ 服务。

在浏览器地址栏中输入 http://10.1.1.128:15672，以默认用户名 guest 和密码 guest 登录。

通过界面，我们能很直观地看到 RabbitMQ 的运行和负载情况。

第 9 步：查看 RabbitMQ 状态。

使用浏览器登录 http://10.1.1.128:15672，然后以用户名 openstack 和密码 yhy 登录也可以查看 RabbitMQ 的状态信息，如图 3.6 所示。

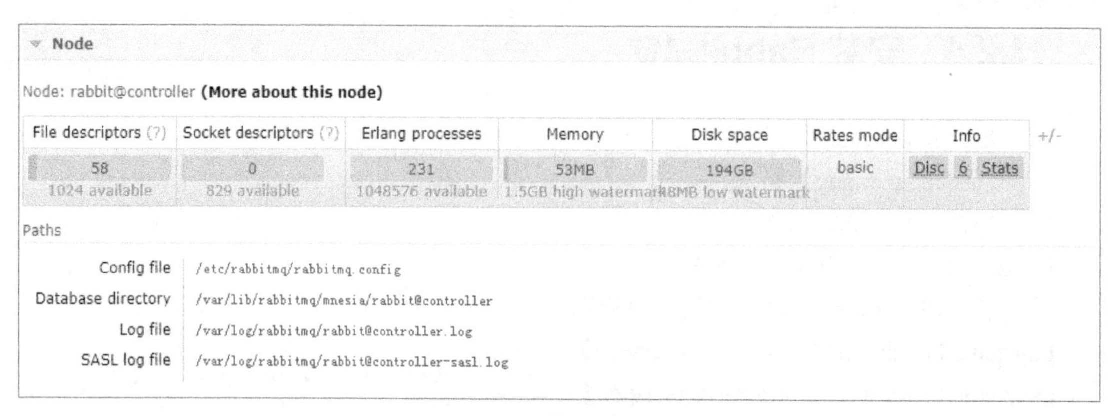

图 3.6　查看 RabbitMQ 状态

3.2.5　安装配置 keystone

第 1 步：创建 keystone 数据库。

【mysql -uroot -p】进入 MariaDB 数据库。

【CREATE DATABASE keystone;】创建数据库。

【show databases;】查看数据。

第 2 步：创建数据库 keystone 用户及 root 用户并赋予权限。

【GRANT ALL PRIVILEGES ON keystone.* TO 'keystone'@'localhost' IDENTIFIED BY 'yhy';】

【GRANT ALL PRIVILEGES ON keystone.* TO 'keystone'@'%' IDENTIFIED BY 'yhy';】

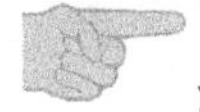

注意：

yhy 为数据库密码。

第 3 步：安装 keystone 和 memcached。

【yum -y install openstack-keystone httpd mod_wsgi python-openstackclient memcached python-memcached openstack-utils】

第 4 步：启动 memcached 服务并设置开机自启动。

【systemctl enable memcached.service】

【systemctl restart memcached.service】

【systemctl status memcached.service】

第 5 步：配置/etc/keystone/keystone.conf 文件。

【cp /etc/keystone/keystone.conf /etc/keystone/keystone.conf.bak】备份原配置文件。

【>/etc/keystone/keystone.conf】清空配置文件。

使用如下命令配置 /etc/keystone/keystone.conf 文件：

【openstack-config --set /etc/keystone/keystone.conf DEFAULT transport_url rabbit://openstack:yhy@controller】

【openstack-config --set /etc/keystone/keystone.conf database connection mysql://keystone:yhy@controller/keystone】

【openstack-config --set /etc/keystone/keystone.conf cache backend oslo_cache.memcache_pool】
【openstack-config --set /etc/keystone/keystone.conf cache enabled true】
【openstack-config --set /etc/keystone/keystone.conf cache memcache_servers controller:11211】
【openstack-config --set /etc/keystone/keystone.conf memcache servers controller:11211】
【openstack-config --set /etc/keystone/keystone.conf token expiration 3600】
【openstack-config --set /etc/keystone/keystone.conf token provider fernet】
配置完的效果如图 3.7 所示。

```
[root@controller ~]# cat /etc/keystone/keystone.conf
[DEFAULT]
transport_url = rabbit://openstack:yhy@controller


[database]
connection = mysql://keystone:yhy@controller/keystone


[cache]
backend = oslo_cache.memcache_pool
enabled = true
memcache_servers = controller:11211


[memcache]
servers = controller:11211


[token]
expiration = 3600
provider = fernet
[root@controller ~]#
```

图 3.7 keystone 配置文件效果

第 6 步：配置 httpd.conf 文件和 memcached 文件。

【sed -i "s/#ServerName www.example.com:80/ServerName controller/" /etc/httpd/conf/httpd.conf】

【sed -i 's/OPTIONS*.*/OPTIONS="-l 127.0.0.1,::1,10.1.1.128"/' /etc/sysconfig/memcached】

第 7 步：配置 keystone 与 httpd 结合。

【ln -s /usr/share/keystone/wsgi-keystone.conf /etc/httpd/conf.d/】

第 8 步：数据库同步。

【su -s /bin/sh -c "keystone-manage db_sync" keystone】

第 9 步：初始化 fernet。

【keystone-manage fernet_setup --keystone-user keystone --keystone-group keystone】
【keystone-manage credential_setup --keystone-user keystone --keystone-group keystone】

初始化后会在/etc/keystone 下生成两个文件和一个文件夹，注意权限用户和用户组都是 keystone。

第 10 步：启动 httpd，并设置 httpd 开机启动。

【systemctl enable httpd.service】
【systemctl restart httpd.service】

【systemctl status httpd.service】

【systemctl list-unit-files | grep httpd.service】

第 11 步：创建 admin 用户角色。

【keystone-manage bootstrap \
--bootstrap-password yhy \
--bootstrap-username admin \
--bootstrap-project-name admin \
--bootstrap-role-name admin \
--bootstrap-service-name keystone \
--bootstrap-region-id RegionOne \
--bootstrap-admin-url http://controller:35357/v3 \
--bootstrap-internal-url http://controller:35357/v3 \
--bootstrap-public-url http://controller:5000/v3】

验证命令：

【openstack project list --os-username admin --os-project-name admin --os-user-domain-id default --os-project-domain-id default --os-identity-api-version 3 --os-auth-url http://controller:5000 --os-password yhy】

返回结果如图 3.8 所示。

```
[root@controller keystone]# openstack project list --os-username admin --os-project-name ad
min --os-user-domain-id default --os-project-domain-id default --os-identity-api-version 3
--os-auth-url http://controller:5000 --os-password yhy
+----------------------------------+-------+
| ID                               | Name  |
+----------------------------------+-------+
| 625576540d8849089f9726d454c55d1a | admin |
+----------------------------------+-------+
[root@controller keystone]#
```

图 3.8 创建 admin 用户角色结果

第 12 步：创建 admin 用户环境变量，创建/root/admin-openrc 文件并写入内容。

使用【vim /root/admin-openrc】命令创建 admin 用户环境变量，添加以下内容：

```
export OS_USER_DOMAIN_ID=default
export OS_PROJECT_DOMAIN_ID=default
export OS_USERNAME=admin
export OS_PROJECT_NAME=admin
export OS_PASSWORD=yhy
export OS_IDENTITY_API_VERSION=3
export OS_IMAGE_API_VERSION=2
export OS_AUTH_URL=http://controller:35357/v3
```

第 13 步：创建 service 项目。

【source /root/admin-openrc】

【openstack project create --domain default --description "Service Project" service】

第 14 步：创建 demo 项目。

【openstack project create --domain default --description "Demo Project" demo】

运行效果如图 3.9 所示。

```
[root@controller keystone]# openstack project create --domain default --description "Serv
ice Project" service
+-------------+----------------------------------+
| Field       | Value                            |
+-------------+----------------------------------+
| description | Service Project                  |
| domain_id   | default                          |
| enabled     | True                             |
| id          | ff04399fe86d456395b9b4dddf7f5cc5 |
| is_domain   | False                            |
| name        | service                          |
| parent_id   | default                          |
+-------------+----------------------------------+
[root@controller keystone]#
```

图 3.9 创建 demo 项目效果

第 15 步：创建 demo 用户。

【openstack user create --domain default demo --password yhy】

运行效果如图 3.10 所示。

```
[root@controller keystone]# openstack user create --domain default demo --password yhy
+---------------------+----------------------------------+
| Field               | Value                            |
+---------------------+----------------------------------+
| domain_id           | default                          |
| enabled             | True                             |
| id                  | d5ae773cc44d4631b05a358db818d704 |
| name                | demo                             |
| options             | {}                               |
| password_expires_at | None                             |
+---------------------+----------------------------------+
[root@controller keystone]#
```

图 3.10 创建 demo 用户效果

注意：

yhy 为 demo 用户的密码。

第 16 步：创建 user 角色并将 demo 用户赋予 user 角色。

【openstack role create user】

运行效果如图 3.11 所示。

```
[root@controller keystone]#  openstack role create user
+-----------+----------------------------------+
| Field     | Value                            |
+-----------+----------------------------------+
| domain_id | None                             |
| id        | 8ca6044ca8214ac39d93e121d17661bc |
| name      | user                             |
+-----------+----------------------------------+
```

图 3.11 创建 user 角色运行效果

【openstack project create --domain default --description "Demo Project" demo】

【openstack role add --project demo --user demo user】

【openstack project list】

运行效果如图 3.12 所示。

```
[root@controller keystone]# openstack project create --domain default \
>   --description "Demo Project" demo
+-------------+----------------------------------+
| Field       | Value                            |
+-------------+----------------------------------+
| description | Demo Project                     |
| domain_id   | default                          |
| enabled     | True                             |
| id          | 1dbd3fac81424f0e82bf3bbbd11cad41 |
| is_domain   | False                            |
| name        | demo                             |
| parent_id   | default                          |
+-------------+----------------------------------+
[root@controller keystone]# openstack role add --project demo --user demo user
[root@controller keystone]# openstack project list
+----------------------------------+---------+
| ID                               | Name    |
+----------------------------------+---------+
| 1dbd3fac81424f0e82bf3bbbd11cad41 | demo    |
| 625576540d8849089f9726d454c55d1a | admin   |
| ff04399fe86d456395b9b4dddf7f5cc5 | service |
+----------------------------------+---------+
[root@controller keystone]#
```

图 3.12　将 demo 用户赋予 user 角色效果

第 17 步：验证 keystone。

【unset OS_TOKEN OS_URL】

通过 admin 用户验证命令如下：

【openstack --os-auth-url http://controller:35357/v3 --os-project-domain-name default --os-user-domain-name default --os-project-name admin --os-username admin token issue --ospassword yhy】

通过 demo 用户验证命令如下：

【openstack --os-auth-url http://controller:5000/v3 --os-project-domain-name default --os-user-domain-name default --os-project-name demo --os-username demo token issue --os-password yhy】

运行效果如图 3.13 所示。

```
[root@controller keystone]# openstack --os-auth-url http://controller:5000/v3 --os-projec
t-domain-name default --os-user-domain-name default --os-project-name demo --os-username
demo token issue --os-password yhy
+------------+-----------------------------------------------------------------------------+
| Field      | Value                                                                       |
+------------+-----------------------------------------------------------------------------+
| expires    | 2018-01-30T23:11:39+0000                                                    |
| id         | gAAAAABacO2bhPwe2j0H_XuseIUxKWx_GNU3vrMDTSGNo2VIy549DzfHAxES1mM2JT6EV87U |
|            | nP09Nbfva_01AUCCBOSX2o7lrDYm2wZsX0E2CE9wwbssj2ILqVuZk8puf2RgxnDgAzzmuUUw |
|            | KJxpQjljhzKtsMukXxkurZltci4_rBCL4IE2ZQ4                                     |
| project_id | 1dbd3fac81424f0e82bf3bbbd11cad41                                            |
| user_id    | d5ae773cc44d4631b05a358db818d704                                            |
+------------+-----------------------------------------------------------------------------+
[root@controller keystone]#
```

图 3.13　keystone 验证效果

3.2.6　安装配置 glance

glance 在 OpenStack 里面负责镜像服务，镜像服务负责管理镜像模板。

第 1 步：创建 glance 数据库。

首先，进入 MariaDB 数据库，命令如下：

【mysql -uroot -p】

然后，创建 glance 数据库，命令如下：

【CREATE DATABASE glance;】

第 2 步：创建数据库用户、设置密码并赋予权限。

【GRANT ALL PRIVILEGES ON glance.* TO 'glance'@'localhost' IDENTIFIED BY 'yhy';】

【GRANT ALL PRIVILEGES ON glance.* TO 'glance'@'%' IDENTIFIED BY 'yhy';】

第 3 步：创建 glance 用户并赋予其 admin 权限。

【source /root/admin-openrc】

【openstack user create --domain default glance --password yhy】创建 glance 用户。

【openstack role add --project service --user glance admin】给 glance 用户赋予 admin 权限。

第 4 步：创建 image 服务。

【openstack service create --name glance --description "OpenStack Image service" image】

运行命令后的效果如图 3.14 所示。

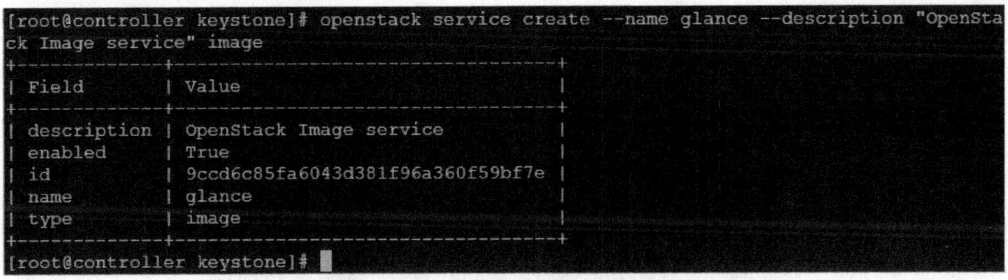

```
[root@controller keystone]# openstack service create --name glance --description "OpenSta
ck Image service" image
+-------------+----------------------------------+
| Field       | Value                            |
+-------------+----------------------------------+
| description | OpenStack Image service          |
| enabled     | True                             |
| id          | 9ccd6c85fa6043d381f96a360f59bf7e |
| name        | glance                           |
| type        | image                            |
+-------------+----------------------------------+
[root@controller keystone]#
```

图 3.14 创建 image 服务效果

第 5 步：创建 glance 的 endpoint。

【openstack endpoint create --region RegionOne image public http://controller:9292】

【openstack endpoint create --region RegionOne image internal http://controller:9292】

【openstack endpoint create --region RegionOne image admin http://controller:9292】

第 6 步：安装 glance 相关 RPM 包。

【yum install openstack-glance -y】

第 7 步：修改 glance 配置文件/etc/glance/glance-api.conf，注意密码的设置。

【cp /etc/glance/glance-api.conf /etc/glance/glance-api.conf.bak】备份原始配置文件。

【>/etc/glance/glance-api.conf】清空配置文件。

【openstack-config --set /etc/glance/glance-api.conf DEFAULT transport_url rabbit://openstack:yhy@controller】

【openstack-config --set /etc/glance/glance-api.conf database connection mysql+pymysql://glance: yhy@controller/glance】

【openstack-config --set /etc/glance/glance-api.conf keystone_authtoken auth_uri http://controller:5000】

【openstack-config --set /etc/glance/glance-api.conf keystone_authtoken auth_url http://controller:35357】

【openstack-config --set /etc/glance/glance-api.conf keystone_authtoken memcached_servers controller:11211】

【openstack-config --set /etc/glance/glance-api.conf keystone_authtoken auth_type password】

【openstack-config --set /etc/glance/glance-api.conf keystone_authtoken project_domain_name default】

【openstack-config --set /etc/glance/glance-api.conf keystone_authtoken user_domain_name default】

【openstack-config --set /etc/glance/glance-api.conf keystone_authtoken username glance】

【openstack-config --set /etc/glance/glance-api.conf keystone_authtoken password yhy】

【openstack-config --set /etc/glance/glance-api.conf keystone_authtoken project_name service】

【openstack-config --set /etc/glance/glance-api.conf paste_deploy flavor keystone】

【openstack-config --set /etc/glance/glance-api.conf glance_store stores file,http】

【openstack-config --set /etc/glance/glance-api.conf glance_store default_store file】

【openstack-config --set /etc/glance/glance-api.conf glance_store filesystem_store_datadir /var/lib/glance/images/】

配置完成后的最终效果可以通过【cat】命令查看，如图 3.15 所示。

```
[root@controller ~]#  cat /etc/glance/glance-api.conf
[DEFAULT]
transport_url = rabbit://openstack:yhy@controller


[database]
connection = mysql+pymysql://glance:yhy@controller/glance


[keystone_authtoken]
auth_uri = http://controller:5000
auth_url = http://controller:35357
memcached_servers = controller:11211
auth_type = password
project_domain_name = default
user_domain_name = default
username = glance
password = yhy
project_name = service


[paste_deploy]
flavor = keystone


[glance_store]
stores = file,http
default_store = file
filesystem_store_datadir = /var/lib/glance/images/
[root@controller ~]#
```

图 3.15　glance 配置文件效果

第 8 步：修改 glance 配置文件/etc/glance/glance-registry.conf。

【cp /etc/glance/glance-registry.conf /etc/glance/glance-registry.conf.bak】备份原始配置文件。

【>/etc/glance/glance-registry.conf】清空原始配置文件。

【openstack-config --set /etc/glance/glance-registry.conf DEFAULT transport_url rabbit://openstack:yhy@controller】

【openstack-config --set /etc/glance/glance-registry.conf database connection mysql+pymysql://glance:yhy@controller/glance】

【openstack-config --set /etc/glance/glance-registry.conf keystone_authtoken auth_uri http://controller:5000】

【openstack-config --set /etc/glance/glance-registry.conf keystone_authtoken auth_url http://controller:35357】

【openstack-config --set /etc/glance/glance-registry.conf keystone_authtoken memcached_servers controller:11211】

【openstack-config --set /etc/glance/glance-registry.conf keystone_authtoken auth_type password】

【openstack-config --set /etc/glance/glance-registry.conf keystone_authtoken project_domain_name default】

【openstack-config --set /etc/glance/glance-registry.conf keystone_authtoken user_domain_name default】

【openstack-config --set /etc/glance/glance-registry.conf keystone_authtoken project_name service】

【openstack-config --set /etc/glance/glance-registry.conf keystone_authtoken username glance】

【openstack-config --set /etc/glance/glance-registry.conf keystone_authtoken password yhy】

【openstack-config --set /etc/glance/glance-registry.conf paste_deploy flavor keystone】

第 9 步：同步 glance 数据库。

【su -s /bin/sh -c "glance-manage db_sync" glance】

使用以下三条命令进行验证：

【mysql -uroot -p】

【use glance;】

【show tables;】

若出现如图 3.16 所示的表，则表示同步成功。

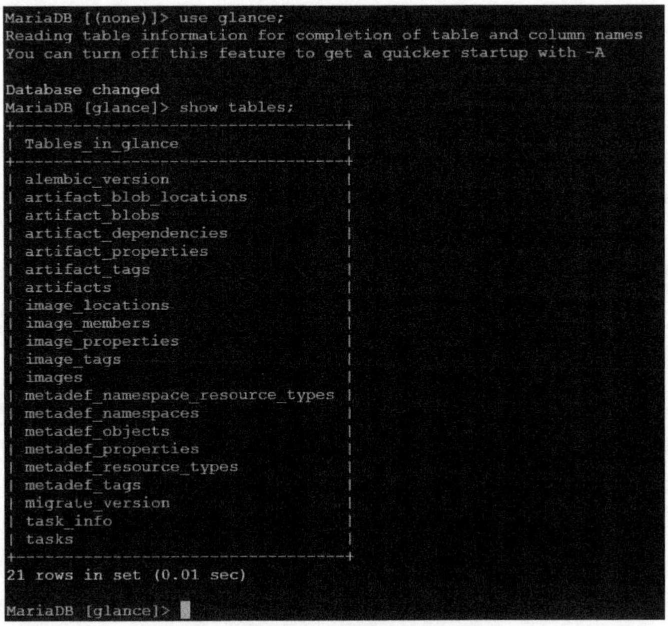

```
MariaDB [(none)]> use glance;
Reading table information for completion of table and column names
You can turn off this feature to get a quicker startup with -A

Database changed
MariaDB [glance]> show tables;
+----------------------------------+
| Tables_in_glance                 |
+----------------------------------+
| alembic_version                  |
| artifact_blob_locations          |
| artifact_blobs                   |
| artifact_dependencies            |
| artifact_properties              |
| artifact_tags                    |
| artifacts                        |
| image_locations                  |
| image_members                    |
| image_properties                 |
| image_tags                       |
| images                           |
| metadef_namespace_resource_types |
| metadef_namespaces               |
| metadef_objects                  |
| metadef_properties               |
| metadef_resource_types           |
| metadef_tags                     |
| migrate_version                  |
| task_info                        |
| tasks                            |
+----------------------------------+
21 rows in set (0.01 sec)

MariaDB [glance]>
```

图 3.16　glance 数据库同步成功

第10步：启动glance及设置开机启动。

【systemctl enable openstack-glance-api.service openstack-glance-registry.service】

【systemctl restart openstack-glance-api.service openstack-glance-registry.service】

【systemctl status openstack-glance-api.service openstack-glance-registry.service】

第11步：下载测试镜像文件。

【wget http://download.cirros-cloud.net/0.3.4/cirros-0.3.4-x86_64-disk.img】

第12步：上传镜像到glance。

【source /root/admin-openrc】

【glance image-create --name "cirros-0.3.4-x86_64" --file cirros-0.3.4-x86_64-disk.img --disk-format qcow2 --container-format bare --visibility public --progress】

如果制作好了一个CentOS 7.5系统的镜像，也可以通过如下命令进行操作：

【glance image-create --name "CentOS7.5-x86_64" --file CentOS_7.5.qcow2 --disk-format qcow2 --container-format bare --visibility public --progress】

使用【glance image-list】命令查看镜像列表，运行结果如图3.17所示。

```
[root@controller ~]# glance image-list
+--------------------------------------+---------------------+
| ID                                   | Name                |
+--------------------------------------+---------------------+
| 0a413e1e-6d0a-48d4-a971-83be7d09ea9a | cirros-0.3.4-x86_64 |
+--------------------------------------+---------------------+
[root@controller ~]#
```

图3.17 查看镜像列表

3.2.7 安装配置nova

第1步：创建nova数据库。

首先，进入MariaDB数据库：

【mysql -uroot -p】

然后，创建nova数据库：

【CREATE DATABASE nova;】

【CREATE DATABASE nova_api;】

【CREATE DATABASE nova_cell0;】

第2步：创建数据库用户并赋予权限。

【GRANT ALL PRIVILEGES ON nova.* TO 'nova'@'localhost' IDENTIFIED BY 'yhy';】

【GRANT ALL PRIVILEGES ON nova.* TO 'nova'@'%' IDENTIFIED BY 'yhy';】

【GRANT ALL PRIVILEGES ON nova_api.* TO 'nova'@'localhost' IDENTIFIED BY 'yhy';】

【GRANT ALL PRIVILEGES ON nova_api.* TO 'nova'@'%' IDENTIFIED BY 'yhy';】

【GRANT ALL PRIVILEGES ON nova_cell0.* TO 'nova'@'localhost' IDENTIFIED BY 'yhy';】

【GRANT ALL PRIVILEGES ON nova_cell0.* TO 'nova'@'%' IDENTIFIED BY 'yhy';】

【GRANT ALL PRIVILEGES ON *.* TO 'root'@'controller' IDENTIFIED BY 'yhy';】

【FLUSH PRIVILEGES;】

注意：

查看授权列表信息的命令为【SELECT DISTINCT CONCAT('User: ''',user,'''@''',host,''';') AS query FROM mysql.user;】，取消之前某个授权的命令为【REVOKE ALTER ON *.* TO 'root'@'controller' IDENTIFIED BY 'yhy';】。

第 3 步：创建 nova 用户并赋予其 admin 权限。

【source /root/admin-openrc】

【openstack user create --domain default nova --password yhy】

【openstack role add --project service --user nova admin】

第 4 步：创建 compute 服务。

【openstack service create --name nova --description "OpenStack Compute" compute】

第 5 步：创建 nova 的 endpoint。

【openstack endpoint create --region RegionOne compute public http://controller:8774/v2.1/%\(tenant_id\)s】

【openstack endpoint create --region RegionOne compute internal http://controller:8774/v2.1/%\(tenant_id\)s】

【openstack endpoint create --region RegionOne compute admin http://controller:8774/v2.1/%\(tenant_id\)s】

第 6 步：安装 nova 的相关软件。

【yum install -y openstack-nova-api openstack-nova-conductor openstack-nova-cert openstack-nova-console openstack-nova-novncproxy openstack-nova-scheduler】

第 7 步：配置 nova 的配置文件/etc/nova/nova.conf。

【cp /etc/nova/nova.conf /etc/nova/nova.conf.bak】

【>/etc/nova/nova.conf】

【openstack-config --set /etc/nova/nova.conf DEFAULT enabled_apis osapi_compute,metadata】

【openstack-config --set /etc/nova/nova.conf DEFAULT auth_strategy keystone】

【openstack-config --set /etc/nova/nova.conf DEFAULT my_ip 10.1.1.128】

【openstack-config --set /etc/nova/nova.conf DEFAULT use_neutron True】

【openstack-config --set /etc/nova/nova.conf DEFAULT firewall_driver nova.virt.firewall.NoopFirewallDriver】

【openstack-config --set /etc/nova/nova.conf DEFAULT transport_url rabbit://openstack:yhy@controller】

【openstack-config --set /etc/nova/nova.conf database connection mysql+pymysql://nova:yhy@controller/nova】

【openstack-config --set /etc/nova/nova.conf api_database connection mysql+pymysql://nova:yhy@controller/nova_api】

【openstack-config --set /etc/nova/nova.conf scheduler discover_hosts_in_cells_interval -1】

【openstack-config --set /etc/nova/nova.conf keystone_authtoken auth_uri http://controller:5000】

【openstack-config --set /etc/nova/nova.conf keystone_authtoken auth_url http://controller:35357】

【openstack-config --set /etc/nova/nova.conf keystone_authtoken memcached_servers controller:11211】

【openstack-config --set /etc/nova/nova.conf keystone_authtoken auth_type password】

【openstack-config --set /etc/nova/nova.conf keystone_authtoken project_domain_name default】

【openstack-config --set /etc/nova/nova.conf keystone_authtoken user_domain_name default】

【openstack-config --set /etc/nova/nova.conf keystone_authtoken project_name service】

【openstack-config --set /etc/nova/nova.conf keystone_authtoken username nova】

【openstack-config --set /etc/nova/nova.conf keystone_authtoken password yhy】

【openstack-config --set /etc/nova/nova.conf keystone_authtoken service_token_roles_required True】

【openstack-config --set /etc/nova/nova.conf vnc vncserver_listen 10.1.1.128】

【openstack-config --set /etc/nova/nova.conf vnc vncserver_proxyclient_address 10.1.1.128】

【openstack-config --set /etc/nova/nova.conf glance api_servers http://controller:9292】

【openstack-config --set /etc/nova/nova.conf oslo_concurrency lock_path /var/lib/nova/tmp】

注意：

记得在其他节点上替换IP，并注意密码、文档红色及绿色的地方。

第8步：设置cell（单元格）。

OpenStack 在控制平面上的性能瓶颈主要集中于 Message Queue 和 Database 中。尤其是 Message Queue，随着计算节点的增加，其性能变得越来越差。因为 OpenStack 里每个资源和接口都是通过消息队列通信的，有测试表明，当集群规模达到 200 时，一条消息可能要在十几秒后才会响应；为了应对这种情况，引入 cells 功能以解决 OpenStack 集群的扩展性。

同步下 nova 数据库：

【su -s /bin/sh -c "nova-manage api_db sync" nova】

【su -s /bin/sh -c "nova-manage db sync" nova】

设置 cell_v2 关联创建好的数据库 nova_cell0：

【nova-manage cell_v2 map_cell0 --database_connection mysql+pymysql://root:yhy@controller/nova_cell0】

创建一个名为 cell1 的常规 cell，这个 cell 里面将包含计算节点：

【nova-manage cell_v2 create_cell --verbose --name cell1 --database_connection mysql+pymysql://root:yhy@controller/nova_cell0 --transport-url rabbit://openstack:yhy@controller:5672/】

检查部署是否正常：

【nova-status upgrade check】

创建和映射 cell0，并将现有主机和实例映射到单元格中：

【nova-manage cell_v2 simple_cell_setup】

查看已经创建好的单元格列表：

【nova-manage cell_v2 list_cells --verbose】

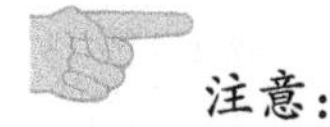

注意：

如果有新添加的计算节点，需要运行下面的命令，并且添加到单元格中：

【nova-manage cell_v2 discover_hosts】

当然，读者可以通过在控制节点的nova.conf文件的[scheduler]模块下添加discover_hosts_in_cells_interval=-1命令，使其自动发现。

第9步：安装placement。

从Ocata版开始，需要安装配置placement参与nova调度，否则虚拟机将无法创建。

安装配置placement参与nova调度的命令如下：

【yum install -y openstack-nova-placement-api】

创建placement用户和placement服务，命令如下：

【openstack user create --domain default placement --password yhy】

【openstack role add --project service --user placement admin】

【openstack service create --name placement --description "OpenStack Placement" placement】

创建placement的endpoint，命令如下：

【openstack endpoint create --region RegionOne placement public http://controller:8778】

【openstack endpoint create --region RegionOne placement admin http://controller:8778】

【openstack endpoint create --region RegionOne placement internal http://controller:8778】

把placement整合到nova.conf里，命令如下：

【openstack-config --set /etc/nova/nova.conf placement auth_url http://controller:35357】

【openstack-config --set /etc/nova/nova.conf placement memcached_servers controller:11211】

【openstack-config --set /etc/nova/nova.conf placement auth_type password】

【openstack-config --set /etc/nova/nova.conf placement project_domain_name default】

【openstack-config --set /etc/nova/nova.conf placement user_domain_name default】

【openstack-config --set /etc/nova/nova.conf placement project_name service】

【openstack-config --set /etc/nova/nova.conf placement username placement】

【openstack-config --set /etc/nova/nova.conf placement password yhy】

【openstack-config --set /etc/nova/nova.conf placement os_region_name RegionOne】

配置修改00-nova-placement-api.conf文件，这一步在没创建虚拟机的时候会出现禁止访问资源的问题。配置修改的具体命令如下。

【cd /etc/httpd/conf.d/】进入配置文件所在的目录。

【cp 00-nova-placement-api.conf 00-nova-placement-api.conf.bak】备份原配置文件。

【>00-nova-placement-api.conf】清空原配置文件。

【vim 00-nova-placement-api.conf】打开编辑配置文件。

在打开的配置文件中添加以下内容：

```
Listen 8778
<VirtualHost *:8778>
WSGIProcessGroup nova-placement-api
WSGIApplicationGroup %{GLOBAL}
WSGIPassAuthorization On
```

```
WSGIDaemonProcess nova-placement-api processes=3 threads=1 user=nova group=nova
WSGIScriptAlias / /usr/bin/nova-placement-api
<Directory "/">
Order allow,deny
Allow from all
Require all granted
</Directory>
<IfVersion >= 2.4>
ErrorLogFormat "%M"
</IfVersion>
ErrorLog /var/log/nova/nova-placement-api.log
</VirtualHost>
Alias /nova-placement-api /usr/bin/nova-placement-api
<Location /nova-placement-api>
SetHandler wsgi-script
Options +ExecCGI
WSGIProcessGroup nova-placement-api
WSGIApplicationGroup %{GLOBAL}
WSGIPassAuthorization On
</Location>
```

【systemctl restart httpd】修改配置文件后，需要重启 httpd 服务。

【nova-status upgrade check】检查是否配置成功，命令运行效果如图 3.18 所示。

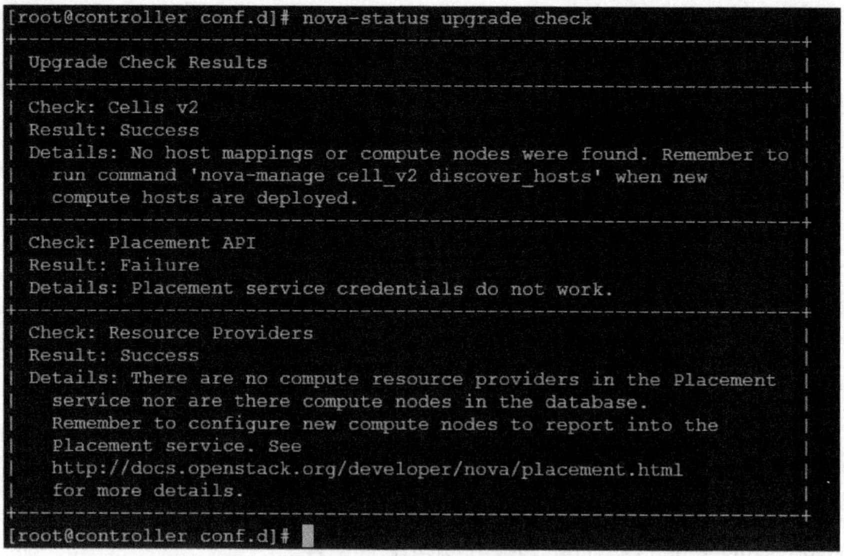

```
[root@controller conf.d]# nova-status upgrade check
+---------------------------------------------------------------------+
| Upgrade Check Results                                               |
+---------------------------------------------------------------------+
| Check: Cells v2                                                     |
| Result: Success                                                     |
| Details: No host mappings or compute nodes were found. Remember to |
|   run command 'nova-manage cell_v2 discover_hosts' when new        |
|   compute hosts are deployed.                                       |
+---------------------------------------------------------------------+
| Check: Placement API                                                |
| Result: Failure                                                     |
| Details: Placement service credentials do not work.                 |
+---------------------------------------------------------------------+
| Check: Resource Providers                                           |
| Result: Success                                                     |
| Details: There are no compute resource providers in the Placement  |
|   service nor are there compute nodes in the database.              |
|   Remember to configure new compute nodes to report into the        |
|   Placement service. See                                            |
|   http://docs.openstack.org/developer/nova/placement.html           |
|   for more details.                                                 |
+---------------------------------------------------------------------+
[root@controller conf.d]#
```

图 3.18　nova 配置效果

第 10 步：设置 nova 相关服务开机启动。

【systemctl enable openstack-nova-api.service openstack-nova-cert.service openstack-nova-consoleauth.service openstack-nova-scheduler.service openstack-nova-conductor.service openstacknova-novncproxy.service】

启动 nova 服务：

【systemctl restart openstack-nova-api.service openstack-nova-cert.service openstack-nova-consoleauth.service openstack-nova-scheduler.service openstack-nova-conductor.service openstacknova-novncproxy.service】

查看 nova 服务：

【systemctl status openstack-nova-api.service openstack-nova-cert.service openstack-nova-consoleauth.service openstack-nova-scheduler.service openstack-nova-conductor.service openstacknova-novncproxy.service】

【systemctl list-unit-files |grep openstack-nova-*】

第 11 步：验证 nova 服务。

【unset OS_TOKEN OS_URL】

【source /root/admin-openrc】

【nova service-list】

【openstack endpoint list】查看 endpoint list 是否有结果正确输出。

3.2.8 安装配置 neutron

第 1 步：创建 neutron 数据库。

【CREATE DATABASE neutron;】

第 2 步：创建数据库用户并赋予权限。

【GRANT ALL PRIVILEGES ON neutron.* TO 'neutron'@'localhost' IDENTIFIED BY 'yhy';】

【GRANT ALL PRIVILEGES ON neutron.* TO 'neutron'@'%' IDENTIFIED BY 'yhy';】

第 3 步：创建 neutron 用户并赋予其 admin 权限。

【source /root/admin-openrc】

【openstack user create --domain default neutron --password yhy】

【openstack role add --project service --user neutron admin】

第 4 步：创建 network 服务。

【openstack service create --name neutron --description "OpenStack Networking" network】

第 5 步：创建 endpoint。

【openstack endpoint create --region RegionOne network public http://controller:9696】

【openstack endpoint create --region RegionOne network internal http://controller:9696】

【openstack endpoint create --region RegionOne network admin http://controller:9696】

第 6 步：安装 neutron 相关软件。

【yum install -y openstack-neutron openstack-neutron-ml2 openstack-neutron-linuxbridge ebtables】

第 7 步：修改 neutron 配置文件/etc/neutron/neutron.conf。

【cp /etc/neutron/neutron.conf /etc/neutron/neutron.conf.bak】

【>/etc/neutron/neutron.conf】

【openstack-config --set /etc/neutron/neutron.conf DEFAULT core_plugin ml2】

【openstack-config --set /etc/neutron/neutron.conf DEFAULT service_plugins router】

【openstack-config --set /etc/neutron/neutron.conf DEFAULT allow_overlapping_ips True】

【openstack-config --set /etc/neutron/neutron.conf DEFAULT auth_strategy keystone】

【openstack-config --set /etc/neutron/neutron.conf DEFAULT transport_url rabbit://openstack:yhy@controller】

【openstack-config --set /etc/neutron/neutron.conf DEFAULT notify_nova_on_port_status_changes True】

【openstack-config --set /etc/neutron/neutron.conf DEFAULT notify_nova_on_port_data_changes True】

【openstack-config --set /etc/neutron/neutron.conf keystone_authtoken auth_uri http://controller:5000】

【openstack-config --set /etc/neutron/neutron.conf keystone_authtoken auth_url http://controller:35357】

【openstack-config --set /etc/neutron/neutron.conf keystone_authtoken memcached_servers controller:11211】

【openstack-config --set /etc/neutron/neutron.conf keystone_authtoken auth_type password】

【openstack-config --set /etc/neutron/neutron.conf keystone_authtoken project_domain_name default】

【openstack-config --set /etc/neutron/neutron.conf keystone_authtoken user_domain_name default】

【openstack-config --set /etc/neutron/neutron.conf keystone_authtoken project_name service】

【openstack-config --set /etc/neutron/neutron.conf keystone_authtoken username neutron】

【openstack-config --set /etc/neutron/neutron.conf keystone_authtoken password yhy】

【openstack-config --set /etc/neutron/neutron.conf database connection mysql+pymysql://neutron:yhy@controller/neutron】

【openstack-config --set /etc/neutron/neutron.conf nova auth_url http://controller:35357】

【openstack-config --set /etc/neutron/neutron.conf nova auth_type password】

【openstack-config --set /etc/neutron/neutron.conf nova project_domain_name default】

【openstack-config --set /etc/neutron/neutron.conf nova user_domain_name default】

【openstack-config --set /etc/neutron/neutron.conf nova region_name RegionOne】

【openstack-config --set /etc/neutron/neutron.conf nova project_name service】

【openstack-config --set /etc/neutron/neutron.conf nova username nova】

【openstack-config --set /etc/neutron/neutron.conf nova password yhy】

【openstack-config --set /etc/neutron/neutron.conf oslo_concurrency lock_path /var/lib/neutron/tmp】

第 8 步：配置文件/etc/neutron/plugins/ml2/ml2_conf.ini。

【openstack-config --set /etc/neutron/plugins/ml2/ml2_conf.ini ml2 type_drivers flat,vlan,vxlan】

【openstack-config --set /etc/neutron/plugins/ml2/ml2_conf.ini ml2 mechanism_drivers linuxbridge,l2population】

【openstack-config --set /etc/neutron/plugins/ml2/ml2_conf.ini ml2 extension_drivers port_security】

【penstack-config --set /etc/neutron/plugins/ml2/ml2_conf.ini ml2 tenant_network_types vxlan】

【openstack-config --set /etc/neutron/plugins/ml2/ml2_conf.ini ml2 path_mtu 1500】

【openstack-config --set /etc/neutron/plugins/ml2/ml2_conf.ini ml2_type_flat flat_networks provider】

【openstack-config --set /etc/neutron/plugins/ml2/ml2_conf.ini ml2_type_vxlan vni_ranges 1:1000】

【openstack-config --set /etc/neutron/plugins/ml2/ml2_conf.ini securitygroup enable_ipset True】

第 9 步：配置文件/etc/neutron/plugins/ml2/linuxbridge_agent.ini。

【openstack-config --set /etc/neutron/plugins/ml2/linuxbridge_agent.ini DEFAULT debug false】

【openstack-config --set /etc/neutron/plugins/ml2/linuxbridge_agent.ini linux_bridge physical_interface_mappings provider:eno50332184】

【openstack-config --set /etc/neutron/plugins/ml2/linuxbridge_agent.ini vxlan enable_vxlan True】

【openstack-config --set /etc/neutron/plugins/ml2/linuxbridge_agent.ini vxlan local_ip 10.2.2.120】

【openstack-config --set /etc/neutron/plugins/ml2/linuxbridge_agent.ini vxlan l2_population True】

【openstack-config --set /etc/neutron/plugins/ml2/linuxbridge_agent.ini agent prevent_arp_spoofing True】

【openstack-config --set /etc/neutron/plugins/ml2/linuxbridge_agent.ini securitygroup enable_security_group True】

【openstack-config --set /etc/neutron/plugins/ml2/linuxbridge_agent.ini securitygroup firewall_driver neutron.agent.linux.iptables_firewall.IptablesFirewallDriver】

注意：

eno50332184 是外网网卡，通常情况下，这里写的网卡名都是能访问外网的，如果不是外网网卡，那么 VM 就会与外界网络隔离。

local_ip 定义的是隧道网络，例如，VXLAN 下 vm-linuxbridge->vxlan ------tun-----vxlan->linuxbridge-vm。

第 10 步：配置文件/etc/neutron/l3_agent.ini。

【openstack-config --set /etc/neutron/l3_agent.ini DEFAULT interface_driver neutron.agent.linux.interface.BridgeInterfaceDriver】

【penstack-config --set /etc/neutron/l3_agent.ini DEFAULT external_network_bridge】

【openstack-config --set /etc/neutron/l3_agent.ini DEFAULT debug false】

第 11 步：配置文件/etc/neutron/dhcp_agent.ini。

【openstack-config --set /etc/neutron/dhcp_agent.ini DEFAULT interface_driver neutron.agent.linux.interface.BridgeInterfaceDriver】

【openstack-config --set /etc/neutron/dhcp_agent.ini DEFAULT dhcp_driver neutron.agent.linux.dhcp.Dnsmasq】

【openstack-config --set /etc/neutron/dhcp_agent.ini DEFAULT enable_isolated_metadata True】

【openstack-config --set /etc/neutron/dhcp_agent.ini DEFAULT verbose True】

【openstack-config --set /etc/neutron/dhcp_agent.ini DEFAULT debug false】

第 12 步：重新配置文件/etc/nova/nova.conf。

这一步配置的目的是让 Compute 节点能使用 neutron 网络。

【openstack-config --set /etc/nova/nova.conf neutron url http://controller:9696】

【openstack-config --set /etc/nova/nova.conf neutron auth_url http://controller:35357】

【openstack-config --set /etc/nova/nova.conf neutron auth_plugin password】

【openstack-config --set /etc/nova/nova.conf neutron project_domain_id default】

【openstack-config --set /etc/nova/nova.conf neutron user_domain_id default】

【openstack-config --set /etc/nova/nova.conf neutron region_name RegionOne】

【openstack-config --set /etc/nova/nova.conf neutron project_name service】

【openstack-config --set /etc/nova/nova.conf neutron username neutron】

【openstack-config --set /etc/nova/nova.conf neutron password yhy】

【openstack-config --set /etc/nova/nova.conf neutron service_metadata_proxy True】

【openstack-config --set /etc/nova/nova.conf neutron metadata_proxy_shared_secret yhy】

第 13 步：将 dhcp-option-force=26,1450 写入/etc/neutron/dnsmasq-neutron.conf。

【echo "dhcp-option-force=26,1450" >/etc/neutron/dnsmasq-neutron.conf】

第 14 步：配置文件/etc/neutron/metadata_agent.ini。

【openstack-config --set /etc/neutron/metadata_agent.ini DEFAULT nova_metadata_ip controller】

【openstack-config --set /etc/neutron/metadata_agent.ini DEFAULT metadata_proxy_shared_secret yhy】

【openstack-config --set /etc/neutron/metadata_agent.ini DEFAULT metadata_workers 4】

【openstack-config --set /etc/neutron/metadata_agent.ini DEFAULT verbose True】

【openstack-config --set /etc/neutron/metadata_agent.ini DEFAULT debug false】

【openstack-config --set /etc/neutron/metadata_agent.ini DEFAULT nova_metadata_protocol http】

第 15 步：创建硬链接。

【ln -s /etc/neutron/plugins/ml2/ml2_conf.ini /etc/neutron/plugin.ini】

第 16 步：同步数据库。

【su -s /bin/sh -c "neutron-db-manage --config-file /etc/neutron/neutron.conf --config-file /etc/neutron/plugins/ml2/ml2_conf.ini upgrade head" neutron】

第 17 步：重启 nova 服务。

因为前面修改了 nova.conf 文件，所以这里要重启 nova 服务。

【systemctl restart openstack-nova-api.service】

【systemctl status openstack-nova-api.service】

第 18 步：重启 neutron 服务并设置开机启动。

【systemctl enable neutron-server.service neutron-linuxbridge-agent.service neutron-dhcp-agent.service neutron-metadata-agent.service】

【systemctl restart neutron-server.service neutron-linuxbridge-agent.service neutron-dhcp-agent.service neutron-metadata-agent.service】

【systemctl status neutron-server.service neutron-linuxbridge-agent.service neutron-dhcp-agent.service neutron-metadata-agent.service】

第 19 步：启动 neutron-l3-agent.service 并设置开机启动。

【systemctl enable neutron-l3-agent.service】

【systemctl restart neutron-l3-agent.service】

【systemctl status neutron-l3-agent.service】

第 20 步：执行验证。

【source /root/admin-openrc】

【neutron ext-list】

【neutron agent-list】

第 21 步：创建 VXLAN 模式网络，让虚拟机能访问外网。

【source /root/admin-openrc】先执行环境变量。

【neutron --debug net-create --shared provider --router:external True --provider:network_type flat --provider:physical_network provider】创建 flat 模式的 public 网络。注意，这个 public 是外部网络，必须是 flat 模式的。

执行完这一步，在界面里进行操作，把 public 网络设置为共享和外部网络。

【neutron subnet-create provider 192.168.64.0/24 --name provider-sub --allocation-pool start=192.168.64.50,end=192.168.64.90 --dns-nameserver 8.8.8.8 --gateway 192.168.64.2】创建 public 网络子网，名为 public-sub，网段是 192.168.64.0/24，并且 IP 范围是 50～90（一般是给 VM 用的 floating IP），DNS 设置为 8.8.8.8，网关为 192.168.64.2。

【neutron net-create private --provider:network_type vxlan --router:external False --shared】创建名为 private 的私有网络，网络模式为 VXLAN。

【neutron subnet-create private --name private-subnet --gateway 192.168.1.1 192.168.1.0/24】创建名为 private-subnet 的私有网络子网，网段为 192.168.1.0，该网段就是虚拟机获取的私有 IP 地址。

假如客户公司的私有云环境用于不同的业务，比如行政、销售、技术等，那么就可以创建三个不同名称的私有网络，命令如下：

【neutron net-create private-office --provider:network_type vxlan --router:external False --shared】

【neutron subnet-create private-office --name office-net --gateway 192.168.2.1 192.168.2.0/24】

【neutron net-create private-sale --provider:network_type vxlan --router:external False --shared】

【neutron subnet-create private-sale --name sale-net --gateway 192.168.3.1 192.168.3.0/24】

【neutron net-create private-technology --provider:network_type vxlan --router:external False --shared】

【neutron subnet-create private-technology --name technology-net --gateway 192.168.4.1 192.168.4.0/24】

创建路由。在界面上操作，单击“项目”下的“网络”→“路由”→“新建路由”命令，路由名称可随便命名，这里命名为 router，管理员状态选择“上（up）”，外部网络选择“provider”，单击“新建路由”命令后，提示 router 创建成功。

接着单击“接口”下的“增加接口”命令，添加一个连接私有网络的接口，选中“private: 192.168.12.0/24”。

单击“增加接口”命令后，可以看到两个接口先是 down 状态，过一会儿经过刷新就是 running 状态。注意，务必为 running（运行）状态，否则虚拟机网络无法访问外网。

第 22 步：检查网络服务。

执行【neutron agent-list】命令查看服务是否是“笑脸”状态。

3.2.9 安装 dashboard

【yum install -y openstack-dashboard】安装 dashboard 相关软件包。

【vim /etc/openstack-dashboard/local_settings】修改配置文件，内容如下：

```
SESSION_ENGINE = 'django.contrib.sessions.backends.cache'
CACHES = {
    'default':{
        'BACKEND':'django.core.cache.backends.memcached.MemcachedCache',
        'LOCATION':'controller1:11211',
    }
}
```

启动 dashboard 服务并设置开机启动：

【systemctl restart httpd.service memcached.service】

【systemctl status httpd.service memcached.service】

至此，Controller 节点搭建完毕，打开 Firefox 浏览器访问 http://1.1.1.128/dashboard/即可进入 OpenStack 登录界面，如图 3.19 所示。

图 3.19 OpenStack 登录界面

3.3 Compute 节点部署

3.3.1 环境准备

第 1 步：新建虚拟机，CPU 设为 4 核，内存设为 4GB。

第 2 步：删除原来的网卡，新添加两张网卡。采用最小化安装系统。

第 3 步：设置 IP 地址，关闭防火墙、SELinux，设置主机名。

第 4 步：从 Controller 节点复制 yum 源。

登录 Controller 节点，执行如下命令：

【cd /ete/yum.repo.d】

【rm -rf *】删除原来的 yum 源。

【scp -p yum7.repo 10.1.1.121:/etc/yum.repo.d/】从 Controller 节点复制 yum 源。

【scp -p ocata.repo 10.1.1.121:/etc/yum.repo.d/】从 Controller 节点复制 yum 源。

第 5 步：登录 Compute 节点，执行如下命令：

【yum clean all】清除原有 yum 源。

【yum makecache】把服务器的包信息下载到本地计算机缓存起来。

第 6 步：安装基础软件包。

【yum install -y net-tool wget vim ntpdate ntp base-completion】

第 7 步：同步时间。

【ntpdate 10.1.1.120】同步 Controller 节点的时间。

【vim /etc/ntp.conf】编辑时钟同步配置文件，添加如下代码：

```
Server 10.1.1.120 iburst
```

【systemctl restart ntpd】重启时钟同步服务。

第 8 步：复制 Controller 节点的 hosts 文件到 Compute 节点。

登录 Controller 节点，运行如下命令将 Controller 节点的 hosts 文件复制到 Compute 节点。

【scp -p /etc/hosts 10.1.1.121:/etc/hosts】

第 9 步：做 SSH 互信。

【ssh-keygen -t rsa】运行此命令后会在/root/.ssh 下生成一个 id_rsa.pub 的公钥，然后将其复制到相互的机器中。

【ssh-copy-id -i /root/.ssh/id_rsa.pub -p 22 root@10.1.1.121】在 Controller 节点中运行。

【ssh-copy-id -I /root/.ssh/id_rsa.pub -p 22 root@10.1.1.120】在 Compute 节点中运行。

然后在 Compute 节点运行一次【ssh controller】命令，在 Controller 节点上运行一次【ssh compute】命令。今后，计算机之间 SSH 登录将不再需要密码，用户可以直接登录。

第 10 步：建议给虚拟机做一个快照。

3.3.2 安装与配置相关依赖包

执行【yum install -y openstack-selinux python-openstackclient yum-plugin-priorities openstack-nova-compute openstack-utils ntpdate】命令安装软件。

第 1 步：配置 nova.conf。

【cp /etc/nova/nova.conf /etc/nova/nova.conf.bak】备份原来的配置文件。

【>/etc/nova/nova.conf】清空原配置文件。

【openstack-config --set /etc/nova/nova.conf DEFAULT auth_strategy keystone】

【openstack-config --set /etc/nova/nova.conf DEFAULT my_ip 10.1.1.121】

【openstack-config --set /etc/nova/nova.conf DEFAULT use_neutron True】

【openstack-config --set /etc/nova/nova.conf DEFAULT firewall_driver nova.virt.firewall.Noop FirewallDriver】

【openstack-config --set /etc/nova/nova.conf DEFAULT transport_url rabbit://openstack:yhy@controller】

【openstack-config --set /etc/nova/nova.conf keystone_authtoken auth_uri http://controller:5000】

【openstack-config --set /etc/nova/nova.conf keystone_authtoken auth_url http://controller:35357】

【openstack-config --set /etc/nova/nova.conf keystone_authtoken memcached_servers controller:11211】

【openstack-config --set /etc/nova/nova.conf keystone_authtoken auth_type password】

【openstack-config --set /etc/nova/nova.conf keystone_authtoken project_domain_name default】

【openstack-config --set /etc/nova/nova.conf keystone_authtoken user_domain_name default】

【openstack-config --set /etc/nova/nova.conf keystone_authtoken project_name service】

【openstack-config --set /etc/nova/nova.conf keystone_authtoken username nova】

【openstack-config --set /etc/nova/nova.conf keystone_authtoken password yhy】

【openstack-config --set /etc/nova/nova.conf placement auth_uri http://controller:5000】

【openstack-config --set /etc/nova/nova.conf placement auth_url http://controller:35357】

【openstack-config --set /etc/nova/nova.conf placement memcached_servers controller:11211】

【openstack-config --set /etc/nova/nova.conf placement auth_type password】

【openstack-config --set /etc/nova/nova.conf placement project_domain_name default】

【openstack-config --set /etc/nova/nova.conf placement user_domain_name default】

【openstack-config --set /etc/nova/nova.conf placement project_name service】

【openstack-config --set /etc/nova/nova.conf placement username placement】

【openstack-config --set /etc/nova/nova.conf placement password yhy】

【openstack-config --set /etc/nova/nova.conf placement os_region_name RegionOne】

【openstack-config --set /etc/nova/nova.conf vnc enabled True】

【openstack-config --set /etc/nova/nova.conf vnc keymap en-us】

【openstack-config --set /etc/nova/nova.conf vnc vncserver_listen 0.0.0.0】

【openstack-config --set /etc/nova/nova.conf vnc vncserver_proxyclient_address 10.1.1.121】

【openstack-config --set /etc/nova/nova.conf vnc novncproxy_base_url http:// 10.1.1.121:6080/vnc_auto.html】

【openstack-config --set /etc/nova/nova.conf glance api_servers http://controller:9292】

【openstack-config --set /etc/nova/nova.conf oslo_concurrency lock_path /var/lib/nova/tmp】

【openstack-config --set /etc/nova/nova.conf libvirt virt_type qemu】

第 2 步：设置 libvirtd.service 和 openstack-nova-compute.service 开机启动。

【systemctl enable libvirtd.service openstack-nova-compute.service】设置开机启动。

【systemctl restart libvirtd.service openstack-nova-compute.service】重启相关服务。

【systemctl status libvirtd.service openstack-nova-compute.service】查看服务状态。

第 3 步：到 Controller 上执行验证。

【source /root/admin-openrc】

【openstack compute service list】

重新登录 Dashboard，在“管理员”→“虚拟机管理器”下可以看到 Compute 节点。

3.3.3 安装 Neutron

第 1 步：安装相关软件包。

【yum install -y openstack-neutron-linuxbridge ebtables ipset】

第 2 步：配置 neutron.conf。

【cp /etc/neutron/neutron.conf /etc/neutron/neutron.conf.bak】备份原配置文件。

【>/etc/neutron/neutron.conf】清空原配置文件。

【openstack-config --set /etc/neutron/neutron.conf DEFAULT auth_strategy keystone】

【openstack-config --set /etc/neutron/neutron.conf DEFAULT advertise_mtu True】

【openstack-config --set /etc/neutron/neutron.conf DEFAULT dhcp_agents_per_network 2】

【openstack-config --set /etc/neutron/neutron.conf DEFAULT control_exchange neutron】

【openstack-config --set /etc/neutron/neutron.conf DEFAULT nova_url http://controller:8774/v2】

【openstack-config --set /etc/neutron/neutron.conf DEFAULT transport_url rabbit://openstack:yhy@controller】

【openstack-config --set /etc/neutron/neutron.conf keystone_authtoken auth_uri http://controller:5000】

【openstack-config --set /etc/neutron/neutron.conf keystone_authtoken auth_url http://controller:35357】

【openstack-config --set /etc/neutron/neutron.conf keystone_authtoken memcached_servers controller:11211】

【openstack-config --set /etc/neutron/neutron.conf keystone_authtoken auth_type password】

【openstack-config --set /etc/neutron/neutron.conf keystone_authtoken project_domain_name default】

【openstack-config --set /etc/neutron/neutron.conf keystone_authtoken user_domain_name default】

【openstack-config --set /etc/neutron/neutron.conf keystone_authtoken project_name service】

【openstack-config --set /etc/neutron/neutron.conf keystone_authtoken username neutron】

【openstack-config --set /etc/neutron/neutron.conf keystone_authtoken password yhy】

【openstack-config --set /etc/neutron/neutron.conf oslo_concurrency lock_path /var/lib/neutron/tmp】

第3步：配置/etc/neutron/plugins/ml2/linuxbridge_agent.ini二层交换。

【openstack-config --set /etc/neutron/plugins/ml2/linuxbridge_agent.ini vxlan enable_vxlan True】

【openstack-config --set /etc/neutron/plugins/ml2/linuxbridge_agent.ini vxlan local_ip 10.2.2.121】

【openstack-config --set /etc/neutron/plugins/ml2/linuxbridge_agent.ini vxlan l2_population True】

【openstack-config --set /etc/neutron/plugins/ml2/linuxbridge_agent.ini securitygroup enable_security_group True】

【openstack-config --set /etc/neutron/plugins/ml2/linuxbridge_agent.ini securitygroup firewall_driver neutron.agent.linux.iptables_firewall.IptablesFirewallDriver】

第4步：配置nova.conf。

【openstack-config --set /etc/nova/nova.conf neutron url http://controller:9696】

【openstack-config --set /etc/nova/nova.conf neutron auth_url http://controller:35357】

【openstack-config --set /etc/nova/nova.conf neutron auth_type password】

【openstack-config --set /etc/nova/nova.conf neutron project_domain_name default】

【openstack-config --set /etc/nova/nova.conf neutron user_domain_name default】

【openstack-config --set /etc/nova/nova.conf neutron region_name RegionOne】

【openstack-config --set /etc/nova/nova.conf neutron project_name service】

【openstack-config --set /etc/nova/nova.conf neutron username neutron】

【openstack-config --set /etc/nova/nova.conf neutron password yhy】

第5步：重启和开机自启动相关服务。

【systemctl restart libvirtd.service openstack-nova-compute.service】

【systemctl enable neutron-linuxbridge-agent.service】

【systemctl restart neutron-linuxbridge-agent.service】

【systemctl status libvirtd.service openstack-nova-compute.service neutron-linuxbridge-agent.service】

3.4 添加 Cinder 节点

3.4.1 将 Cinder 作为计算节点

第 1 步：配置 nova。

要是想用 Cinder 作为计算节点，则需要修改 nova 配置文件（注意，这一步是在计算节点 Compute 上操作的）。

【openstack-config --set /etc/nova/nova.conf cinder os_region_name RegionOne】

【systemctl restart openstack-nova-compute.service】

第 2 步：在 Controller 上重启 nova 服务。

【systemctl restart openstack-nova-api.service】

【systemctl status openstack-nova-api.service】

3.4.2 在 Controller 上执行验证

【source /root/admin-openrc】

【neutron agent-list】

【nova-manage cell_v2 discover_hosts】

至此，Compute 节点搭建完毕，运行 nova host-list 可以查看新加入的 compute1 节点。

如果需要再添加另外一个 Compute 节点，只要重复上述步骤即可，注意修改计算机名和 IP 地址。

创建配额命令：

【openstack flavor create m1.tiny --id 1 --ram 512 --disk 1 --vcpus 1】

【openstack flavor create m1.small --id 2 --ram 2048 --disk 20 --vcpus 1】

【openstack flavor create m1.medium --id 3 --ram 4096 --disk 40 --vcpus 2】

【openstack flavor create m1.large --id 4 --ram 8192 --disk 80 --vcpus 4】

【openstack flavor create m1.xlarge --id 5 --ram 16384 --disk 160 --vcpus 8】

【openstack flavor list】

3.4.3 安装配置 Cinder

第 1 步：创建数据库用户并赋予权限。

登录数据库，执行如下命令：

【CREATE DATABASE cinder;】

【GRANT ALL PRIVILEGES ON cinder.* TO 'cinder'@'localhost' IDENTIFIED BY 'yhy';】

【GRANT ALL PRIVILEGES ON cinder.* TO 'cinder'@'%' IDENTIFIED BY 'yhy';】

第 2 步：创建 Cinder 用户并赋予 admin 权限。

【source /root/admin-openrc】

【openstack user create --domain default cinder --password yhy】

【openstack role add --project service --user cinder admin】

第 3 步：创建 volume 服务。

【openstack service create --name cinder --description "OpenStack Block Storage" volume】

【openstack service create --name cinderv2 --description "OpenStack Block Storage" volumev2】

第 4 步：创建 endpoint。

【openstack endpoint create --region RegionOne volume public http://controller:8776/v1/%\(tenant_id\)s】

【openstack endpoint create --region RegionOne volume internal http://controller:8776/v1/%\(tenant_id\)s】

【openstack endpoint create --region RegionOne volume admin http://controller:8776/v1/%\(tenant_id\)s】

【openstack endpoint create --region RegionOne volumev2 public http://controller:8776/v2/%\(tenant_id\)s】

【openstack endpoint create --region RegionOne volumev2 internal http://controller:8776/v2/%\(tenant_id\)s】

【openstack endpoint create --region RegionOne volumev2 admin http://controller:8776/v2/%\(tenant_id\)s】

第 5 步：安装 Cinder 相关服务。

【yum install openstack-cinder -y】

第 6 步：修改 Cinder 配置文件。

【cp /etc/cinder/cinder.conf /etc/cinder/cinder.conf.bak】备份原配置文件。

【>/etc/cinder/cinder.conf】清空原配置文件。

【openstack-config --set /etc/cinder/cinder.conf DEFAULT transport_url rabbit://openstack:yhy@controller】

【openstack-config --set /etc/cinder/cinder.conf DEFAULT my_ip 10.1.1.120】

【openstack-config --set /etc/cinder/cinder.conf DEFAULT auth_strategy keystone】

【openstack-config --set /etc/cinder/cinder.conf database connection mysql+pymysql://cinder:yhy@controller/cinder】

【openstack-config --set /etc/cinder/cinder.conf keystone_authtoken auth_uri http://controller:5000】

【openstack-config --set /etc/cinder/cinder.conf keystone_authtoken auth_url http://controller:35357】

【 openstack-config --set /etc/cinder/cinder.conf keystone_authtoken memcached_servers controller:11211】

【openstack-config --set /etc/cinder/cinder.conf keystone_authtoken auth_type password】

【 openstack-config --set /etc/cinder/cinder.conf keystone_authtoken project_domain_name default】

【openstack-config --set /etc/cinder/cinder.conf keystone_authtoken user_domain_name default】

【openstack-config --set /etc/cinder/cinder.conf keystone_authtoken project_name service】

【openstack-config --set /etc/cinder/cinder.conf keystone_authtoken username cinder】

【openstack-config --set /etc/cinder/cinder.conf keystone_authtoken password yhy】

【openstack-config --set /etc/cinder/cinder.conf oslo_concurrency lock_path /var/lib/cinder/tmp】

第 7 步：同步数据库。

【su -s /bin/sh -c "cinder-manage db sync" cinder】

第 8 步：在 Controller 上启动 Cinder 服务，并设置开机启动。

【systemctl enable openstack-cinder-api.service openstack-cinder-scheduler.service】

【systemctl restart openstack-cinder-api.service openstack-cinder-scheduler.service】

【systemctl status openstack-cinder-api.service openstack-cinder-scheduler.service】

第 9 步：安装 Cinder 节点。在这里，我们需要额外添加一个硬盘（/dev/sdb）用作 Cinder 的存储服务（注意，这一步是在 Cinder 节点上操作的）。

【yum install lvm2 -y】

第 10 步：启动服务并设置为开机自启（注意，这一步是在 Cinder 节点上操作的）。

【systemctl enable lvm2-lvmetad.service】

【systemctl start lvm2-lvmetad.service】

【systemctl status lvm2-lvmetad.service】

第 11 步：创建 lvm，这里的/dev/sdb 就是额外添加的硬盘（注意，这一步是在 Cinder 节点上操作的）。

【fdisk -l】

【pvcreate /dev/sdb】

【vgcreate cinder-volumes /dev/sdb】

第 12 步：编辑存储节点 lvm.conf 文件（注意，这一步是在 Cinder 节点上操作的）。

【vim /etc/lvm/lvm.conf】

在 devices 下面添加 filter = ["a/sda/", "a/sdb/", "r/.*/"]。

然后重启下 lvm2 服务：

【systemctl restart lvm2-lvmetad.service】

【systemctl status lvm2-lvmetad.service】

第 13 步：安装 openstack-cinder、targetcli（注意，这一步是在 Cinder 节点上操作的）。

【yum install openstack-cinder openstack-utils targetcli python-keystone ntpdate -y】

第 14 步：修改 Cinder 配置文件（注意，这一步是在 Cinder 节点上操作的）。

【cp /etc/cinder/cinder.conf /etc/cinder/cinder.conf.bak】

【>/etc/cinder/cinder.conf】

【openstack-config --set /etc/cinder/cinder.conf DEFAULT auth_strategy keystone】

【openstack-config --set /etc/cinder/cinder.conf DEFAULT my_ip 10.1.1.122】

【openstack-config --set /etc/cinder/cinder.conf DEFAULT enabled_backends lvm】

【openstack-config --set /etc/cinder/cinder.conf DEFAULT glance_api_servers http://controller:9292】

【openstack-config --set /etc/cinder/cinder.conf DEFAULT glance_api_version 2】

【openstack-config --set /etc/cinder/cinder.conf DEFAULT enable_v1_api True】

【openstack-config --set /etc/cinder/cinder.conf DEFAULT enable_v2_api True】

【openstack-config --set /etc/cinder/cinder.conf DEFAULT enable_v3_api True】

【openstack-config --set /etc/cinder/cinder.conf DEFAULT storage_availability_zone nova】

【openstack-config --set /etc/cinder/cinder.conf DEFAULT default_availability_zone nova】

【openstack-config --set /etc/cinder/cinder.conf DEFAULT os_region_name RegionOne】

【openstack-config --set /etc/cinder/cinder.conf DEFAULT api_paste_config /etc/cinder/api-paste.ini】

【openstack-config --set /etc/cinder/cinder.conf DEFAULT transport_url rabbit://openstack:yhy@controller】

【openstack-config --set /etc/cinder/cinder.conf database connection mysql+pymysql://cinder:yhy@controller/cinder】

【openstack-config --set /etc/cinder/cinder.conf keystone_authtoken auth_uri http://controller:5000】

【openstack-config --set /etc/cinder/cinder.conf keystone_authtoken auth_url http://controller:35357】

【openstack-config --set /etc/cinder/cinder.conf keystone_authtoken memcached_servers controller:11211】

【openstack-config --set /etc/cinder/cinder.conf keystone_authtoken auth_type password】

【openstack-config --set /etc/cinder/cinder.conf keystone_authtoken project_domain_name default】

【openstack-config --set /etc/cinder/cinder.conf keystone_authtoken user_domain_name default】

【openstack-config --set /etc/cinder/cinder.conf keystone_authtoken project_name service】

【openstack-config --set /etc/cinder/cinder.conf keystone_authtoken username cinder】

【openstack-config --set /etc/cinder/cinder.conf keystone_authtoken password yhy】

【openstack-config --set /etc/cinder/cinder.conf lvm volume_driver cinder.volume.drivers.lvm.LVMVolumeDriver】

【openstack-config --set /etc/cinder/cinder.conf lvm volume_group cinder-volumes】

【openstack-config --set /etc/cinder/cinder.conf lvm iscsi_protocol iscsi】

【openstack-config --set /etc/cinder/cinder.conf lvm iscsi_helper lioadm】

【openstack-config --set /etc/cinder/cinder.conf oslo_concurrency lock_path /var/lib/cinder/tmp】

第 15 步：启动 openstack-cinder-volume 和 target 并设置开机启动(注意，这一步是在 Cinder 节点上操作的)。

【systemctl enable openstack-cinder-volume.service target.service】

【systemctl restart openstack-cinder-volume.service target.service】

【systemctl status openstack-cinder-volume.service target.service】

第 16 步：验证 Cinder 服务是否正常。

【source /root/admin-openrc】

【cinder service-list】

3.5 小结

本章详细介绍了在 CentOS 7 中安装部署 OpenStack 的方法，主要内容包括 OpenStack 的基础知识，OpenStack 的体系架构，OpenStack 的部署工具，使用 RDO 部署 OpenStack 以及管理 OpenStack 等。本章的重点是掌握 OpenStack 的体系架构，使用 RDO 部署 OpenStack 的方法以及镜像、虚拟网络和实例的管理。

第 4 章　OpenNebula 云计算系统运维与管理

OpenNebula 是一个非常成熟的云平台，十分简单但功能却又十分丰富。它提供了非常灵活的解决方案，让用户能建立并管理企业云和虚拟的数据中心。OpenNebula 的设计目标是简单、轻便、灵活且功能强大，也正因为如此，它赢得了不少用户的信赖。本章将简要介绍 OpenNebula 云平台及其使用方法。

4.1　初识 OpenNebula

OpenNebula 是云计算软件中的代表之一，其轻便、简单、灵活的特点赢得了不少客户的认可，但目前在国内仍少有人使用。本节将简要介绍云计算与 OpenNebula 等知识。

OpenNebula 提供的接口比较丰富，如为管理员提供了包括类似于 UNIX 命令行的工具集 CLI 及功能强大的 GUI 界面；可扩展的底层接口提供了 XML-RPC、Ruby、Java 等 API 供用户整合使用等。

OpenNebula 是专门为云计算打造的开源系统，用户可以使用 Xen、KVM 甚至是 VMware 等虚拟化软件一起打造企业云。利用 OpenNebula 可以轻松地构建私有云、混合云及公开云。OpenNebula 还提供了许多资源管理和预配置目录，使用这些目录中的资源，可以快速、安全地构建富有弹性的云平台。

OpenNebula 的工作机制相对比较简单，它使用共享的存储设备来为虚拟机提供各种存储服务，以便所有虚拟机都能访问到相同的资源。同时 OpenNebula 还使用 SSH 作为传输方式，将虚拟化管理命令传输至各节点，这样做的好处是无须安装额外的服务或软件，降低软件的复杂性。

本小节中仅介绍与配置 OpenNebula 相关的内容，其他相关内容可通过查看其官方网站上的说明进一步了解，此处不再赘述。

4.2　OpenNebula 的安装

OpenNebula 5.8 (Edge)是 OpenNebula 5 系列的第 5 版。本节将以 5.8 版的 OpenNebula 在 CentOS 7.5 上的安装为示例，简要介绍其安装过程。

4.2.1　配置控制端环境

环境配置包括 IP 地址、DNS 地址、主机名及 hosts 文件等网络设置，有关设置可参考本书第 3 章中的相关内容，此处不再赘述。

第 1 步：SELinux 配置。

SELinux 是一项重要的配置，OpenNebula 官方建议关闭 SELinux，以免出现不必要的错误。关闭 SELinux 需要修改文件/etc/sysconfig/selinux。

使用【vim /etc/sysconfig/selinux】命令，修改“selinux”的值为“disabled”。

第 2 步：防火墙配置。

为了能使 OpenNebula 正常工作，还必须配置系统防火墙开放的相关端口。本例将采取关闭防火墙的方法，命令如下：

【systemctl disable firewalld】在系统中禁用防火墙。

【systemctl stop firewalld】关闭防火墙。

第 3 步：配置 yum 源。

OpenNebula 官方提供了软件源以方便安装，直接在系统中添加软件源，然后使用 yum 工具安装即可。使用【vim /etc/yum.repos.d/opennelbula.repo】命令新建一个名为 opennebula.repo 的文件，文件内容如下。

```
[opennebula]
name=opennebula
baseurl=http://downloads.opennebula.org/repo/5.8/CentOS/7/x86_64
enabled=1
gpgcheck=0
```

最终的 opennebula.repo 文件内容如图 4.1 所示。

```
[root@master ~]# cat /etc/yum.repos.d/opennelbula.repo
[opennebula]
name=opennebula
baseurl=http://downloads.opennebula.org/repo/5.8/CentOS/7/x86_64
enabled=1
gpgcheck=0
[root@master ~]#
```

图 4.1　opennebula.repo 文件内容

至此，环境配置就完成了，接下来就可以重新启动 CentOS 7 让所有配置生效。

第 4 步：使用【reboot】命令重启系统。

4.2.2 安装控制端

环境配置完成后就可以开始软件的安装过程，在开始安装之前还需要安装 EPEL 源，EPEL 源将提供一些额外的软件包。安装命令如下：

【yum install -y epel-release】

确认以上环境和软件都已经安装完成后，还需要安装依赖软件包，安装命令如下：

【yum install -y gcc-c++ gcc sqlite-devel curl-devel mysql-devel ruby-devel make】

设置好源之后，最好先清除缓存再安装，命令如下：

【yum clean all】

安装完成后，就可以开始安装 OpenNebula 了，命令如下：

【yum install -y opennebula-server opennebula-sunstone opennebula-ruby】

安装完 OpenNebula 后还需要安装 Ruby 库才能使用，OpenNebula 提供了一个集成化的脚本，在安装 Ruby 库的过程中，可能会有许多警告信息，无须担心，忽略即可。如果安装某个包错误导致失败，可继续运行上述命令，重新安装直到安装结束。运行此脚本即可安装，命令如下：

【/usr/share/one/install_gems】安装 OpenNebula 主控额外依赖和主程序。

中途会提示选择操作系统类型和需要安装的依赖软件，本书是基于 CentOS 7.5 的，所以选择 1，做出相应的选择后按 Enter 键即可。

由于许多源都位于国外，执行上述命令安装时有可能出现因连接超时而导致整个安装失败的现象，此时可以添加国内的 yum 源，然后再执行上述命令。

4.2.3 安装客户端

OpenNebula 可以使用多种虚拟化技术客户端，如 KVM、Xen 甚至是 VMware，本例将在 CentOS 7 中安装 KVM 作为客户端。在 CentOS 7 中安装 KVM 的方法可参考本书的其他章节，此处不再赘述。

安装完 KVM 之后就可以开始安装 OpenNebula 的客户端程序了，客户端程序依然采用 yum 工具安装，因此需要按前面所讲的方法先配置 yum 源。安装命令如下：

【yum clean all】设置好源之后先清除缓存。

【yum install -y opennebula-node-kvm】

如果使用 Xen 虚拟化，除以上安装的软件包外，客户端还需要安装一个名为 openebula-common 的软件包。

4.2.4 配置控制端和客户端

所有软件安装完成后还不能立即使用，还需要做一些配置，包括密码、SSH 验证等方面。本小节将简要介绍如何配置控制端和客户端。

第 1 步：配置控制端主守护进程。

控制端有两个守护进程需要配置：第一个进程是 oned，这是 OpenNebula 的主要进程，所有主要功能都通过此进程完成；另一个进程是 sunstone，这是一个图形化的用户接口。启动 OpenNebula 需要启动这两个进程，通常先配置主守护进程。

安装完控制端后，OpenNebula 会向系统添加一个名为 oneadmin 的用户，OpenNebula 将以此用户的身份管理整个软件。需要先添加系统认证的密码，命令如下：

【su - oneadmin】切换到用户 oneadmin。

【mkdir ~/.one】添加初始化密码并修改认证文件的权限。

以下设置必须在第一次启动之前进行：

【echo "oneadmin:password" >~/.one/one_auth】此处的演示密码为 password。

【chmod 600 ~/.one/one_auth】

以下仅为测试，属于可选步骤：

【one start】启动 OpenNebula 守护进程。

【onevm list】使用查看虚拟机列表的方式验证是否成功启动。

若能看到一个如下的空列表，则表示 oned 进程启动成功。

```
ID USER GROUP NAME STAT UCPU UMEM HOST   TIME
```

在上面的示例中，需要使用密码替换 password 字符串，此处设置的密码为第一次启动的密码。

第 2 步：配置图形化用户接口。

图形化用户接口进程为 sunstone，默认情况下该进程只在本地环回接口（接口名为 lo，IP 地址为 127.0.0.1）侦听，其他计算机均无法访问。为了能使其他计算机进行访问，需要修改侦听地址，命令如下。

【cat /etc/one/sunstone-server.conf】

修改 sunstone 服务的配置文件，如图 4.2 所示。将第 32 行的侦听地址 127.0.0.1 修改为 0.0.0.0。

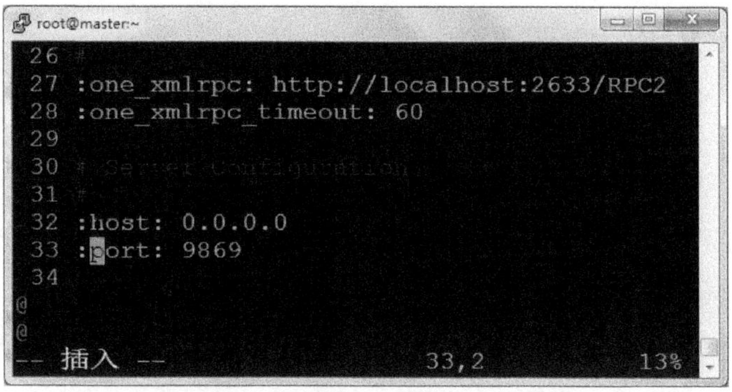

```
26 #
27 :one_xmlrpc: http://localhost:2633/RPC2
28 :one_xmlrpc_timeout: 60
29
30 # Server Configuration
31 #
32 :host: 0.0.0.0
33 :port: 9869
34
@
@
-- 插入 --                    33,2          13%
```

图 4.2　sunstone 服务的配置文件

完成上述设置后需要开启开关服务：

【systemctl enable opennebula】

【systemctl start opennebula】

【systemctl enable opennebula-sunstone】

【systemctl start opennebula-sunstone】

完成上述步骤后就可以通过网页打开 Sunstone 界面了，如图 4.3 所示。

图 4.3　Sunstone 界面

访问 Sunstone 时需要注意，不建议使用 IE 内核的浏览器，建议使用 Mozilla Firefox 或 Google Chrome 等非 IE 内核浏览器；此外，还要注意控制端与访问计算机的时间相差不能太大，否则会导致失败。

第 3 步：配置 NFS。

如果使用多节点的 OpenNebula，需要在控制端上配置 NFS（控制端与客户端位于同一服务器时无须此配置），命令如下：

【cat /etc/exports】设置 NFS 将目录/var/lib/one 共享。

```
/var/lib/one/ *(rw,sync,no_subtree_check,root_squash)
```

【systemctl start nfs】

当控制端配置了 NFS 之后，客户端还需要配置 NFS 挂载（NFS 共享的目录相当于存储，此问题可参考官方网站关于存储的说明）。挂载应写入文件/etc/fstab，写入内容如下：

```
#将下面这行内容添加到/etc/fstab 文件最后
192.168.64.128:/var/lib/one/   /var/lib/one/   nfs   soft,intr,rsize=8192,wsize=8192,noauto
```

通过如下命令可以验证配置：

【mount -a】

【df -h | grep /var/lib/one】

显示结果如图 4.4 所示。

图 4.4　查看挂载情况

第 4 步：配置 SSH 公钥。

OpenNebula 使用 SSH 远程登录到 Node 上，然后执行各种管理命令，因此必须配置 SSH 服务，让管理端的 oneadmin 用户能够自动登录，而不需要密码。控制端的配置命令如下。

【su - oneadmin】切换到对应的用户（同样的用户）。

【ssh-keygen -t rsa】生成公钥。

【cat /var/lib/one/.ssh/id_rsa.pub >>/var/lib/one/.ssh/authorized_keys】将公钥写入授权密钥文件中。

【chmod 644 /var/lib/one/.ssh/authorized_keys】设置对应的权限，权限不能太大，否则会报错。

【chmod 755 /var/lib/one/.ssh/】

【scp /var/lib/one/.ssh/*   root@node:/var/lib/one/.ssh/】用 scp 将授权秘钥文件复制到对应的主机上。

在 oneadmin 用户下，使用 SSH Node 或者 store，不需要密码验证。

【ssh 192.168.64.130】使用 SSH 登录到 Node 上，此时不需要任何密码。

无论哪种方案都需要配置 SSH，即使控制端与客户端在同一服务器上，建议将控制端也做成一个客户端，以便配置和安装镜像。

第 5 步：客户端 KVM 配置。

在客户端上安装 KVM 并设置桥接。此处还需要对 KVM 做一些配置，命令如下。

【vim /etc/libvirt/qemu.conf】设置用户和组，在最后位置添加两行代码，最终的配置效果如下：

```
user = "oneadmin"
group = "oneadmin"
dynamic_ownership = 0
security_driver = "none"
security_default_confined = 0
```

【vim /etc/libvirt/libvirtd.conf】配置 libvirtd 服务侦听，配置项为第 22 行和第 33 行，分别取消对这两行的注释，如下所示：

```
Listen_tls = 0
Listen_tcp = 1
```

【vim /etc/sysconfig/libvirtd】开启服务监听选项，配置项为第 9 行，取消对这行的注释，如下所示：

```
LIBVIRTD ARGS="--listen"
```

【systemctl restart libvirtd】重启服务并检查设置是否生效。

【netstat -tunlp | grep libvirtd】查看端口占用情况。

至此，服务器端和客户端都已经配置完成了。

4.3 OpenNebula 配置与应用

学习了 OpenNebula 的安装之后，接下来就可以配置 OpenNebula 了，内容包括：配置 Sunstone、

VDC 和集群，设置镜像，管理模板、虚拟机等。OpenNebula 还有大量的工作需要做，这些工作主要来自镜像、模板和虚拟机管理。本节将简要介绍如何将安装好的 OpenNebula 组装为一个可用的集群，并添加一些镜像、模板，最后实例化为虚拟机。

4.3.1 配置 VDC 和集群

首次登录 Sunstone 之后，发现其默认语言为英语，可以修改为简体中文。修改的方法为单击右上角的当前登录的用户名，然后在菜单中选择“Settings”选项进入设置界面，如图 4.5 所示。

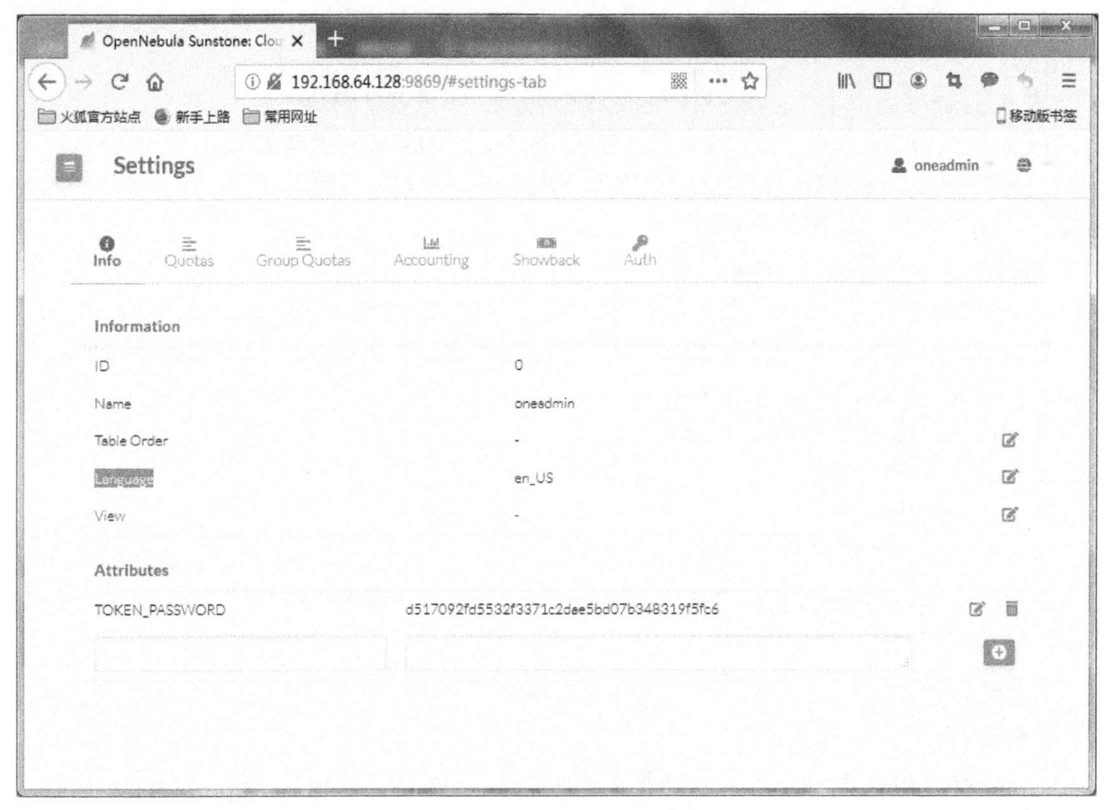

图 4.5 Sunstone 语言配置

在“Language”下拉列表框中选择“Simplified Chinese（zh_CN）”，即可将默认语言修改为简体中文。

VDC（Virtual Data Centers，虚拟数据中心）与 oVirt 中的数据中心概念相似，表示一组或多组功能集群的集合。但在 OpenNebula 中数据中心和集群的概念相对较弱，几乎没有过多的约束设置，只有在做故障迁移等设置时，这些设置才起作用。如果没有故障迁移等方面的需求，也可跳过虚拟数据中心和集群设置。

添加 VDC 可以在 Sunstone 界面左侧的系统中选择“VDCs”选项，此时右侧将显示已存在的虚拟数据中心。单击虚拟数据中心列表上方的加号，将弹出添加 VDC 界面，如图 4.6 所示。

图 4.6 添加 VDC

在创建 VDC 界面的“常规”选项卡中输入数据中心的名称、描述信息，然后在“资源”中为数据中心添加已存在的集群、主机、网络和数据仓库，最后单击上面的“创建”按钮即可。需要注意的是，数据仓库已经在安装时自动创建，此处可以直接选择所有数据仓库将其一并添加到数据中心中。

添加完 VDC 后，接下来需要创建集群。单击左侧基础设施中的集群管理，界面右侧将显示当前系统中的集群列表。单击集群列表上方的加号将弹出“创建集群”界面，如图 4.7 所示。

在“名称”中输入集群名称，然后在“主机”中选中主机，在“虚拟网络”中选择添加的网络，然后选择“数据仓库”，最后单击“创建”按钮即可。

添加完集群和数据中心后，可以在数据中心界面中的列表中单击创建的数据中心，以查看数据中心详情。在数据中心详情界面右上角单击更新，然后在资源选项的集群管理中为数据中心添加集群。也可以更新数据仓库等设置，集群也可使用同样的方法更新设置。

OpenNebula 还预设了各种角色和用户，同时还提供了计费等功能，本书中并不涉及，读者可自行参考相关资料了解。

图 4.7　创建集群

4.3.2　添加 KVM 主机

主机是云计算中的计算节点，通俗地讲主机主要是将存储资源、网络资源集中起来，并使用自身的计算资源以虚拟机的方式汇集各种资源为客户提供服务。OpenNebula 中可以添加的主机有 Xen、KVM、VMware 及 vCenter，由于红帽公司主导使用 KVM 虚拟化，因此本书中主要介绍 KVM 主机的使用方法，其他主机并不涉及，如需使用可以参考 OpenNebula 的官方文档了解。

添加 KVM 主机有两种方法：其一是使用 Sunstone 提供的图形化接口；其二是使用 CLI 命令方式添加。在添加主机之前，需要确保主机的 SELinux、防火墙、SSH、KVM、NFS 等均已正确设置。

第 1 种方法：在 Sunstone 中添加主机

在 Sunstone 界面的左侧基础设施中选择主机管理，此时右侧将显示主机列表。单击主机列表上方的加号，将弹出创建主机界面，如图 4.8 所示。

可以看到新添加的主机状态为“初始化”，当主机初始化完成后，状态将变为“启用”，表示该主机可用，否则主机将不可用，此时就需要查看日志排错。

在主机列表中单击任意一台主机，将显示主机信息，如图 4.9 所示。

在主机信息界面的信息选项中可以查看到当前主机的主要信息，如已分配 CPU、内存、CPU 型号等。在图表信息中将显示过去一段时间内 CPU 和内存的使用情况，vm 数量将显示当前主机运行的主机列表。

图 4.8　创建主机界面

图 4.9　主机信息

第2种方法：使用CLI方式添加

使用CLI方式添加主机与图形界面所需参数相同，添加过程如下。

【su - oneadmin】此命令需要在控制端执行，需要以用户oneadmin身份执行。

【onehost create 192.168.64.130 --im kvm -vm -net dummy ID:0】参数参考图形界面中的参数设置。

【onehost list】查看添加主机情况，刚添加时主机状态处于init初始化状态，初始化完成后状态将变为on。

主机添加后，初始化完成后状态如图4.10所示。

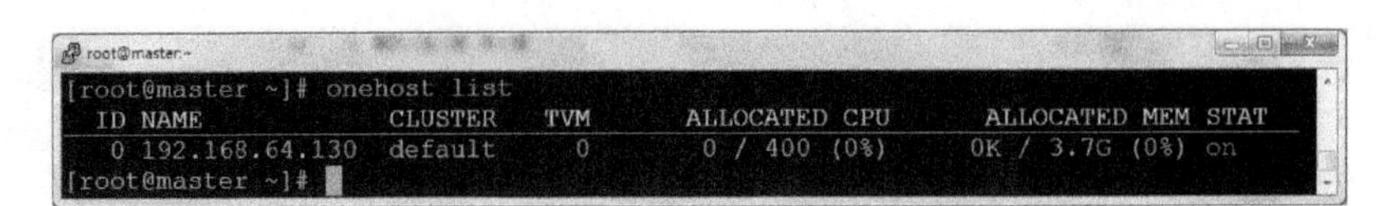

图 4.10　主机初始化完成后的状态

4.3.3　建立镜像

OpenNebula 安装完成后建立虚拟时，需要使用操作系统模板，模板可以快速转换为虚拟机，而不再需要安装操作系统。建立系统模板需要使用磁盘镜像，磁盘镜像就是虚拟磁盘文件。

OpenNebula 提供了两种方法建立镜像：其一是使用官方提供的镜像和模板；其二是用户自己建立磁盘文件安装系统制作镜像。

第 1 种方法：使用官方镜像和模板

使用官方提供的镜像和模板可以在 Sunstone 界面的左侧选择“存储”下的“应用市场”，单击 ID 号为 0 的“OpenNebulaPublic”应用市场，然后选择“Apps”，此时右侧将显示官方提供的镜像列表，如图 4.11 所示。

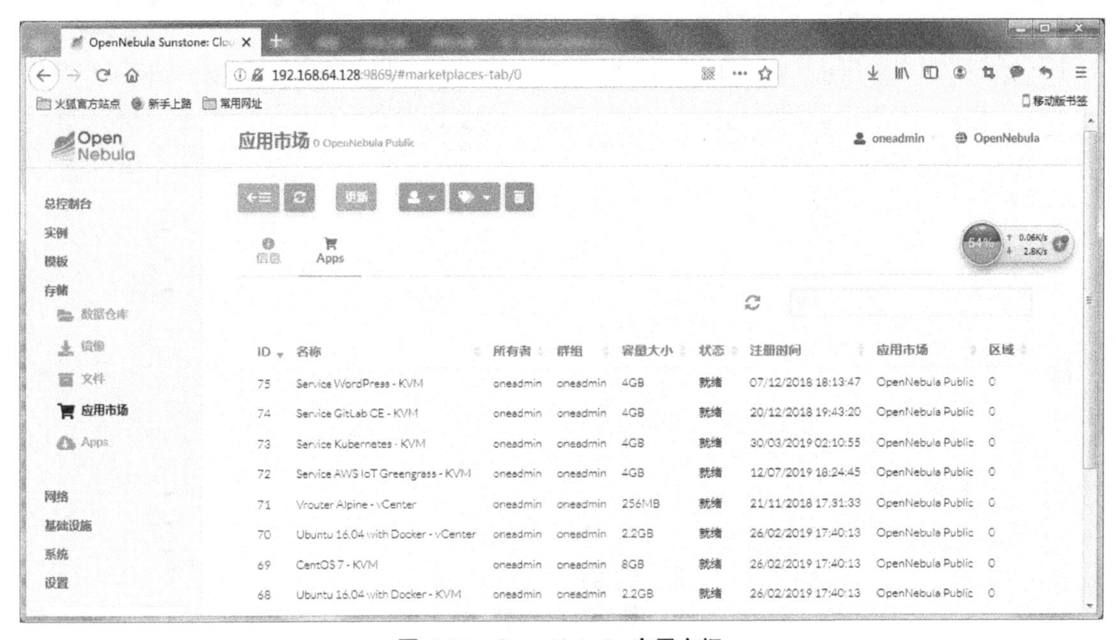

图 4.11　OpenNebula 应用市场

镜像列表中详细列出了系统名称和版本、所有者、群组、容量大小、状态以及注册时间等信息。如果需要查看某个镜像的详细信息只需要单击镜像，将显示镜像的详细描述，如图 4.12 所示。

图 4.12　镜像的详细描述

在镜像的详细描述上方，单击“启用”按钮，将启用该镜像，然后单击“下载”图标，打开“下载 App 到本系统中”页面，选择下方的数据仓库后，单击“下载”按钮，将下载镜像到本地系统中，如图 4.13 所示。

图 4.13　下载镜像到本地系统

然后在左侧的存储资源的镜像管理中，可以看到下载的应用，但在下载完成前镜像和模板将无法使用。使用导入应用的方式创建模板十分方便、快捷，但如果网络不通畅（下载地址为国外地址）导致超时将会添加失败。

第 2 种方法：自制镜像

磁盘镜像有多种格式，如 RAW、QCOW2、QED、VMDK、VDI 等，这些格式都拥有不同的特性，读者可阅读相关文档了解这些格式的特点。在本例中将采用 KVM 默认使用的 QCOW2 作为镜像格式，建立镜像过程如下。

【cd /data/】进入存放磁盘文件的文件夹，此操作在控制端进行。

【qemu-img create -f qcow2 CentOS6.5-x86_64-Desktop.qcow2 15G】创建一个虚拟磁盘，空间大小为 15GB。

【qemu-img info CentOS6.5-x86_64-Desktop.qcow2】展示 CentOS6.5-x86_64-Desktop.qcow2 镜像文件的信息。如果文件是使用稀疏文件的存储方式，也会显示出它本来分配的大小以及实际已占用的磁盘空间大小。如果文件中存放有客户机快照，快照的信息也会被显示出来。

接下来上传光盘镜像文件，在此使用 SecureFX 工具上传 CentOS 6.5 的安装光盘镜像至控制端的/data 目录中，如图 4.14 所示。

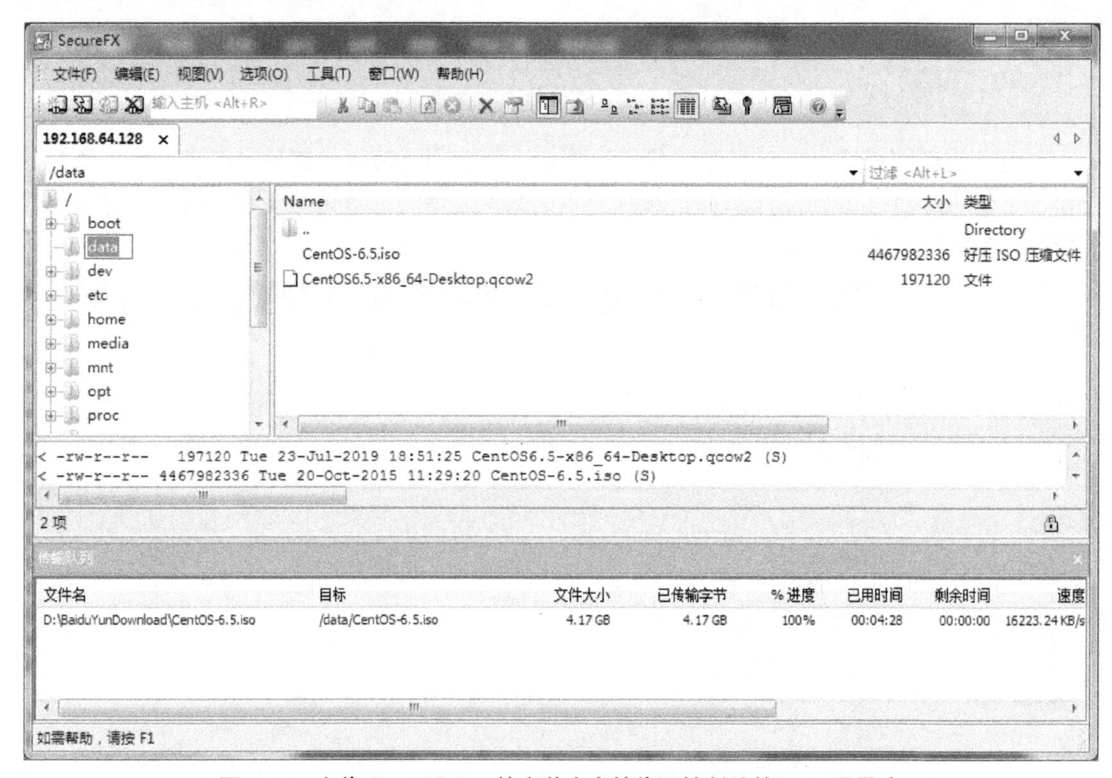

图 4.14　上传 CentOS 6.5 的安装光盘镜像至控制端的/data 目录中

磁盘创建好之后就可以创建一个虚拟机，将操作系统安装到创建的虚拟磁盘上。

接着创建虚拟机并为虚拟机指定磁盘和光驱，通过参数 m 指定创建内存为 1024MB；参数-boot d 表示使用光驱引导；参数-nographic -vnc:0 表示使用 VNC 远程访问控制台。

```
#网卡参数也可不设置
【/usr/libexec/qemu-kvm -m 1024 \
>-cdrom /data/CentOS-6.5.iso \
>-drive file=/data/CentOS6.5-x86_64-Desktop.qcow2,if=virtio \
```

>-net nic,model=virtio -net tap,script=no -boot d -nographic -vnc:0】

执行上述命令后，使用 VNC Viewer 在服务器地址中输入 192.168.64.128:5900，远程连接到虚拟机，如图 4.15 所示。

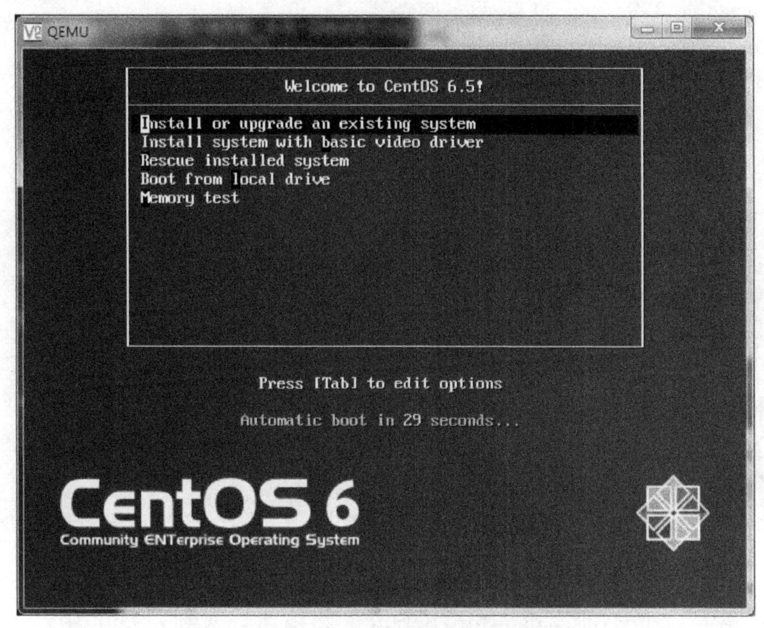

图 4.15　VNC 远程连接虚拟机控制台

在虚拟机的控制台中将系统安装完成并作相应的设置后，在控制台中关闭系统，这样就得到一个安装了系统的虚拟磁盘。接下来就需要将虚拟磁盘导入 OpenNebula，可以使用两种方法导入镜像：其一是使用 CLI 命令方式；其二是在 Sunstone 中导入镜像。无论使用哪种方式导入镜像，都需要保证 oneadmin 用户能读取镜像文件，否则导入将失败。使用 CLI 命令方式导入过程介绍如下。

以下命令在控制端执行：

【ll /data/CentOS6.5-x86_64-Desktop.qcow2】查看 CentOS6.5-x86_64-Desktop.qcow2 文件的权限。

【su - oneadmin】切换用户到 oneadmin。

【oneimage list】查看系统中的镜像列表，结果如图 4.16 所示。

```
[root@master ~]# ll /data/CentOS6.5-x86_64-Desktop.qcow2
-rw-r--r-- 1 root root 1669201920 7月  23 20:58 /data/CentOS6.5-x86_64-Desktop.qcow
[root@master ~]# su - oneadmin
上一次登录：二 7月 23 21:01:30 CST 2019pts/0 上
[oneadmin@master ~]$ oneimage list
  ID USER       GROUP      NAME            DATASTORE     SIZE TYPE PER STAT RVMS
   0 oneadmin   oneadmin   CentOS 6 - KVM  default         8G OS    No used    1
[oneadmin@master ~]$
```

图 4.16　查看系统中的镜像列表

编辑导入文件，内容如下：

```
【vim centos.one】
NAME   = "CentOS6.5-x86_64-Desktop"
PATH   = "/data/CentOSS.5-x86_64-Desktop.qcow2"
TYPE   = OS
DESCRIPTION = "centos 6.5 desktop"
DRIVER = qcow2
```

【onedatastore list】查看数据仓，效果如图 4.17 所示。

```
[oneadmin@master ~]$ cat centos.one
NAME   = "CentOS6.5-x86_64-Desktop"
PATH   = "/data/CentOSS.5-x86_64-Desktop.qcow2"
TYPE   = OS
DESCRIPTION = "centos 6.5 desktop"
DRIVER = qcow2
[oneadmin@master ~]$ onedatastore list
  ID NAME                SIZE AVAIL CLUSTERS      IMAGES TYPE DS      TM      STAT
   2 files                50G 80%   0                  0 fil  fs      ssh     on
   1 default              50G 80%   0                  1 img  fs      ssh     on
   0 system                 - -     0                  0 sys  -       ssh     on
[oneadmin@master ~]$
```

图 4.17　查看数据仓

【oneimage create centos.one --datastore default】将镜像导入到 default 中。

命令执行后添加的镜像状态为 lock，命令输出的镜像名称不完全，但在 Sunstone 中显示正常。

【oneimage list】

```
ID USER  GROUP    NAME      DATASTORE SIZE TYPE PER STAT RVMS
0    oneadmin oneadmin CentOS6.5-x86_64 default     15G OS No used 1
1    oneadmin oneadmin CentOS6.5-x86_64 default     15G OS No lock 0
```

【oneimage list】导入后镜像的状态将变为 rdy。

```
ID USER  GROUP    NAME      DATASTORE SIZE TYPE PER STAT RVMS
0    oneadmin oneadmin CentOS6.5-x86_64 default     15G OS No used 1
1    oneadmin oneadmin CentOS6.5-x86_64 default     15G OS No rdy 0
```

在 Sunstone 中添加镜像需要在左侧选中存储资源中的镜像管理，右侧窗口将显示当前镜像列表，单击列表上方的加号弹出创建磁盘镜像窗口，如图 4.18 所示。

在创建磁盘镜像窗口中输入名称、描述，选择数据仓库并在路径中输入镜像位置，再在“高级”选项卡中的驱动程序中输入 qcow2，最后单击“创建”按钮即可添加新镜像。同使用 CLI 方式相同，新添加的镜像在列表中的状态为锁定，当导入成功后状态将变为就绪。

图 4.18　创建镜像窗口

4.3.4　添加虚拟网络和模板

当镜像导入成功之后，还需要创建虚拟网络才能添加模板，最后在模板的基础上创建虚拟机。

第 1 步：添加虚拟网络。

在 Sunstone 左侧的网络中选择虚拟网络，此时右侧将显示虚拟网络列表，单击列表上方的加号，将显示创建虚拟网络页面，如图 4.19 所示。

图 4.19　创建虚拟网络

在“常规”选项中输入虚拟网络的名称，然后在“配置”选项中输入网桥和网络模式，在本例中输入网桥为 br0，网络模式选择桥接。OpenNebula 也支持 802.1q 协议的多 VLAN 中继，因此此处需要按实际情况选择。接下来需要在“地址”选项中输入 IP 起始地址和大小（即地址数量），最后单击“创建”按钮，即可创建虚拟网络。

第 2 步：创建模板。

在 Sunstone 界面的左侧选择虚拟资源中的模板管理，此时右侧将显示当前已存在的模板列表，单击列表上方的加号将显示创建虚拟机模板页面，如图 4.20 所示。

图 4.20　创建虚拟机模板页面

在“常规”选项的名称中输入模板名称，再在 Hypervisor 中选择节点类型，此处选择 KVM，在“标志”中可以为模板选择一个图标，并选择合适的内存和 CPU 数量；在“存储”选项中为模板选择磁盘镜像；在“网络”选项中为模板选择虚拟网络；在“输入/输出”中选择控制台设备；最后在“调度”中选择运行模板的主机或集群，单击“创建”按钮即可。在本例中图形界面选择 VNC，在监听 IP 中输入 0.0.0.0，并设置访问密码。

4.3.5　创建并访问虚拟机

创建虚拟机模板之后就可以将模板实例化为虚拟机，并运行虚拟机。创建虚拟机可以在 Sunstone 界面左侧的虚拟资源中选择虚拟机管理，此时右侧将显示虚拟机列表。在列表上方单击加号，将弹出创建虚拟机页面，如图 4.21 所示。

图 4.21 创建虚拟机页面

在如图 4.21 所示的页面下方输入虚拟机名，然后选择一个模板，再单击“创建”按钮，就完成虚拟机创建了。创建完虚拟机之后，可以在虚拟机管理中查看到刚创建的虚拟机。刚创建的虚拟机不能立即访问，还需要等待系统分配资源，当资源分配完成后可以在状态中看到虚拟机处于运行状态，此时就可以访问了。如果状态为错误或其他非正常的状态，可以在列表中单击虚拟机，在虚拟机详细信息中选择日志，查看错误原因并排除错误。

当虚拟机处于运行状态时，可通过 VNC 客户端进行访问，访问端口可通过虚拟机详细信息中的模板中查看（GRAPHICS 信息）。另一个访问虚拟机的方法是，在虚拟机列表中，单击运行的虚拟机后的显示器图标，此时将在网页中显示控制台。

OpenNebula 中虚拟机还有许多操作，读者可通过阅读其官方网站的相关说明了解详情并进一步使用。

4.4 小结

OpenNebula 是一个功能十分强大而又简单的开源云计算平台，虽然目前国内使用的人较少，但可以预见在不久的将来，将会有大量的用户使用。本章介绍了 OpenNebula 的基本情况，还介绍了 OpenNebula 在 CentOS 7 中的安装和配置等内容。

第 5 章 CentOS 云计算系统运维与管理

某企业现需新建一个拥有 60 个左右客户端的小型局域网，要求使用单一平台快速实现服务器虚拟化和桌面虚拟化；使用服务器虚拟化实现各种服务，使用桌面虚拟化实现员工的桌面接入服务，为企业提供全方位的服务和桌面管理。

通过调研，网络工程师们综合考虑方案的成本和灵活性，计划基于 Linux 下的 KVM 虚拟化技术实现该企业的管理工作。Linux KVM 是开源的，成本低、灵活性强、可定制性强，得到了项目组的一致认可。

网络工程师计划在网络中心机房的两台服务器上部署基于 Linux 的企业级虚拟化平台架构，通过调研和比较，工程师们选择了国内 OPENFANS 社区推出的 CecOS 企业虚拟化产品进行部署，设计实验框架拓扑结构如图 5.1 所示。

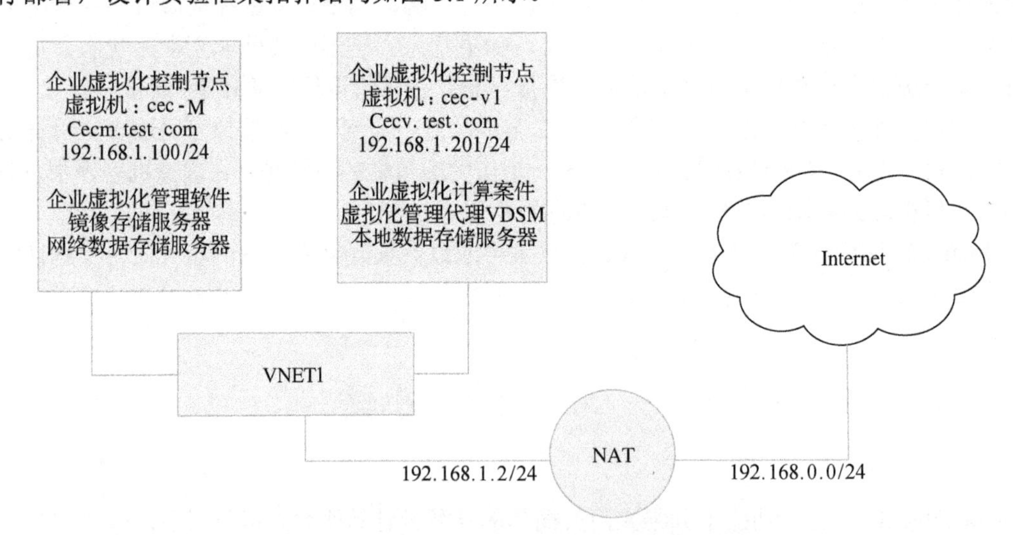

图 5.1 CecOS 企业虚拟化项目实验拓扑结构

网络工程师们计划通过两个环节对项目进行实施：第一个环节首先熟悉 CentOS Linux 上的 KVM 虚拟化技术，了解基本的 KVM 使用方法，方便日后的底层管理；第二个环节利用 CecOS 企业虚拟化建立集服务器虚拟化和桌面虚拟化于一体的工程虚拟化环境。

5.1 使用和运维 CentOS 中的 KVM 虚拟化

KVM 是第一个成为原生 Linux 内核（2.6.20）的 hypervisor，它是由 Avi Kivity 开发和维护的，现在归 Red Hat 所有，支持的平台有 AMD 64 架构和 Intel 64 架构。在 RHEL 6 以上的版本中，KVM 模块已经集成在内核里面。其他的一些发行版的 Linux 同时也支持 KVM，只是没有集成在内核里面，需要手动安装 KVM 才能使用。

在此任务中，我们将详细了解 KVM 虚拟化技术，安装包含虚拟化技术的图形界面 CentOS 系统，在 CentOS 图形界面下安装虚拟机，熟悉虚拟机管理和运维的基本命令。

5.1.1 理解 KVM 虚拟化技术

在使用 KVM 虚拟化技术之前，首先需要理解 KVM 虚拟化技术，包括 KVM 虚拟化技术对于计算机硬件的需求，分析 KVM 虚拟化技术架构，了解 KVM 的组件，了解 libvirt 组件、QEMU 组件与 virt-manager 组件，了解 KVM 所有组件的安装方法。

第 1 步：了解 CentOS 操作系统下 KVM 虚拟化的启用条件。

CPU 需要 64 位，支持 Inter VT-x（指令集 vmx）或 AMD-V（指令集 svm）的辅助虚拟化技术。通常可以在装好系统的服务器中，在 Windows 下运行如图 5.2 所示的 SecurAble 工具，看结果是否为 YES。

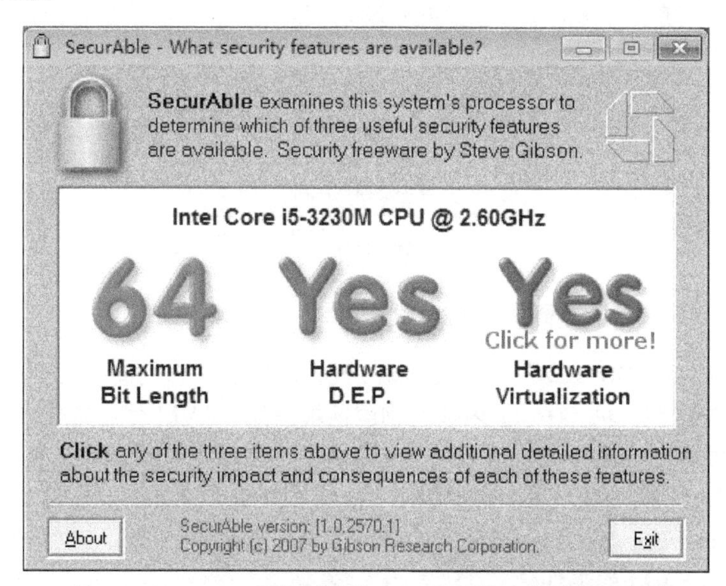

图 5.2 Windows 下检测系统 CPU 虚拟化支持情况的工具

在 Linux 系统中，如果是 Intel CPU 则在终端执行【cat /proc/cpuinfo | grep vmx】命令，如果是 AMD CPU 则在终端执行【cat /proc/cpuinfo | grep svm】命令找到 flags 部分，结果显示不为空，如图 5.3 所示，即可说明 CPU 支持并开启了硬件虚拟化功能。

```
[root@controller ~]# cat /proc/cpuinfo |grep vmx
flags           : fpu vme de pse tsc msr pae mce cx8 apic sep mtrr pge mca cmov
pat pse36 clflush dts mmx fxsr sse sse2 ss syscall nx rdtscp lm constant_tsc up
arch_perfmon pebs bts xtopology tsc_reliable nonstop_tsc aperfmperf unfair_spinl
ock pni pclmulqdq vmx ssse3 cx16 pcid sse4_1 sse4_2 x2apic popcnt tsc_deadline_t
imer aes xsave avx f16c rdrand hypervisor lahf_lm ida arat epb pln pts dts tpr_s
hadow vnmi ept vpid fsgsbase smep
[root@controller ~]# cat /proc/cpuinfo |grep svm
[root@controller ~]# _
```

图 5.3　Linux 下用命令检测 CPU 虚拟化支持情况的结果

在后续的实验中，我们将在 VMware Workstation 软件中开启嵌套的 CPU 硬件虚拟化功能，即在虚拟机中启用 CPU 的硬件虚拟化，以保证在虚拟机中也可以完成虚拟化实验。

第 2 步：分析 KVM 虚拟化技术架构。

在 CentOS 6 中，KVM 是通过 libvirt api、libvirt tool、virt-manager、virsh 这 4 个工具来实现对 KVM 管理的，KVM 可以运行 Windows、Linux、UNIX、Solaris 系统。KVM 是作为内核模块实现的，因此 Linux 只要加载该模块就会成为一个虚拟化层 hypervisor，可以简单地认为：一个标准的 Linux 内核，只要加载了 KVM 模块，这个内核就成了一个 hypervisor，但是仅有 hypervisor 是不够的，毕竟 hypervisor 还是内核层面的程序，还需要把虚拟化在用户层面体现出来，这就需要一些模拟器来提供用户层面的操作，如 qemu-kvm 程序。

图 5.4 所示为 KVM 虚拟化技术架构图。

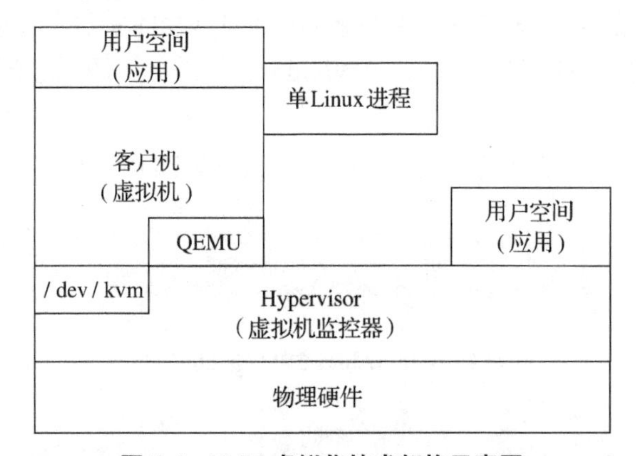

图 5.4　KVM 虚拟化技术架构示意图

每个虚拟机（GuestOS）都是通过/dev/kvm 设备映射的，它们拥有自己的虚拟地址空间，该虚拟地址空间映射到主机（Host）内核的物理地址空间。KVM 使用底层硬件的虚拟化支持来提供完整的（原生）虚拟化。同虚拟机的 I/O 请求通过主机内核映射到在主机上（hypervisor）执行的 QEMU 进程。换言之，每个虚拟机的 I/O 请求都是交给/dev/kvm 这个虚拟设备，然后/dev/kvm 通过 hypervisor 访问到主机底层的硬件资源，如文件的读写、网络发送接收等。

第 3 步：了解 KVM 的组件。

KVM 由以下两个组件实现。

- 第一个是可加载的 KVM 模块，当 Linux 内核安装该模块之后，它就可以管理虚拟化组件，并通过/proc 文件系统公开其功能，该功能在内核空间实现。
- 第二个组件用于平台模拟，它是由修改版 QEMU 提供的。QEMU 作为用户空间进程执行，并且在虚拟机请求方面与内核协调，该功能在用户空间实现。

当新的虚拟机在 KVM 上启动时（通过一个称为 KVM 的实用程序），它就成为宿主操作系统的一个进程，因此就可以像其他进程一样调度它。但与传统的 Linux 进程不一样，虚拟机被 hypervisor 标识为处于“来宾”模式（独立于内核和用户模式）。每个虚拟机都是通过 /dev/kvm 设备映射的，它们拥有自己的虚拟地址空间，该空间映射到主机内核的物理地址空间。如前所述，KVM 使用底层硬件的虚拟化支持来提供完整的（原生）虚拟化。I/O 请求通过主机内核映射到在主机上（hypervisor）执行的 QEMU 进程。

第 4 步：了解 libvirt 组件、QEMU 组件与 virt-manager 组件。

libvirt 是一个软件集合，便于使用者管理虚拟机和其他虚拟化功能，如存储和网络接口管理等；KVM 的 QEMU 组件用于平台模拟，它是由修改版 QEMU 提供的，类似 vCenter，但功能没有 vCenter 那么强大。可以简单地理解为，libvirt 是一个工具的集合箱，用来管理 KVM，面向底层管理和操作；QEMU 是用来进行平台模拟的，面向上层管理和操作。

主要的组件包介绍如下。

- QEMU-KVM 包：KVM 负责 CPU 虚拟化+内存虚拟化，实现了 CPU 和内存的虚拟化，但 KVM 并不能模拟其他设备，还必须有个运行在用户空间的工具才行。KVM 的开发者选择了比较成熟的开源虚拟化软件 QEMU 来作为这个工具，QEMU 模拟 IO 设备（网卡、磁盘等），对其进行了修改，最后形成了 QEMU-KVM。
- Python-virtinst 包：提供创建虚拟机的 virt-install 命令。
- libvirt 包：libvirt 是一个可与管理程序互动的 API 程序库。libvirt 使用 xm 虚拟化构架以及 virsh 命令行工具管理和控制虚拟机。
- libvirt-python 包：该软件包中含有一个模块，它允许由 Python 编程语言编写的应用程序使用。
- virt-manager 包：virt-manager 也称为 Virtual Machine Manager，它可为管理虚拟机提供图形工具，使用 libvirt 程序库作为管理 API。

第 5 步：了解 KVM 所有组件的安装方法。

在已经安装好的 CentOS 系统中，如果没有包含虚拟化功能，可以在配置好 yum 的情况下，使用【yum install qemu-kvm virt-manager libvirt libvirt-python python-virtinst libvirt-client -y】命令完成虚拟化管理扩展包的安装。这些软件包提供了非常丰富的工具用来管理 KVM，有的是命令行工具，有的是图形化工具。

也可以使用 CentOS 中的软件包组进行安装，软件包组名称为 Virtulization、VirtualizationClient。

5.1.2 安装支持 KVM 的图形 CentOS 系统

在前面的章节中，我们详细介绍了 CentOS 的安装过程，安装支持 KVM 的图形 CentOS 系统大致过程一样，在此将重点介绍其安装 KVM 的过程。

第 1 步：新建虚拟机。

在 VMware Workstation 中使用默认配置新建一台虚拟机，设置客户机操作系统版本为“CentOS 64 位”、虚拟机名为 C-KVM，如图 5.5 和图 5.6 所示。

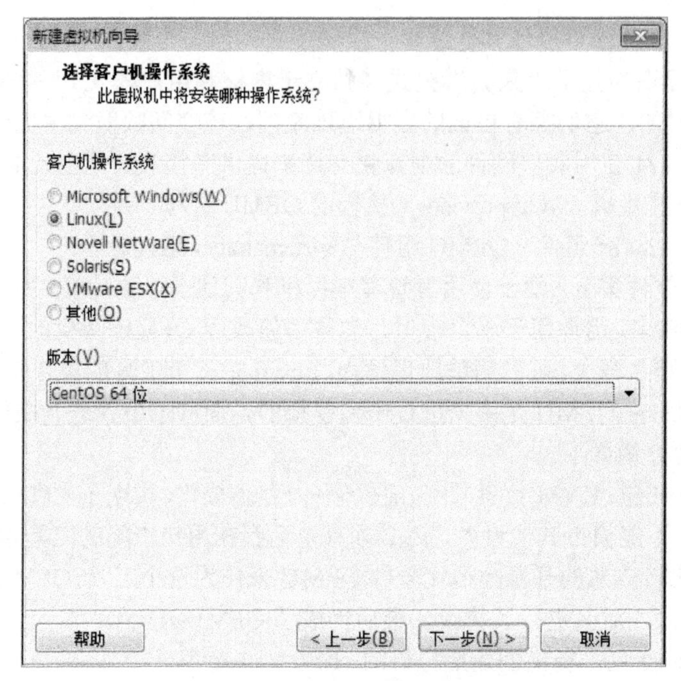

图 5.5　选择客户机操作系统

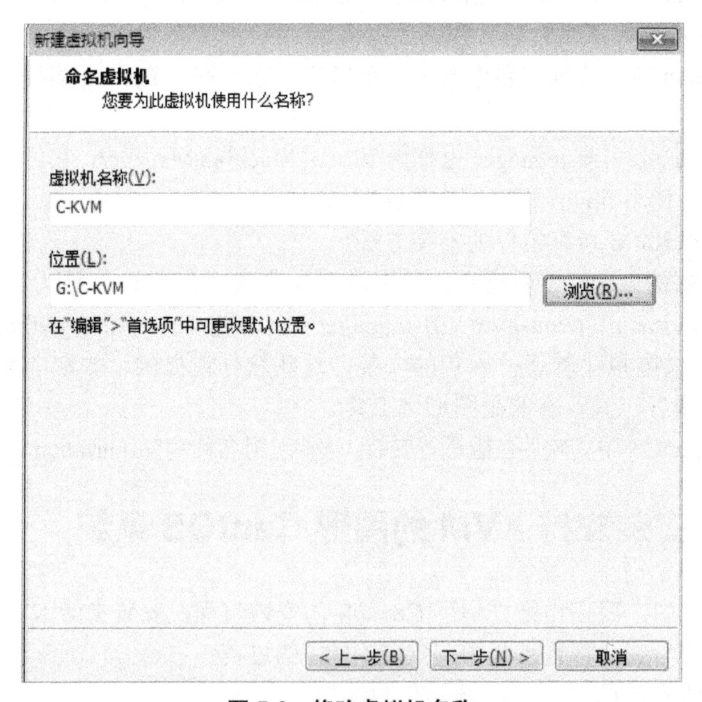

图 5.6　修改虚拟机名称

设置硬盘大小为“500GB”，选中“将虚拟磁盘存储为单个文件”选项，如图 5.7 所示。

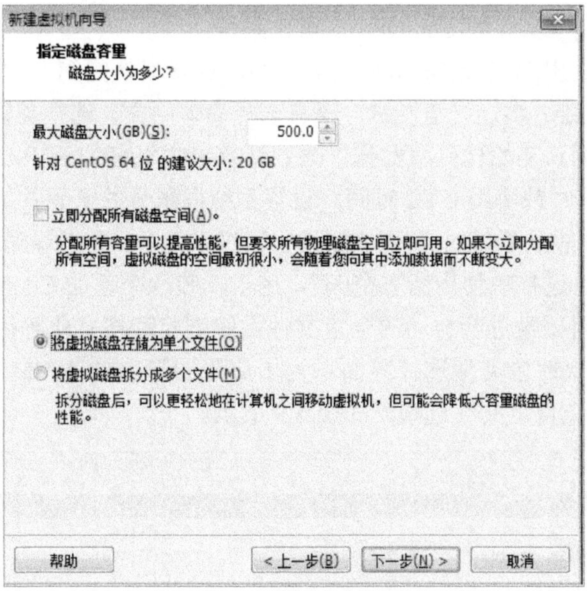

图 5.7　虚拟机硬盘设置

在自定义硬件设置中，为使虚拟机具备安装和支持“KVM 虚拟化”的条件，需修改虚拟机的配置：内存 2GB；处理器数量 2 个；启用“虚拟化 Inter VT-x/EPT 或 AMD-V/RVI”；网络设置为双网卡，网卡 1 使用桥接模式（192.168.223.0/24），网卡 2 使用自定义 VMnet1（网络为 192.168.19.0/24）；DVD 光盘挂载为 CentOS6.5 X86 64-bin.iso 虚拟光盘，设置后如图 5.8 所示。全部创建完毕后启动该虚拟机。

图 5.8　修改各项硬件参数并设置启用嵌套虚拟化支持

第 2 步：安装支持 KVM 的 CentOS 6.5 操作系统。

启动该虚拟机后，出现 CentOS 6.5 安装向导，选择默认的第一项 Install or upgrade an existing system，选择 Skip 跳过光盘测试，语言选择简体中文，选择美国英语式键盘布局，选择“是”忽略所有数据，初始化硬盘数据，设置计算机主机名为 KVMServer，选择系统时区为“亚洲/上海”，系统时钟使用 UTC 时间，设置系统根账号的密码并重复输入两次（请记住输入的根密码，方便在登录系统时使用），如果密码过于简单，会出现脆弱密码提示，单击“无论如何都使用”按钮，选择“使用所有空间”，用于安装一个新的 CentOS 系统，单击“将修改写入磁盘”按钮，将磁盘进行自动的全盘文件系统创建和格式化等操作。文件系统初始化完毕后，将进入安装软件包类型选择界面，为了启用图形化的 KVM 虚拟化的功能，选择 Desktop，并选中“现在自定义”选项，如图 5.9 所示。

图 5.9　安装软件包类型选择界面

如图 5.10 所示，在软件包选择向导中，选择“虚拟化”功能，再选中“虚拟化”“虚拟化客户端”“虚拟化工具”“虚拟化平台”4 个虚拟化包组。

然后安装向导进入系统软件包的安装过程，这大约要花费十几分钟的时间，安装完毕后，选择重新引导。

第 3 步：首次设置。

重新引导系统后，进入“首次设置”的欢迎界面，在许可证信息界面，选择“是，我同意许可证协议”，在创建用户界面，创建一个 kvmuser 用户并设置密码，在系统日期和时间界面，直接单击“前进”按钮。在 Kdump 设置界面，取消选中“启用 kdump”选项，单击“完成”按钮；重新启动进入系统登录界面。

图 5.10 自定义软件包组向导

第 4 步：登录系统。

如图 5.11 所示，使用 kvmuser 用户和密码登录系统，选择“应用程序”→“系统工具”→“虚拟系统管理器”命令，用于确认是否安装了 KVM 虚拟化图形管理器。

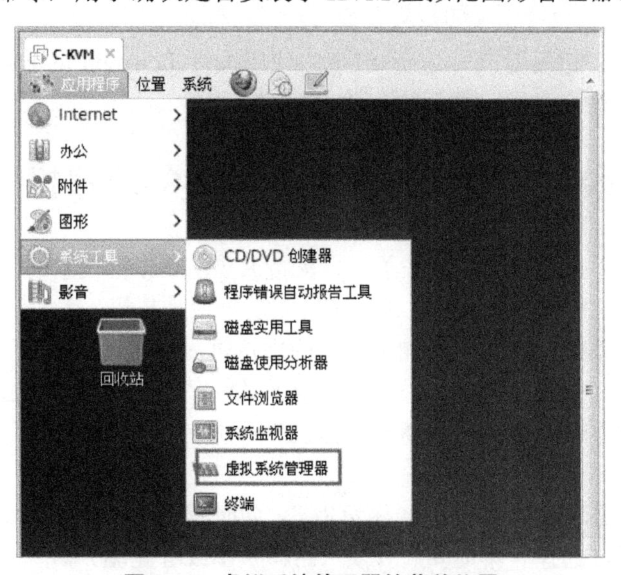

图 5.11 虚拟系统管理器的菜单位置

如图 5.12 所示，打开“虚拟系统管理器”后，用根用户密码验证进入该软件的界面。至此，带有虚拟化功能的 CentOS 系统就已经安装好了。

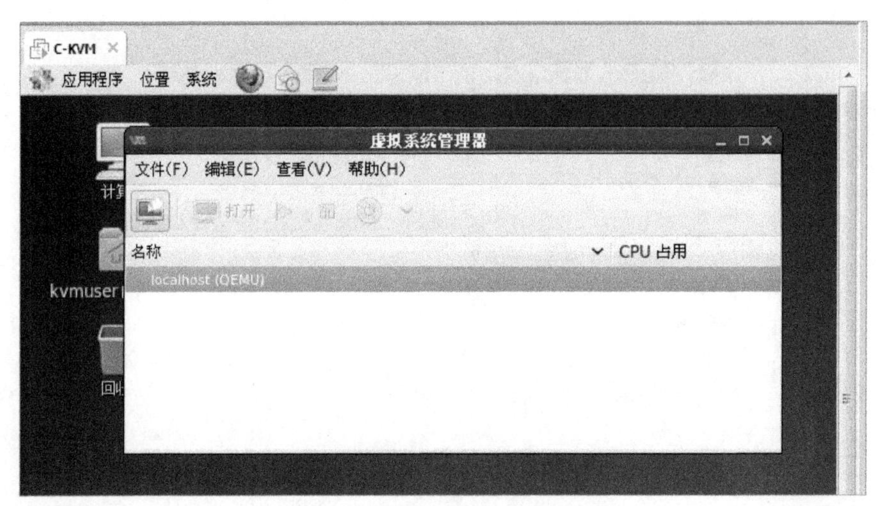

图 5.12　虚拟系统管理器界面

第 5 步：关闭 SELinux 与防火墙。

为避免在后续的任务中增加初学者的难度，我们通常在系统安装完毕后关闭系统的 SELinux 和防火墙两项功能。

- 禁用 SELinux：在超级用户（root）终端中使用【vim /etc/sysconfig/selinux】命令，找到 SELINUX=enforcing 行，将 SELINUX=enforcing 修改为 SELINUX=disabled。重新启动系统生效，使用【getenfoce】命令进行检查，如果返回 disabled，即表示设置成功。
- 禁用防火墙：在超级用户（root）终端中使用执行【chkconfig iptables off】和【service iptables stop】命令，即可关闭防火墙。

5.1.3　安装与配置 CentOS 系统中的虚拟机

在前面的小节中，我们已经安装好了一台支持 KVM 虚拟机技术的 CentOS 操作系统，在本节中，我们将在前面安装好的 CentOS 系统中安装一台虚拟机。

第 1 步：在虚拟系统管理器中添加一台新的虚拟机。

选择“应用程序”→“系统工具”→“虚拟系统管理器”命令，右击 localhost（QEMU）管理器，选择“新建”命令，出现“新建虚拟机”添加向导，将通过以下 5 步完成虚拟机的创建。

（1）如图 5.13 所示，输入虚拟机名称为 Test，同时确认 WMware Workstation 中是否插入了系统光盘，确认后，选择“本地安装介质（ISO 映像或者光驱）”。

（2）如图 5.14 所示，选择安装介质和操作系统类型，安装介质选择“使用 CD-ROM 或 DVD”，操作系统类型选择 Linux，版本设为 Red Hat Enterprise Linux 6，单击“前进”按钮。

（3）如图 5.15 所示，设置虚拟机的内存为“1024MB”、CPU 为“1”个，单击“前进”按钮。

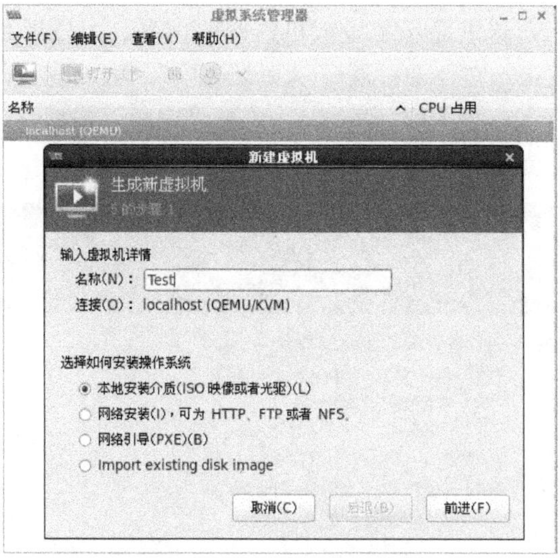

图 5.13　设置虚拟机名称

图 5.14　设置安装介质和操作系统类型

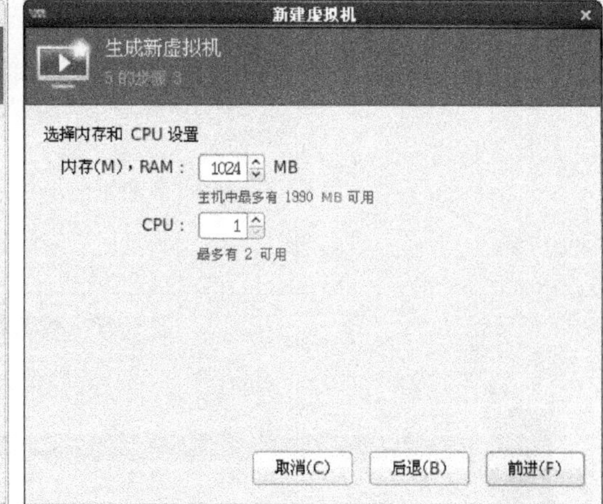

图 5.15　设置内存和 CPU

（4）如图 5.16 所示，勾选“为虚拟机启用存储”选项，设置存储的磁盘镜像大小为“20GB”，取消勾选“立即分配整个磁盘”选项，单击“前进”按钮。

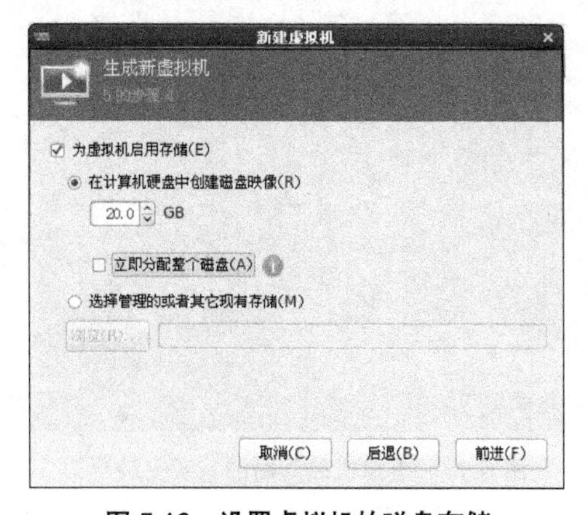

图 5.16　设置虚拟机的磁盘存储

（5）如图 5.17 所示，这里显示了虚拟机的概要信息，可以看到虚拟机硬盘文件存储在/var/lib/libvirt/images/Test.img 文件中；展开“高级选项”，可以看到，默认的虚拟机网络采用 NAT 模式，虚拟类型为 kvm，架构为 x86_64。单击“完成”按钮后，虚拟机自动启动，进入了 CentOS 操作系统的安装过程，如图 5.18 所示。

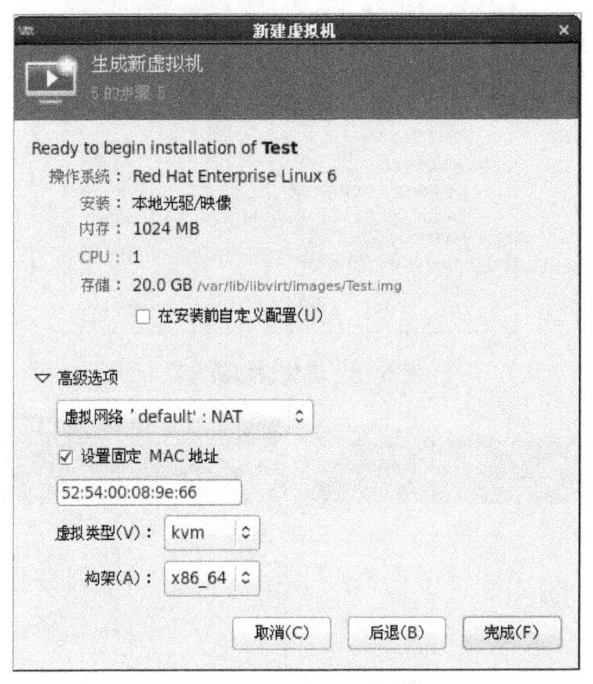

图 5.17　虚拟机的相关信息

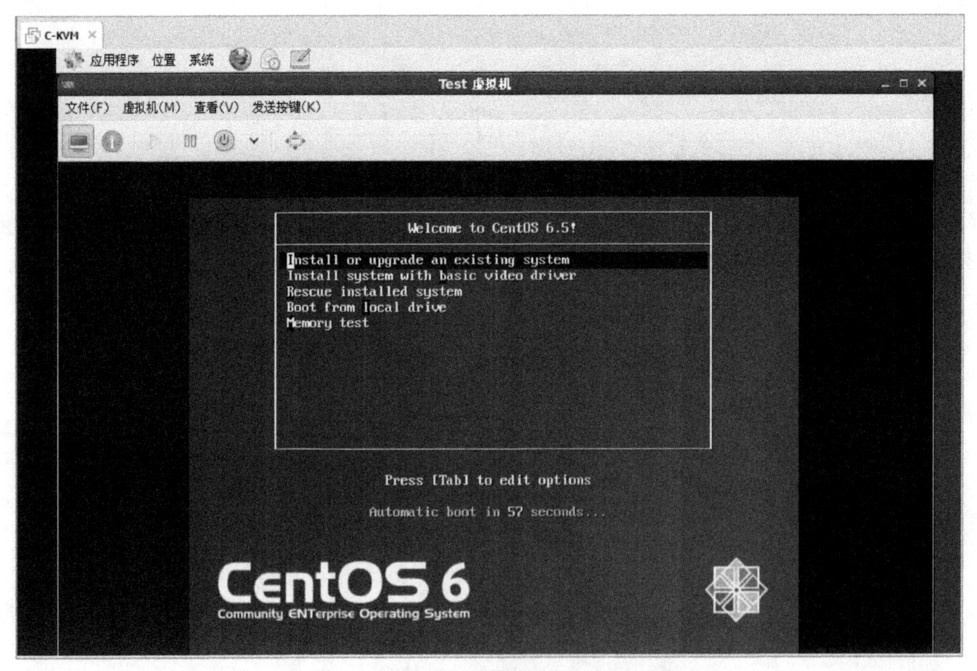

图 5.18　虚拟机启动后的系统安装界面

第 2 步：管理虚拟系统。

在虚拟系统管理器中，可以使用“编辑”菜单中的 Connection Details 命令，对整个虚拟系统的网络和存储进行设置，主要包括 4 个功能选项卡。

（1）概况：整个虚拟系统的信息概况显示、监控和统计，如图 5.19 所示。

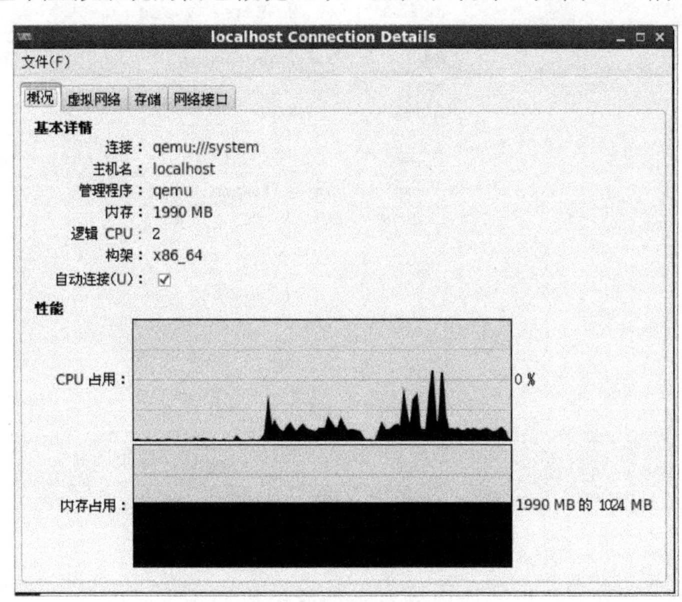

图 5.19　虚拟机概况

（2）虚拟网络：用于设置若干个内部网络的类型，可以实现隔离的内部网络和 NAT 网络两种功能，默认含有一个 default 网络可以实现 NAT 网络转发功能，虚拟机通过该网络可路由到外部网络中，如图 5.20 所示。

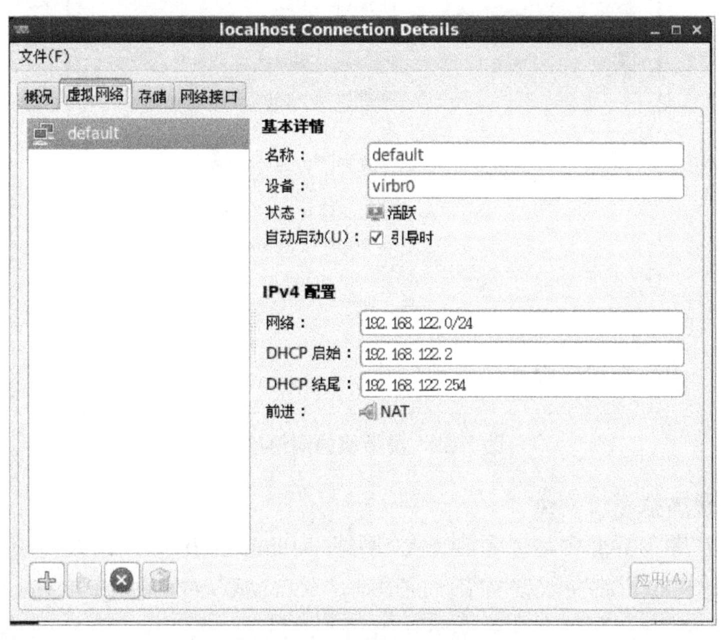

图 5.20　虚拟机的虚拟网络

（3）存储：主要设置系统的镜像存储的位置和显示镜像存储的信息，如图 5.21 所示。

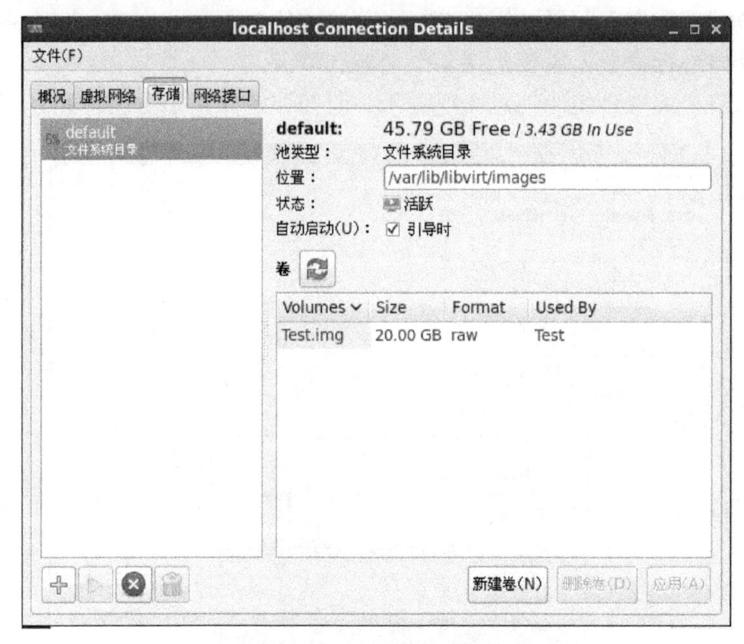

图 5.21　虚拟机的存储

（4）网络接口：设置虚拟机的接口信息，使虚拟机通过显示的接口列表连接到相应的网络中去，实现网络功能，如图 5.22 所示。

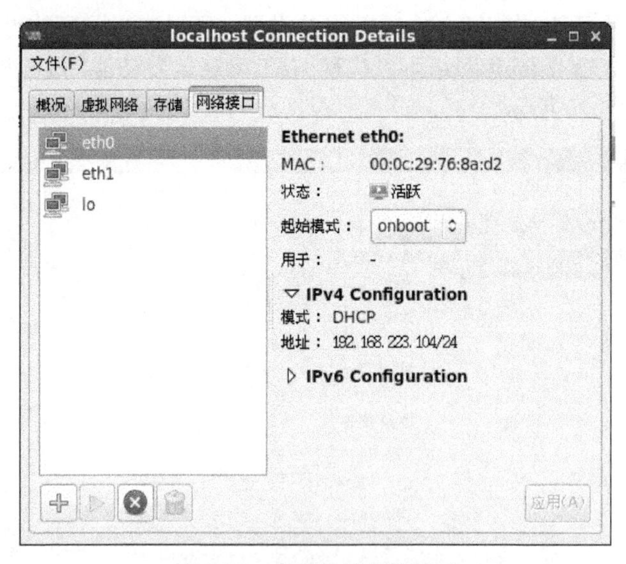

图 5.22　虚拟机的网络接口

第 3 步：设置虚拟系统网络。

NAT 网络：在图形界面中可以看到 NAT 网络 Default 的 IPv4 网络段为 192.168.122.0/24，代表接入该网络的虚拟机将获取该网络段的地址，并自动获取网关为 192.168.122.1，在系统中可以通过【ifconfig virbr0】命令查看 virbr0 的网卡地址为 192.168.122.1，如图 5.23 所示。

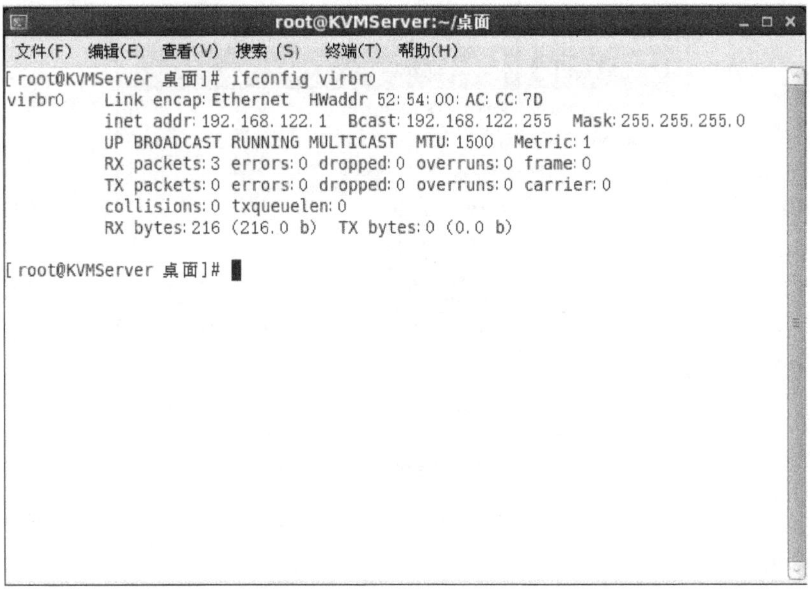

root@KVMServer:~/桌面
文件(F) 编辑(E) 查看(V) 搜索(S) 终端(T) 帮助(H)
[root@KVMServer 桌面]# ifconfig virbr0
virbr0   Link encap:Ethernet HWaddr 52:54:00:AC:CC:7D
          inet addr:192.168.122.1 Bcast:192.168.122.255 Mask:255.255.255.0
          UP BROADCAST RUNNING MULTICAST MTU:1500 Metric:1
          RX packets:3 errors:0 dropped:0 overruns:0 frame:0
          TX packets:0 errors:0 dropped:0 overruns:0 carrier:0
          collisions:0 txqueuelen:0
          RX bytes:216 (216.0 b) TX bytes:0 (0.0 b)
[root@KVMServer 桌面]#

图 5.23 NAT 网关信息

隔离网络：如图 5.24 所示，在“虚拟网络”中新建一个虚拟网络并命名为 net1。

虚拟系统管理器
文件(F) 编辑(E) 查看(V) 帮助(H)
名称
Test
运行中
localhost Connection Details
文件(F)
概况
虚拟网络
存储
default
创建新的虚拟网络
为您的虚拟网络命名
请为您的虚拟网络选择一个名称：
网络名称(N)：net1
示例：network1
取消(C)
后退(B)
前进(F)
应用(A)

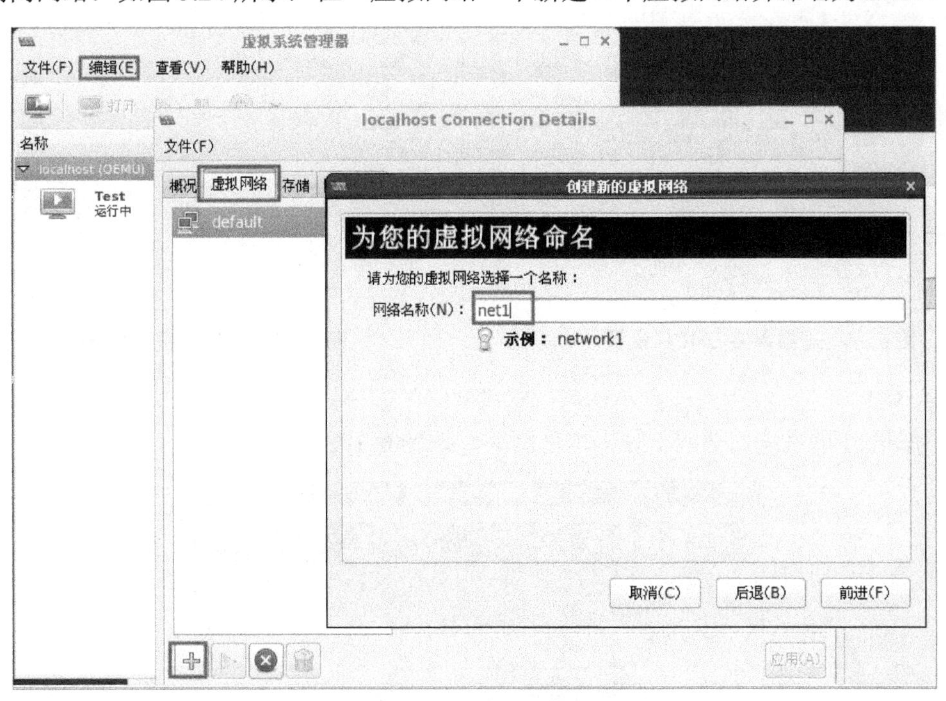

图 5.24 新建虚拟网络

如图 5.25 所示，设置内部网络地址为 192.168.100.0/24。

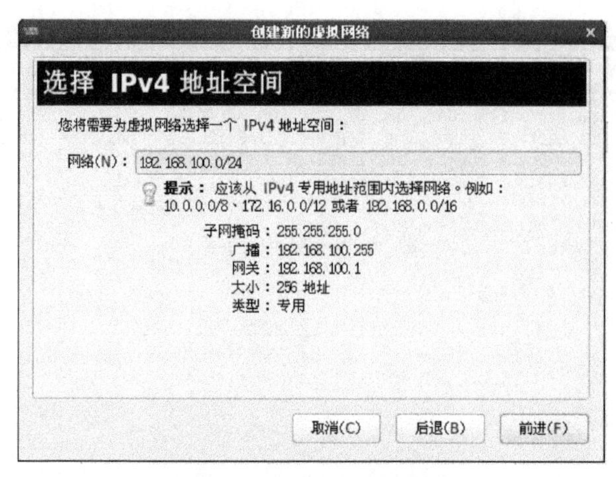

图 5.25 虚拟网络 IP 配置

如图 5.26 所示，设置 DHCP 的 IP 地址分配范围；如图 5.27 所示，设置物理网络连接为“隔离的虚拟网络”。

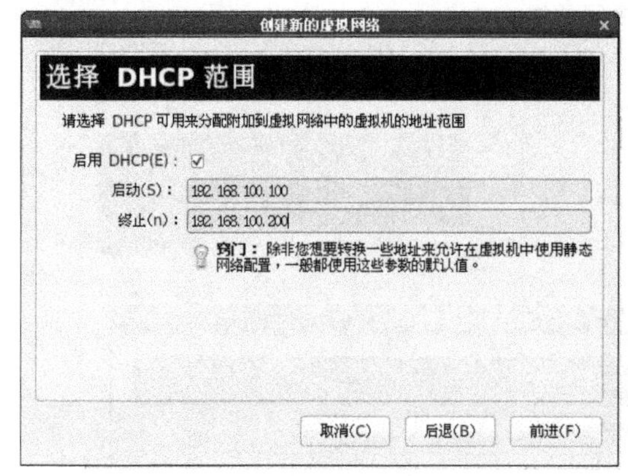

图 5.26 虚拟网络 DHCP 设置

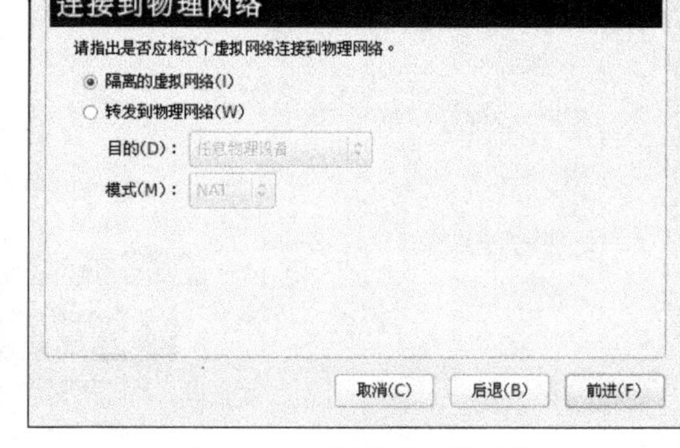

图 5.27 设置物理网络连接

如图 5.28 所示，在生成信息小结后，完成网络的创建。如图 5.29 所示，系统将自动生成一个名为 virbr1 的系统内部网卡作为内部网关，地址为 192.168.100.1。

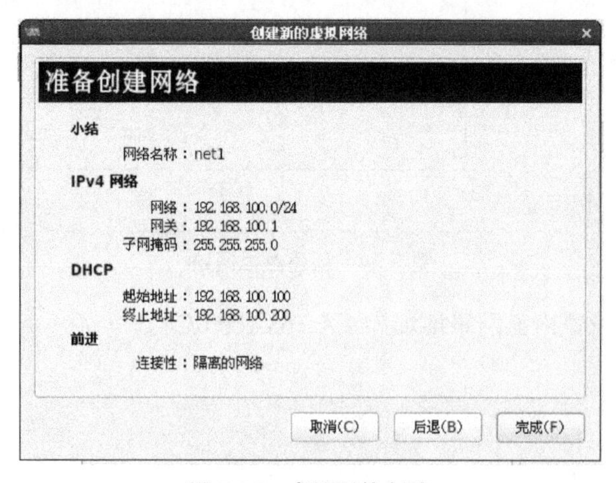

图 5.28 虚拟网络创建

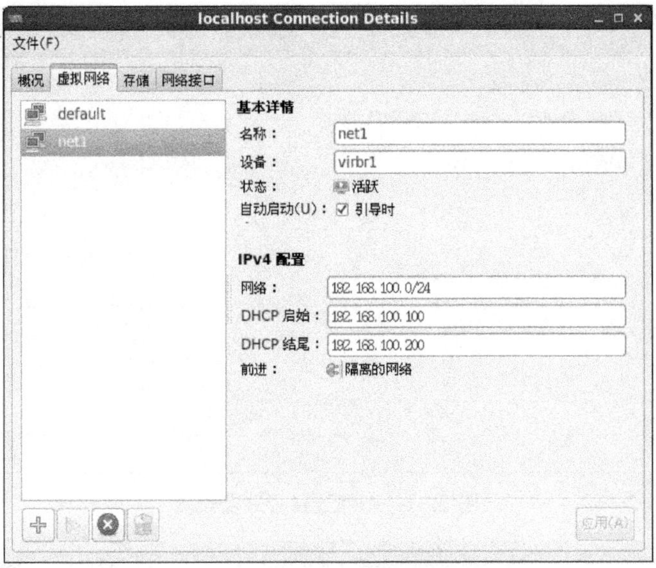

localhost Connection Details
文件(F)
概况
虚拟网络
存储
网络接口
default
net1
基本详情
名称：
net1
设备：
virbr1
状态：
活跃
自动启动(U)：
引导时
IPv4 配置
网络：
192.168.100.0/24
DHCP 启始：
192.168.100.100
DHCP 结尾：
192.168.100.200
前进：
隔离的网络
应用(A)

图 5.29 创建后的虚拟网络信息

第 4 步：设置虚拟系统存储池。

在虚拟机存储池界面单击+按钮，系统支持 8 个类型的存储池设置，如图 5.30 所示，在这里将添加一个名称为 storage、类型为“dir:文件系统目录”的存储池。

localhost Connection Details
文件(F)
概况
虚拟网络
存储
网络接口
default
文件系统目录
添加新存储池
添加存储池
第一步
请指定以后用来分成虚拟机存储的存储位置。
名称(N)：
storage
类型(T)：
dir: 文件系统目录
disk: 网络磁盘设备
fs: 预先格式化的块设备
iscsi: iSCSI 目标
logical: LVM 卷组
mpath: Multipath Device Enumerator
netfs: 网络导出的目录
scsi: SCSI Host Adapter
后退(B)
前进(F)
新建卷(N)
删除卷(D)
应用(A)

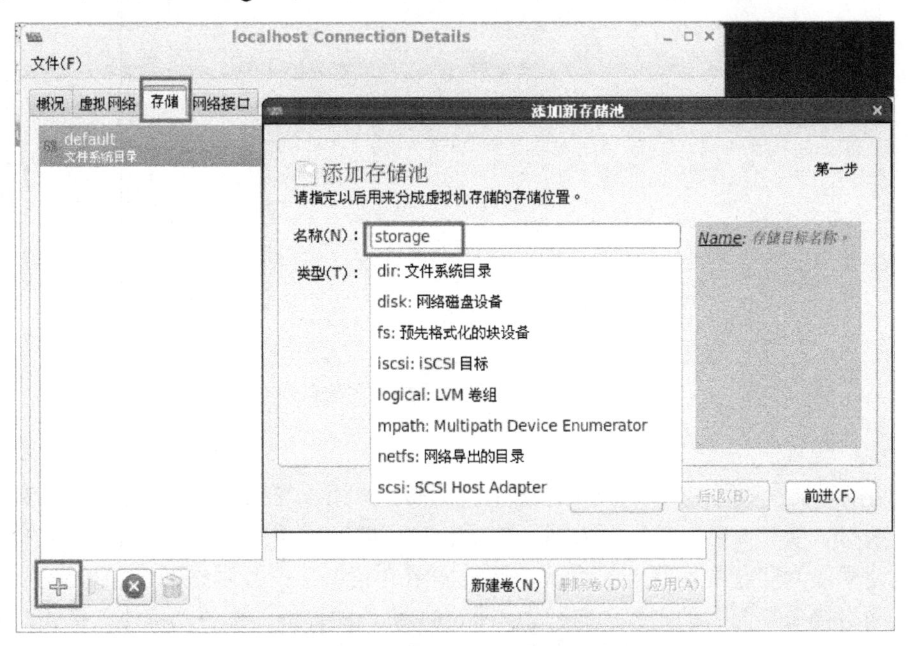

图 5.30 存储池名称类型设置

如图 5.31 所示，使用【mkdir/storage】命令在根目录下创建一个目录，将该目录设置为存储池的位置。此时可以看到添加后的效果如图 5.32 所示。

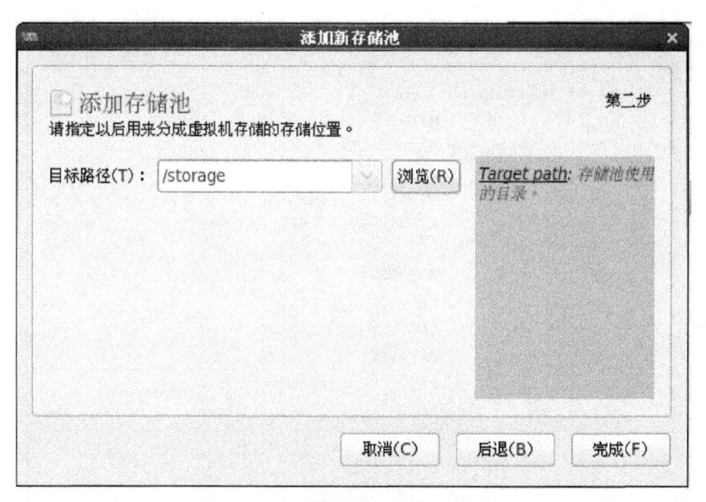

图 5.31　存储池目标路径设置

图 5.32　存储池添加后的信息

第 5 步：设置网络接口（桥接）。

在网络接口设置项目中，可以添加和设置网络接口，用于虚拟机接口设备，主要支持 4 种接口模式：桥接、绑定（Bond）、以太网（Ethernet）、虚拟局域网（VLAN）。因为在实际应用中桥接是使用最为广泛的网络连接方式，因此本节介绍一下桥接网络的添加步骤。

单击网络接口界面中的+按钮，出现如图 5.33 所示的界面，选择“桥接”模式，单击“前进”按钮；接着添加一个 br0 桥接网卡，并将 br0 桥接到 eth0 外网网卡上，设置 Start mode 为“onboot（开机启动）”，勾选“Activate now”，单击 IP settings 的 Configure 按钮，设置静态 IP 为 192.168.223.188、网关为 192.168.223.254，设置 Bridge settings 中的 STP 为 off，如图 5.34～图 5.36 所示。设置完成后可以得到如图 5.37 所示的桥接网卡状况。

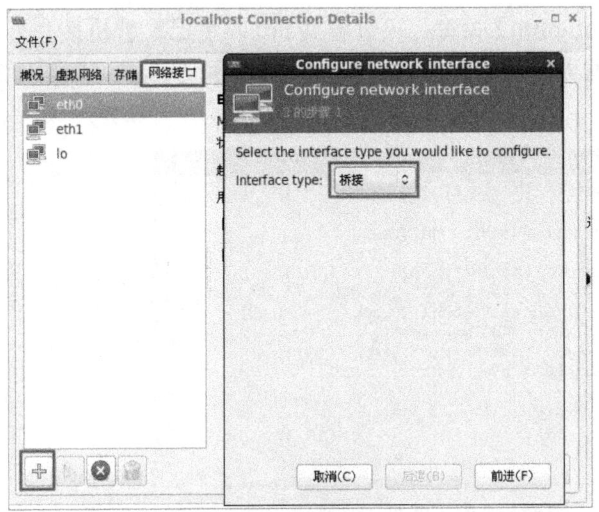

图 5.33　接口类型配置

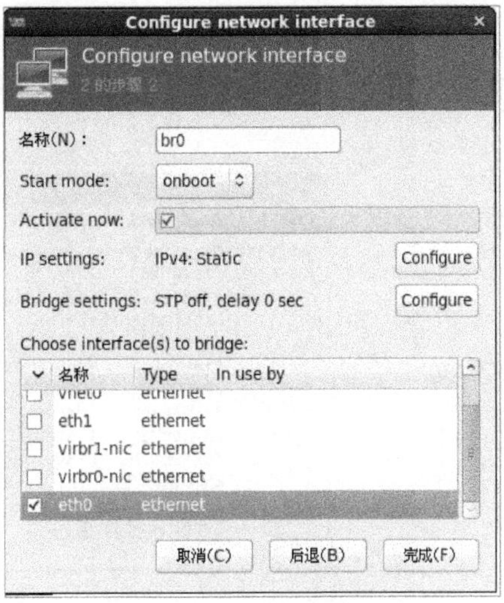

Configure network interface

Configure network interface

名称(N)：br0

Start mode: onboot

Activate now:

IP settings: IPv4: Static　Configure

Bridge settings: STP off, delay 0 sec　Configure

Choose interface(s) to bridge:

名称	Type	In use by
vnet0	ethernet	
eth1	ethernet	
virbr1-nic	ethernet	
virbr0-nic	ethernet	
eth0	ethernet	

取消(C)　后退(B)　完成(F)

图 5.34　网卡接口信息配置

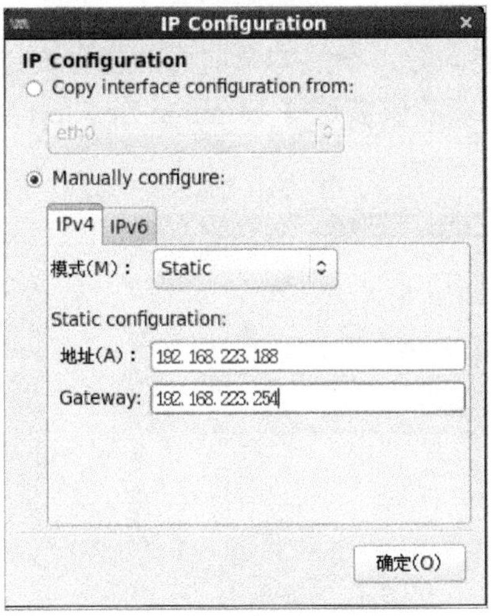

IP Configuration

IP Configuration

Copy interface configuration from:

eth0

Manually configure:

IPv4　IPv6

模式(M)：Static

Static configuration:

地址(A)：192.168.223.188

Gateway: 192.168.223.254

确定(O)

图 5.35　手动配置桥接接口 IP

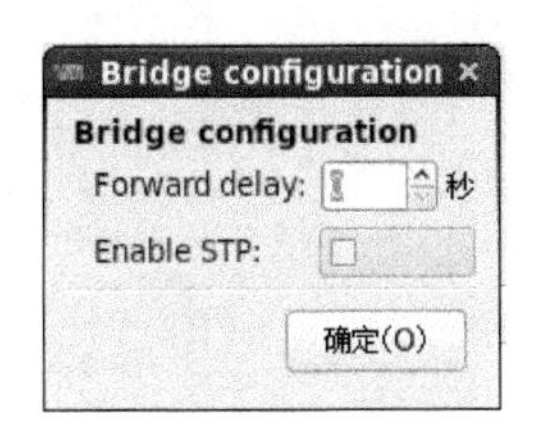

图 5.36　桥接设置

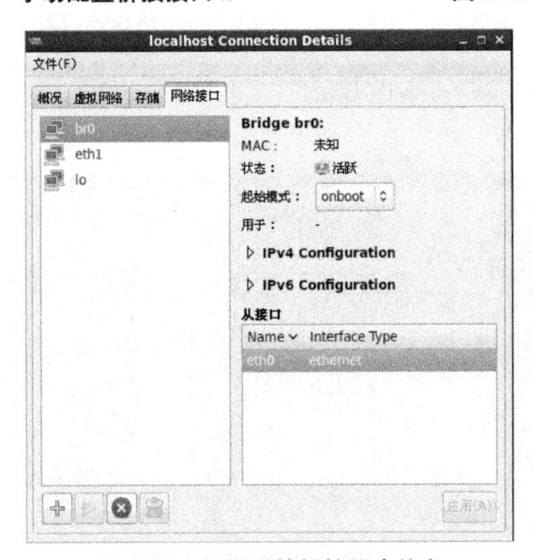

图 5.37　设置后的桥接网卡信息

设置完成后在系统终端中输入【ifconfig br0】命令，可以看到 br0 网卡已经被桥接到外部网络了，今后连接到该接口上的虚拟机就可以直接配置外部地址进行相互访问了，如图 5.38 所示。

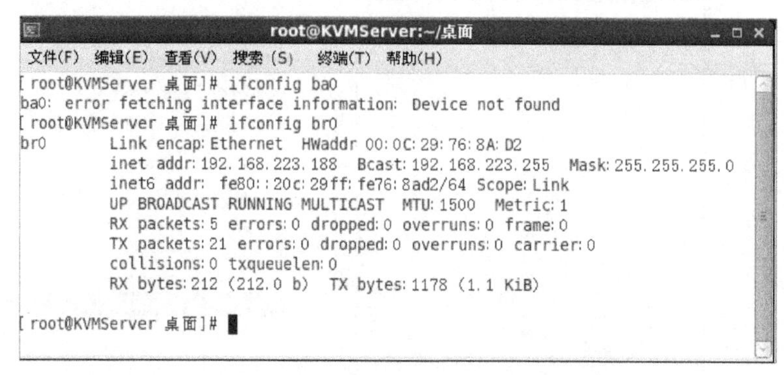

图 5.38　查看 br0 网卡信息

第 6 步：安装虚拟机。

在虚拟机启动后，可以按照 CentOS 安装向导，参照本章前面的步骤安装一台 Minimal Desktop 模板的系统。设置主机名为 Test，关键步骤安装选择 Minimal Desktop 类型，如图 5.39 所示。安装完成后的系统如图 5.40 所示。

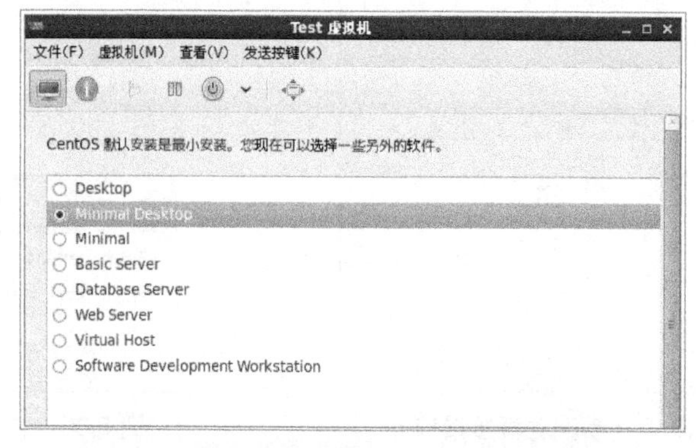

图 5.39　安装类型选择 Minimal Desktop 类型

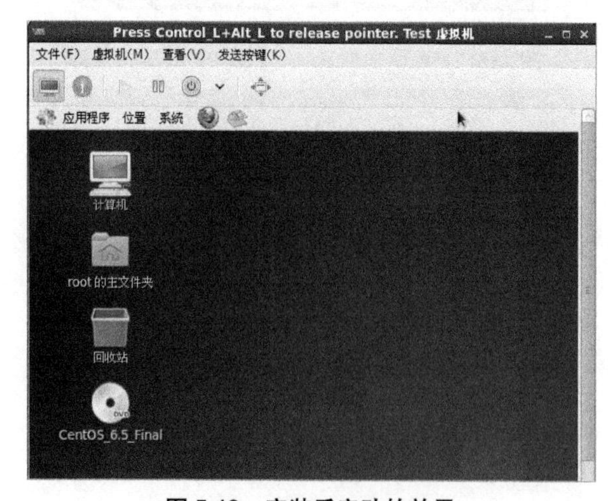

图 5.40　安装后启动的效果

第 7 步：设置虚拟机的参数信息。

从图 5.41 所示的虚拟机信息页中，可以看到 Test 虚拟机的所有硬件属性。

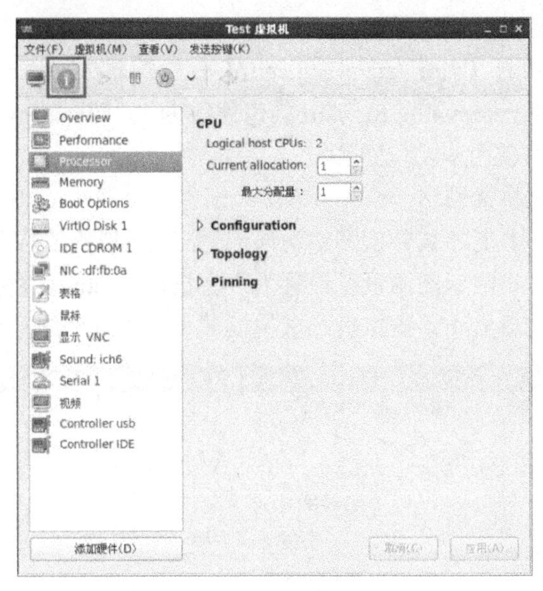

图 5.41　虚拟机信息页

Test 虚拟机的主要硬件属性介绍如下。

- Overview：虚拟机概况。
- Performance：虚拟机性能监控图表。
- Processor：虚拟机处理器信息设置。
- Memory：虚拟机内存信息设置。
- Boot Options：启动设备参数。
- VirtIO Disk 1：虚拟机磁盘信息。
- IDE CDROM 1：虚拟光驱信息。
- NIC:XX:XX:XX：网卡信息（XX:XX:XX 为网卡 MAC 地址的后三段）。
- 表格：虚拟光标设备。
- 鼠标：虚拟鼠标设备。
- 显示 VNC：虚拟机显示连接协议。
- Sound:ich6：声卡设置。
- Serial 1：串口设置。
- 视频：虚拟机显卡设置。
- Controller usb：虚拟 USB 设备控制器。
- Controller IDE：虚拟 IDE 设备控制器。

以上具体功能设置均较为简单，使用者可尝试修改一些常规参数任务，如修改系统的内存大小，修改系统文件系统的引导启动顺序，修改 CPU 的个数等。本节接下来将重点介绍网络和显示部分的设置。

第 8 步：设置虚拟机 NAT 网络。

虚拟机安装好后，如果只需要访问外部网络，而不需要被外部网络访问，默认使用的 NAT 网络方式即可满足要求。但是由于 NAT 模式需要系统服务的支持，因此要想实现 NAT 功能，需要在系统中启用路由转发功能，具体方法如下。

在超级用户终端中执行【vim /etc/sysctl.conf】命令编辑/etc/sysctl.conf 这个文件，找到 net.ipv4.ip_forward=0，将 net.ipv4.ip_forward 的值修改为 1，即 net.ipv4.ip_forward=1，然后执行【sysctl-p】命令，即可使用 NAT 功能。

第 9 步：设置虚拟机桥接网络。

如果需要安装的服务器能够被外部网络访问，一般将虚拟机的网卡设置为使用桥接网络，在虚拟机详细信息页中，将网卡的源设备设置为"主机设备 eth0（桥接'br0'）"，如图 5.42 所示，然后关闭虚拟机并重新启动该虚拟机，虚拟机即可与外部网络直接进行桥接访问。

Press Control_L+Alt_L to release pointer. Test 虚拟机
文件(F) 虚拟机(M) 查看(V) 发送按键(K)
Overview
Performance
Processor
Memory
Boot Options
VirtIO Disk 1
IDE CDROM 1
NIC :df:fb:0a
表格
鼠标
显示 VNC
Sound: ich6
Serial 1
视频
Controller usb
Controller IDE
虚拟网络接口
源设备：
主机设备 eth0 (桥接 'br0')
Device model:
virtio
MAC 地址：
52:54:00:df:fb:0a

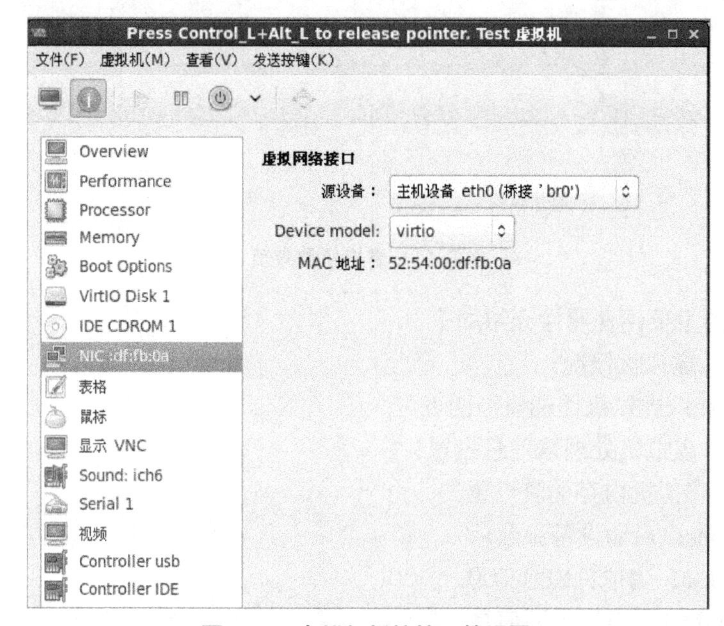

图 5.42　虚拟机桥接接口的设置

例如，将虚拟机内部的 eth0 网卡地址设置为 192.168.223.88，网关设置为 192.168.223.254，DNS 为适当的正确设置，则虚拟机即可访问互联网，如图 5.43 所示。

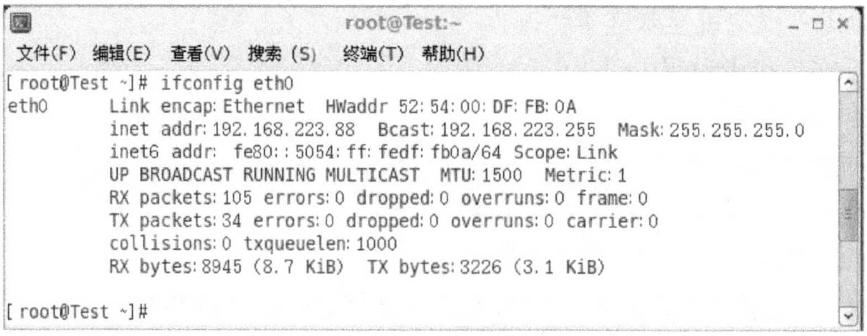

root@Test:~
文件(F) 编辑(E) 查看(V) 搜索(S) 终端(T) 帮助(H)
[root@Test ~]# ifconfig eth0
eth0 Link encap:Ethernet HWaddr 52:54:00:DF:FB:0A
inet addr:192.168.223.88 Bcast:192.168.223.255 Mask:255.255.255.0
inet6 addr: fe80::5054:ff:fedf:fb0a/64 Scope:Link
UP BROADCAST RUNNING MULTICAST MTU:1500 Metric:1
RX packets:105 errors:0 dropped:0 overruns:0 frame:0
TX packets:34 errors:0 dropped:0 overruns:0 carrier:0
collisions:0 txqueuelen:1000
RX bytes:8945 (8.7 KiB) TX bytes:3226 (3.1 KiB)
[root@Test ~]#

图 5.43　eth0 网卡配置效果图

可以使用【ping】命令测试与外部网络的连通性，结果如图 5.44 所示。

```
root@Test:~
文件(F) 编辑(E) 查看(V) 搜索(S) 终端(T) 帮助(H)
[root@Test ~]#
[root@Test ~]# ping www.baidu.com
PING www.baidu.com (14.215.177.37) 56(84) bytes of data.
64 bytes from 14.215.177.37: icmp_seq=1 ttl=55 time=18.8 ms
64 bytes from 14.215.177.37: icmp_seq=2 ttl=55 time=11.1 ms
64 bytes from 14.215.177.37: icmp_seq=3 ttl=55 time=11.4 ms
^C
--- www.baidu.com ping statistics ---
3 packets transmitted, 3 received, 0% packet loss, time 2654ms
rtt min/avg/max/mdev = 11.101/13.791/18.868/3.594 ms
[root@Test ~]#
```

图 5.44 使用 ping 命令测试与外部网络的连通性效果图

第 10 步：使用 VNC 客户端访问虚拟机。

虚拟机安装好后，最为简单的访问方法就是使用【virt-viewer +虚拟机名】命令，直接访问该虚拟机，如使用【virt-viewer Test】命令可以直接访问虚拟机。如果需要远程访问该虚拟机，就需要配置了，下面着重介绍使用远程 VNC 软件连接此虚拟机的配置步骤。

（1）安装 vncserver 软件。

【yum install -y tigervnc-server tigervnc】安装 vncserver 软件。

注意：

在 CentOS 6.x 里安装的是 tigervnc-server tigervnc，在 CentOS 5.x 里面是 vnc-server vnc。

（2）配置 vnc 密码。

运行 vncserver 后，没有配置密码，客户端是无法连接的，通过如下命令设置与修改密码：

【Vncserver】设置 vnc 密码，密码必须 6 位以上。

【Vncpasswd】修改 vnc 密码，同样，密码需要 6 位以上。

注意：

这里是为上面的 root 远程用户配置密码，所以在 root 账户下配置；为别的账户配置密码，就要切换用户，在别的账户下设密码。

（3）配置为使用 gnome 桌面。

使用【vim /root/.vnc/xstartup】命令打开 gnome 桌面的主配置文件并进行修改，将文件中最后的“twm &”删除，再添加“gnome-session &”。

（4）配置 vncserver 启动后监听端口和环境参数。

利用【vim /etc/sysconfig/vncservers】命令修改配置文件，在最后加入如下内容：

```
VNCSERVERS="1:root"
VNCSERVERARGS[1]="-geometry 1024x768" -alwaysshared -depth 24"
```

注意：

- 上面第一行是设定可以使用 VNC 服务器的账号，可以设定多个，但中间要用空格隔开。注意前面的数字 1 或 2，当你要从其他计算机来访问 VNC 服务器时，就需要用 IP:1 这种方法，而不能直接用 IP。如假定你的 VNC 服务器 IP 是 192.168.1.100，那么在想进入 VNC 服务器，并以 peter 用户登录时，需要在 vncviewer 里输入 IP 的地方输入

192.168.1.100:1，如果是 root 用户，那就是 192.168.1.100:2；

- 下面行的[1]最好与上面行的相对应，后面的 1024x768 可以换成你的计算机支持的分辨率。注意中间的“x”不是“*”，而是小写字母“x”。
- -alwaysshared 表示同一个显示端口允许多用户同时登录，-depth 代表色深，参数值有 8、16、24、32。

（5）设置 vncserver 服务在系统中运行。

修改服务的配置文件后都需要重新启动相关的服务：

【service vncserver restart】重启 vncserver 服务。

【chkconfig vncserver on】设置 vncserver 开机自动启动。

（6）测试登录。

自行搜索并下载 VNC Viewer，安装并打开，界面如图 5.45 所示。

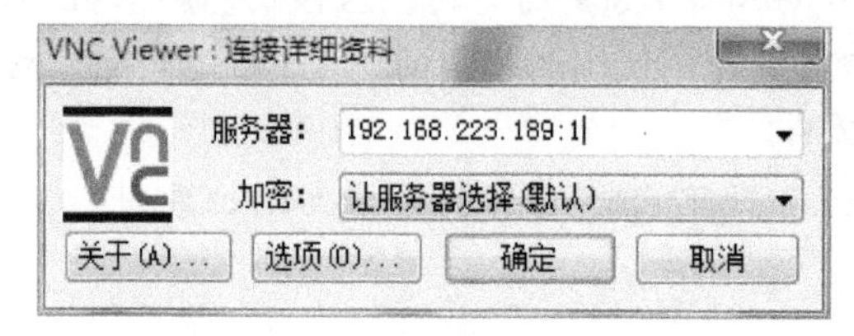

图 5.45　VNC Viewer 连接远程主机界面

输入“服务器端 IP:1”，然后单击“确定”按钮，打开如图 5.46 所示的要求输入 root 密码的提示框。

图 5.46　VNC Viewer 要求输入 root 密码提示框

输入 root 账号的密码，单击“确定”按钮，即可登录成功，登录成功的界面如图 5.47 所示。

图 5.47　VNC Viewer 登录成功界面

（7）排错。

① 检查 SELinux 服务并关闭：使用【vim /etc/selinux/config】命令编辑/etc/selinux/config 文件，设置 SELINUX 字段的值为“disabled”。

② 关闭 NetworkManager 服务。

【chkconfig --del NetworkManager】关闭 NetworkManager 服务。

③ iptables 防火墙默认会阻止 vnc 远程桌面，所以需要在 iptables 中允许通过。在启动 vnc 服务后，可以用【netstat -tunlp】命令来查看 vnc 服务所使用的端口，会发现有 5801、5901、6001 等。使用下面的命令开启这些端口。

使用【vim】命令编辑/etc/sysconfig/iptables 文件，在文件最后添加如下内容：

```
-A RH-Firewall-l-INPUT -p tcp -m tcp –dport 5801 -j ACCEPT
-A RH-Firewall-l-INPUT -p tcp -m tcp –dport 5901 -j ACCEPT
-A RH-Firewall-l-INPUT -p tcp -m tcp –dport 6001 -j ACCEPT
```

重启防火墙或者直接关闭防火墙：

【/etc/init.d/iptables restart】重启防火墙。

【/etc/init.d/iptables stop】关闭防火墙。

（8）vnc 的反向连接设置。

在大多数情况下，vncserver 总处于监听状态，vnc client 主动向服务器发出请求从而建立连接。然而在一些特殊的场合，需要让 vnc 客户机处于监听状态，vncserver 主动向客户机发出连接请求，此谓 vnc 的反向连接。主要步骤如下：

【vncviewer -listen】启动 vnc client，使 vncviewer 处于监听状态。

【vncserver】启动 vncserver。

【vncconnect -display :1 192.168.223.189（服务器 IP 地址）】在 vncserver 端执行 vncconnect 命令，发起 server 到 client 的请求。

（9）解决可能遇到的黑屏问题。

在 Linux 里安装配置完 VNC 服务端，发现多用户登录时会出现黑屏的情况，具体的现象为：客户端可以通过 IP 与会话号登录进入系统，但登录进去是漆黑一片，除了一个叉形的鼠标指针以外，什么也没有。

原因：用户的 VNC 的启动文件权限未设置正确。

解决方法：将黑屏用户的 xstartup（一般为/用户目录/.vnc/xstartup）文件的属性修改为 755（rwxr-xr-x）。然后，杀掉所有已经启动的 VNC 客户端，操作步骤如下：

【vncserver -kill :1】杀掉所有已经启动的 VNC 客户端 1；

【vncserver -kill :2】杀掉所有已经启动的 VNC 客户端 2（-kill 与:1 或:2 中间有一空格）；

【/etc/init.d/vncserver restart】重启 vncserver 服务。

注意：

vncserver 只能由启动它的用户来关闭，即使是 root 用户也不能关闭其他用户开启的 vncserver，除非用 kill 命令暴力杀死进程。

至此，本子任务结束。

5.1.4 管理和运维 CentOS 中的虚拟机

根据前面对于 CentOS KVM 虚拟化的介绍，除了使用 vin-manager 图形管理工具管理 KVM 虚拟化外，还可以使用一系列封装的管理命令进行管理。为了能够更好地进行运维和管理，系统提供了 virt 命令组、virsh 命令和 qemu 命令组，都可以对虚拟机进行管理和运维。

第 1 步：了解 virt 命令组。

virt 命令组提供了 11 条命令对虚拟机进行管理，具体见表 5.1 所示。

表 5.1 virt 命令组和功能

命 令 名	功 能
virt-clone	克隆虚拟机
virt-convert	转换虚拟机
virt-host-validate	验证虚拟机主机
virt-image	创建虚拟机镜像
virt-install	创建虚拟机
virt-manager	虚拟机管理器
virt-pki-validate	虚拟机证书验证
virt-top	虚拟机监控
virt-viewer	虚拟机访问
virt-what	探测程序是否运行在虚拟机中，是何种虚拟化
virt-xml-validate	虚拟机 XML 配置文件验证

第 2 步：了解 virsh 命令。

virsh 命令是 Red Hat 公司为虚拟化技术特意封装的一条虚拟机管理命令，该命令含有非常丰富和全面的选项和功能，基本相当于 vin-manager 图形界面程序的命令版本，覆盖了虚拟机的生命周期的全过程，在单个物理服务器虚拟化中起到了重要的虚拟化管理作用，同时也为更为复杂的虚拟化管理提供了坚实的技术基础。

使用 virsh 管理虚拟机，命令行执行效率高，可以进行远程管理，因为很多机器运行在 runlevel 3 或者远程管理工具无法调用 X-windows 的情况下，使用 virsh 能进行高效的管理。

同时在实际工作中 virsh 命令还有一个巨大的优势，那就是该命令可以用于统一管理 KVM、LXC、Xen 等各 79CDLinux 上的虚拟机管理程序，用统一的命令对不同的底层技术实现相同的管理功能。

virsh 命令主要对 12 个功能区域进行了参数划分，详细见表 5.2 所示。

表 5.2 virsh 命令的功能区域和功能

命令选项功能区域名	功 能
Domain Management	域管理
Domain Monitoring	域监控
Host and Hypervisor	主机和虚拟层
Interface	接口管理
Network Filter	网络过滤管理
Networking	网络管理

续表

命令选项功能区域名	功　　能
Node Device	节点设备管理
Secret	安全管理
Snapshot	快照管理
Storage pool	存储池管理
Storage Volume	存储卷管理
Virsh itself	自身管理功能

第3步：了解qemu命令组。

qemu是一个虚拟机管理程序，在KVM成为Linux虚拟化的主流Hypervisor之后，底层一般都将KVM与qemu结合，形成了qemu-kvm管理程序，用于虚拟层的底层管理。该管理程序是所有上层虚拟化功能的底层程序，虽然Linux系统下几乎所有的KVM虚拟化底层都是通过该管理程序实现的，但是仍然不建议用户直接使用该命令。CentOS系统对该命令进行了隐藏，该程序的二进制程序一般放在/usr/libexec/qemu-kvm下，本书仅演示该命令可以实现的一些底层功能，用于了解虚拟机的底层原理和监控，同样不建议用户直接使用该命令对虚拟机进行管理。qemu命令组命令的详细介绍见表5.3所示。

表5.3　qemu命令组

qemu命令	功　　能
qemu-kvm	虚拟机管理
qemu-img	镜像管理
qemu-io	接口管理

第4步：了解常用运维命令的使用。

（1）使用virt-install安装虚拟机。

【virt-install】是安装虚拟机的命令，方便用户在命令窗口上安装虚拟机，该命令包含许多配置参数。通过运行【virt-install　--help】命令，可以查看如下几个主要参数。

【-h,--help】显示帮助信息。

【-n　NAME,--name=NAME】虚拟机名称。

【-r　MEMORY,--ram=MEMORY】以MB为单位为客户端事件分配的内存。

【--vcpus=VCPUS】配置CPU的数量，配置如下：

```
--vcpus 5
--vcpus 5,maxcpus=10
--vcpus sockets=2,cores=4,threads=2
```

【--c　CDROM,--cdrom=CDROM】光驱安装介质。

【--l　LOCATION,--location=LOCATION】安装源。

① 存储配置。

【--disk=DISKOPTS】存储磁盘，配置如下：

```
•    ---disk path=/my/existing/disk
     --disk path=/my/new/disk,size=5(in gigabytes)
     --disk vol=poolname:volname,device=cdrom,bus=scsi,…
```

② 联网配置。

【-w NETWORK,--network=NETWORK】网络，配置如下：

```
--network bridge--mybr0-
--network network=my libvirt virtual net
--network network=mynet,model=virtio，mac=00:11:22…
```

③ 图形配置。

【--graphics=GRAPHICS】配置显示协议，配置如下：

```
--graphics vnc
--graphics spice，port=-590 1，tlsport=5902
--graphics none
--graphics vnc,password=foobar,port=-5910，keymap=ja
```

④ 其他选项。

【--autostart】配置为开机自动启动。

在命令行中，使用超级用户创建一台虚拟机，设置名称为 centos6、内存为 1024MB、硬盘文件为 tmp/centos6.img、硬盘大小为 10 GB，使用物理光驱（请确保系统的 CentOS 6.5 光盘已载入虚拟机中）安装系统。整个命令实现如下：

【virt-install --name centos6 --ram 1024 --vcpus 2 --disk path=/tmp/centos6.img,size=10,bus=virtio --accelerate -cdrom /dev/cdrom --graphics vnc,listen=0.0.0.0，port=5910 --network bridge:br0,model=virtio --os-variant rhel6】

命令执行后，会自动使用 virtviewer 工具进入虚拟机的图形接口界面，如图 5.48 所示；用户可根据以上参数对应查看虚拟机的所有信息。

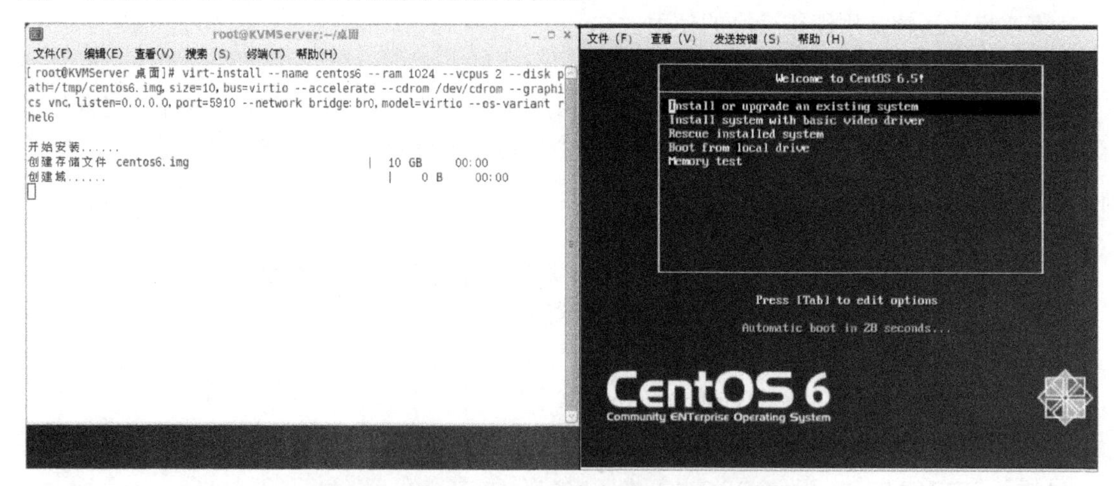

图 5.48 使用 virt-install 命令创建虚拟机效果图

（2）使用 virsh 命令管理虚拟机。

① 使用如下 virsh 查看命令，可以了解虚拟系统的各项信息。

【virsh list】列出正在运行的虚拟机。

【virsh list -all】列出所有的虚拟机。

【virsh dominfo Test】显示虚拟机的域信息。

【virsh nodeinfo】显示服务器计算节点的资源信息。

② 使用如下 virsh 控制命令，可以控制虚拟机的状态。

【virsh start Test】启动 Test 虚拟机。

【virsh suspend Test】挂起 Test 虚拟机。

【virsh resume Test】恢复 Test 虚拟机。

【virsh reboot Test】重新启动 Test 虚拟机。

【virsh shutdown centos6】关闭 centos6 的虚拟机。

【virsh destroy centos6】强制关闭 centos6 的虚拟机。

【virsh undefined centos6】从系统中删除 centos6 的虚拟机，但不删除虚拟硬盘，虚拟硬盘需要手动删除。

如果需要彻底删除虚拟机，可以使用【virsh undefine 域名 --remove-all-storage】命令，但该命令要求存储已经通过存储池和卷的形式被 virsh 管理，才可以被删除。

③ 使用【virt-clone】命令克隆虚拟机。

在克隆虚拟机之前，暂停或者关闭 Test 虚拟机：

【virsh suspend Test】

克隆虚拟机的具体命令实现如下：

【virt-clone --connect qemu://system --original=Test --name=Test2 --file=/var/lib/libvirt/images/Test2.img】

克隆成功后生成了如下虚拟机文件：

- /etc/libvirt/qemu：目录下的 Test2.xml；
- /var/lib/libvirt/images/：目录下的 Test2.img。

然后通过【virsh start Test2】命令启动虚拟机，使用【virt-viewer Test2】命令访问该虚拟机。此时可以发现，通过克隆技术，迅速地创建了一台新的虚拟机。

④ 使用【qemu-img】命令管理磁盘文件。

使用【qemu-img】命令创建磁盘，格式如下：

【qemu-img create[-f fmt][-o options]filename[size]】

作用：创建一个格式为 fmt、大小为 size、文件名为 filename 的镜像文件，例如【qemu-img create -f vmdk /tmp/centos6.vmdk 10G】。

使用【qemu-img】命令转换磁盘文件格式，格式如下：

【qemu-img convert[-C][-f fmt][-O output_fmt][-o options]filename output_filename】

作用：将 fmt 格式的 filename 镜像文件根据 options 选项转换成格式为 output_fmt、名为 output_filename 的镜像文件。例如：

【qemu-img convert -f vmdk -O qcow2 /tmp/centos6.vmdk /tmp/centos6.img】

使用【qemu-kvm】命令创建虚拟机。

qemu-kvm 是所有 KVM 虚拟机技术的最底层进程，可以做到随时随地创建，随时随地使用，随时随地关闭释放资源。以下是使用【qemu-kvm】命令创建虚拟机的过程：

【/usr/libexec/qemu-kvm -m 1024 -localtime -M pc -smp 1 -drivefile=/tmp/centos6.img,cache=writeback,boot=no -net nic,macaddr=00:0c:29:11:11:11 -cdrom /dev/cdrom -boot d -name kvm-centos6,process=kvm-centos6 -vnc:2 -usb -usbdevice tablet&】

虚拟机创建成功后，使用【vncviewer:2】命令访问。

如果要关闭该虚拟机进程，可使用如下两条命令，即先显示进程号，再通过进程号关闭进程实现。

【ps-aux | grep qemu-kvm】显示 KVM 进程号。

【kill 进程号】关闭进程。

5.2 CecOS 企业云计算平台的搭建与测试

Red Hat（红帽）公司最早开始在 Red Hat Enterprise Linux 中引入虚拟化技术，后又首先开发了 Red Hat Enterprise Virtualization 企业虚拟化产品，二者都提供 KVM 虚拟化，得到了用户的认可，但它们在 KVM 管理、功能与实施中有重大区别。

Red Hat Enterprise Linux（RHEL）适合小型服务器环境，依赖于 KVM 虚拟化。它由 Linux 内核与大量包组成，包括 Apache Web 服务器与 MySQL 数据库，以及一些 KVM 管理工具。使用 RHEL 6 可以安装并管理少量虚拟机，但不能交付最佳的性能与最优的 KVM 管理平台。当然，在小型环境中，RHEL 6 能满足开源虚拟化的所有要求。

对于企业级 KVM 虚拟化，要的是轻松的 KVM 管理、高可用性、最佳性能与其他高级功能。Red Hat Enterprise Virtualization（RHEV）包含 RHEV Manager（RHEV-M），这是集中的 KVM 管理平台，能同时管理物理与虚拟资源，并且能够满足较大管理规模的需求。

RHEV-M 能管理虚拟机与其磁盘镜像、安装 ISO、进行高可用性设置、创建虚拟机模板等，这些都能从图形 Web 界面完成，也可使用 RHEV-M 管理两种类型的 hypervisor。RHEV 自身带有一个独立的裸机 hypervisor，基于 RHEL 与 KVM 虚拟化，作为托管的物理节点使用；另外，如果想从 RHEV 管理运行在 RHEL 上的虚拟机，可注册 RHEL 服务器到 RHEV-M 控制台。

在开源领域 CentOS 对应 RHEL 操作系统，而 Ovirt 开源项目对应于 Red Hat 的 RHEV 项目，目前这两个商业产品和两个开源社区已经全面归 Red Hat 所有。Red Hat 在开源领域为 CentOS 和 Ovirt 同样提供了完善的社区服务和文档，并免费提供给用户测试和使用；在企业应用领域通过严格的软硬件测试和技术服务，Red Hat 在第一时间向授权客户提供全面商业服务。

国内开源社区 OPENFANS 利用自身强大的技术实力和研发能力，将 Ovirt 开源技术进行优化整合及本地化，推出了被称为中国企业云操作系统（Chinese Enterprise Cloud Operating System，CecOS）的企业开源云计算解决方案基础架构，通过二次开发降低了部署的难度，很好地解决了国外社区和商业软件中国本地化和易用度的问题，并以社区开源的形式提供了丰富的文档和一定的技术支持，下面将介绍该平台的搭建与使用。

5.2.1 理解 CecOS 企业云计算系统构架

CecOSvt 1.4 的环境 CecOS Virtualization（以下简称 CecOSvt）由 CecOSvt Manager（管理节点）和 CecOSvt Host（计算节点）组成，最少一个 CecOSvt Manager，主机使用 KVM

（Kemel-based Vmaual Machine）虚拟技术运行虚拟机，如图 5.49 所示。

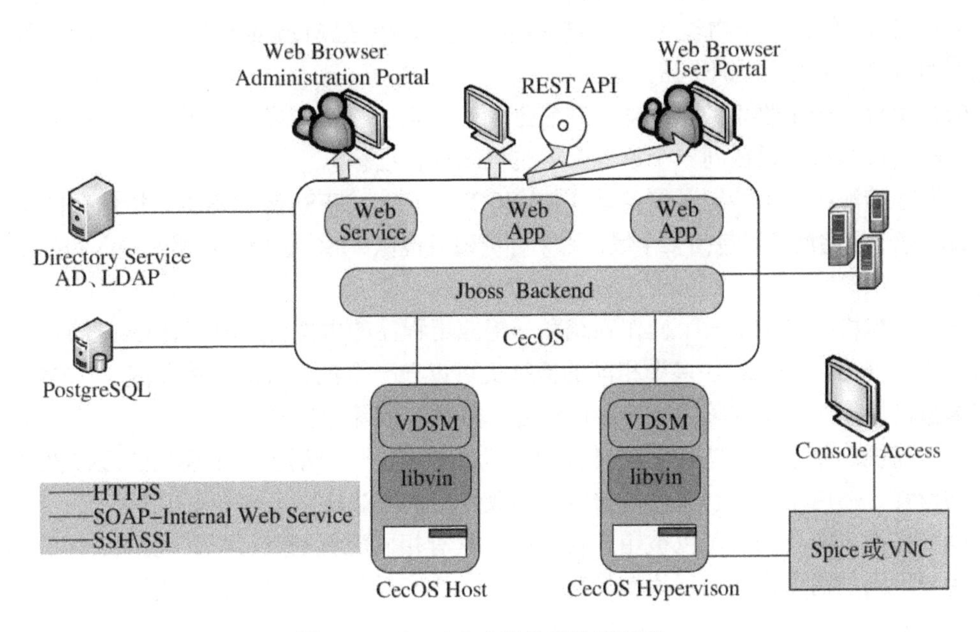

图 5.49　CecOS 虚拟化架构原理图

CecOSvt Manager 运行在一个 CecOS 服务器上，它是一个控制和管理 CecOSvt 环境的工具，可以用来管理虚拟机和存储资源、连接协议、用户会话、虚拟机镜像文件和高可用性的虚拟机。用户可以在一个网络浏览器中，通过管理界面（Administration Portal）来使用 CecOSvt。

第 1 步：了解 CecOSvt 主机（host）。

CecOSvt 主机（host）是基于 KVM，用来运行虚拟机的主机，其中含有虚拟化代理和工具程序，即运行在主机上的代理和工具程序（包括 VDSM、QEMU 和 libvirt）。这些工具程序提供了对虚拟机、网络和存储进行本地管理的功能。

第 2 步：了解 CecOSvt 管理主机。

CecOSvt 管理主机是一个对 CecOSvt 环境进行中央管理的图形界面平台，用户可以使用它查看、增添和管理资源，有时把它简称为 Manager。

第 3 步：了解必备的逻辑或物理关键组件。

- 存储域：用来存储虚拟资源（如虚拟机、模板和 ISO 文件）。
- 数据库：用来跟踪记录整个环境的变化和状态。
- 目录服务器：用来提供用户账户以及相关的用户验证功能的外部目录服务器。
- 网络：用来把整个环境联系在一起，包括物理网络连接和逻辑网络。

CecOSvt 系统的资源可以分为两类：物理资源和逻辑资源。物理资源是指那些物理存在的部件，例如主机和存储服务器；逻辑资源包括非物理存在的组件，如逻辑网络和虚拟机模板。

（1）数据中心：一个虚拟环境中的最高级别的容器（container），它包括了所有物理和逻辑资源（集群、虚拟机、存储和网络）。

（2）集群：一个集群由多个物理主机组成，它可以被认为是一个为虚拟机提供资源的资源池。同一个集群中的主机共享相同的网络和存储设备，它们共同组成一个迁移域，虚拟机可以在这个迁移域中的主机间进行迁移。

（3）逻辑网络：一个物理网络的逻辑代表。逻辑网络把 Manager、主机、存储设备和虚拟机之间的网络流量分隔为不同的组。

（4）主机：一个物理的服务器，在它上面可以运行一个或多个虚拟机。主机会被组成不同的集群，虚拟机可以在同一个集群中的主机间进行迁移。

（5）存储池：一个特定存储类型（如 iSCSI、光纤、NFS 或 POSIX）镜像存储仓库的逻辑代表。每个存储池可以包括多个域，用来存储磁盘镜像、ISO 镜像，或用来导入和导出虚拟机镜像。

（6）虚拟机：包括了一个操作系统和一组应用程序的虚拟台式机（virtual desktop）或虚拟服务器（virtual server）。多个相同的虚拟机可以在一个池（p001）中创建。一般用户可以访问虚拟机，而有特定权限的用户可以创建、管理或删除虚拟机。

（7）模板：包括了一些特定预设置的虚拟机模型，一个基于某个模板的虚拟机会继承模板中的设置。使用模板是创建大量虚拟机的最快捷的方法。

（8）虚拟机池：一组可以被用户使用的、具有相同配置的虚拟机。虚拟机池可以被用来满足用户不同的需求，例如，为市场部门创建一个专用的虚拟机池，而为研发部门创建另一个虚拟机池。

（9）快照（snapshot）：一个虚拟机在一个特定的时间点上的操作系统和应用程序的记录。在安装新的应用程序或对系统进行升级前，用户可以为虚拟机创建一个快照。当系统出现问题时，用户可以使用快照来把虚拟机恢复到它原来的状态。

（10）用户类型：CecOSvt 支持多级的管理员和用户，不同级别的管理员和用户会有不同的权限。系统管理员有权利管理系统级别的物理资源，如数据中心、主机和存储。而用户在获得了相应权利后可以使用单独的虚拟机或虚拟机池中的虚拟机。

（11）事件和监控：与事件相关的提示、警告等信息。管理员可以使用它们来帮助监控资源的状态和性能。

（12）报表（report）：基于 jasperreports 的报表模块所产出的各种报表，以及从数据仓库中获得的各种报表。报表模块可以生成预定义的报表，也可以生成 ad hoc（特设的）报表。用户也可以使用支持 SQL 的查询工具从数据仓库中收集相关的数据（如主机、虚拟机和存储设备的数据）来生成报表。

5.2.2 安装与配置 CecOS 企业云计算系统基础平台

通过项目评估，为了实现本章的项目要求，本项目测试将使用两台 VMware 虚拟机完成测试。其中一台虚拟机名为 Cec-M，作为虚拟化管理节点；另一台虚拟机名为 Cec-C，作为虚拟化计算节点。根据所承担的架构角色，Cec-M 的虚拟机参数如图 5.50 所示，Cec-C 的虚拟机参数如图 5.51 所示，注意 Cec-C 的主机 CPU 需要开启虚拟化设置。

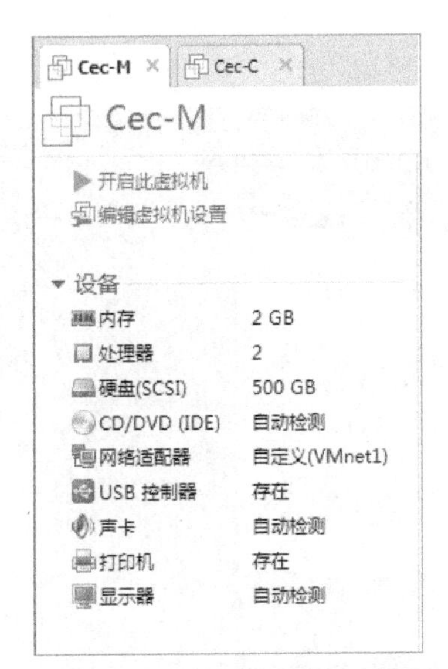

图 5.50　Cec-M 虚拟机创建信息

图 5.51　Cec-C 虚拟机创建信息

在虚拟机 Cec-M 和 Cec-C 上安装 CecOS 基础系统，具体步骤介绍如下。

第 1 步：安装引导。

在 VMware 虚拟机中放入 CecOS-1.4c-Final 系统光盘，打开虚拟机，进入系统安装引导界面，如图 5.52 所示，选择第一个选项，开始安装。

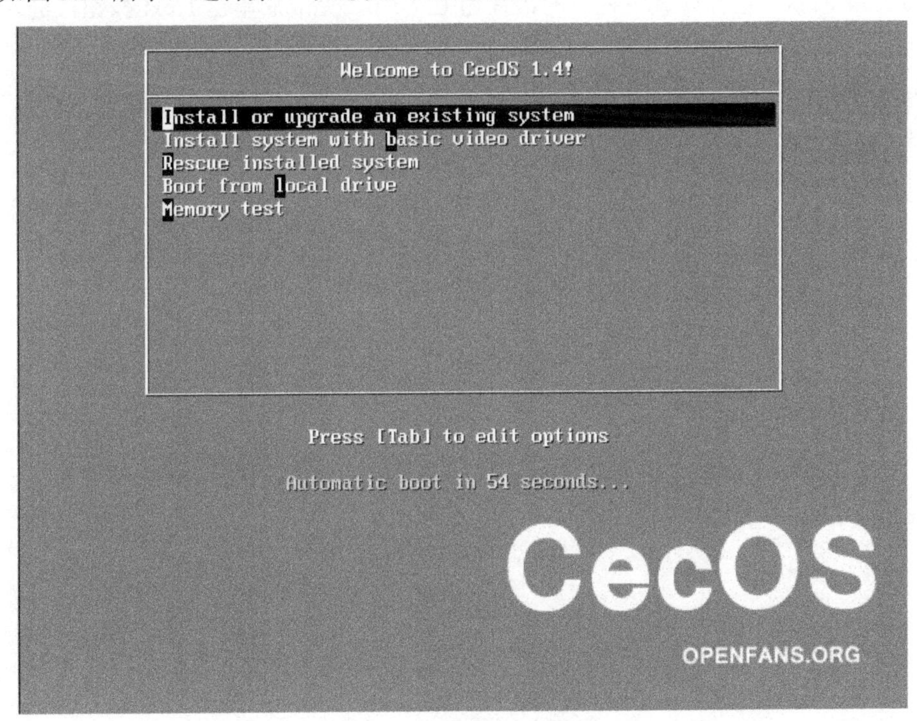

图 5.52　系统启动安装向导

第 2 步：检测光盘介质。

对于是否检测光盘，可以根据实际情况单击 OK 或者 Skip 按钮。单击 OK 按钮后，开始检测光盘，检测完成后会弹出光驱，这时需要重新载入光盘才能继续安装；单击 Skip 按钮，则直接开始安装，如图 5.53 所示。

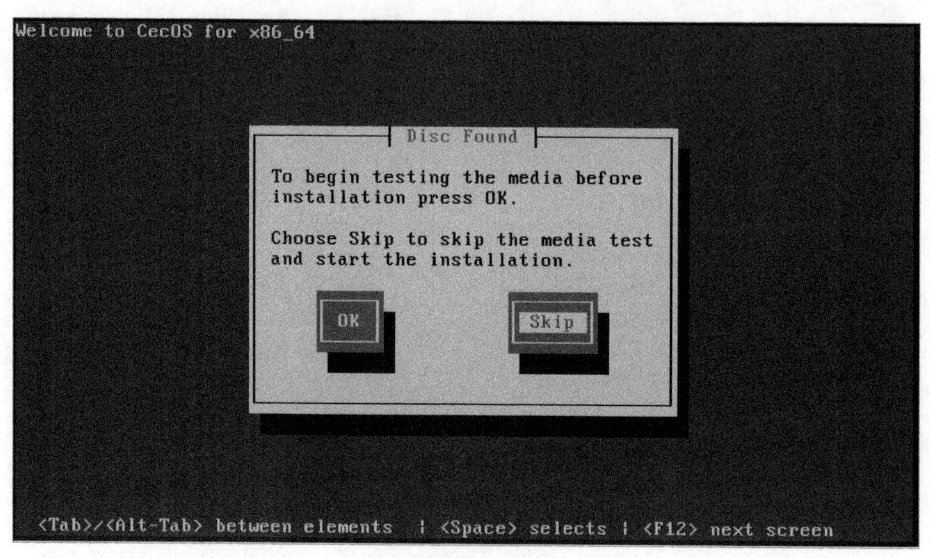

图 5.53 安装介质检测

接下来进入欢迎界面，单击 Next 按钮，进入下一步界面。

第 3 步：选择安装过程中的语言。

如图 5.54 所示，选择安装过程中的语言为 English，完成后单击 Next 按钮，进入下一步界面。

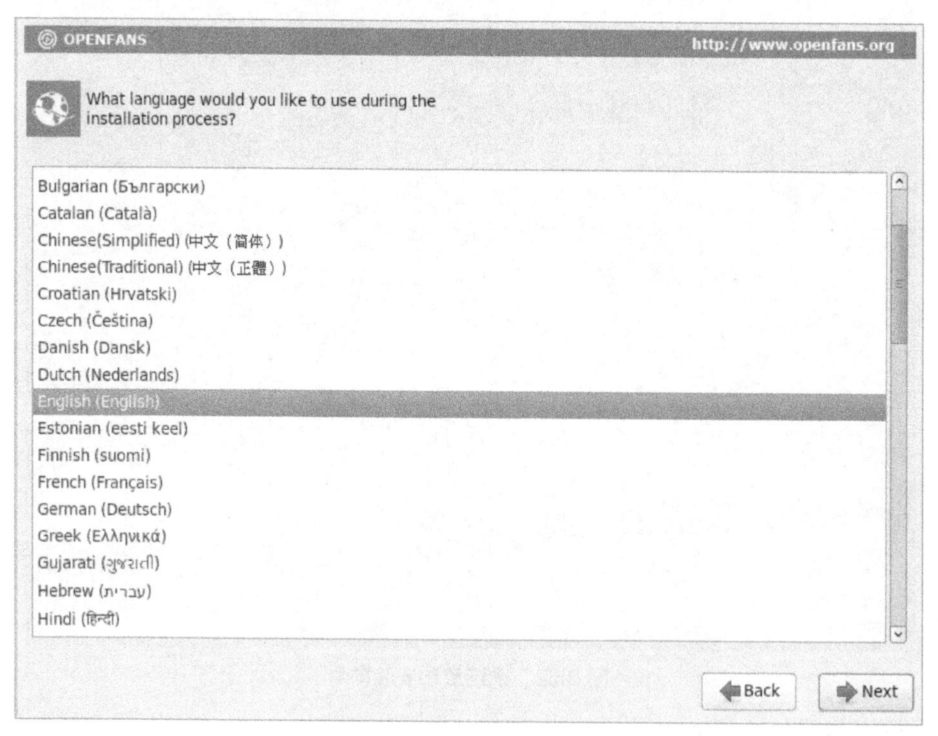

图 5.54 安装过程中的语言选择

第 4 步：选择键盘布局类型。

如图 5.55 所示，选择键盘布局，完成后单击 Next 按钮，进入下一步界面。

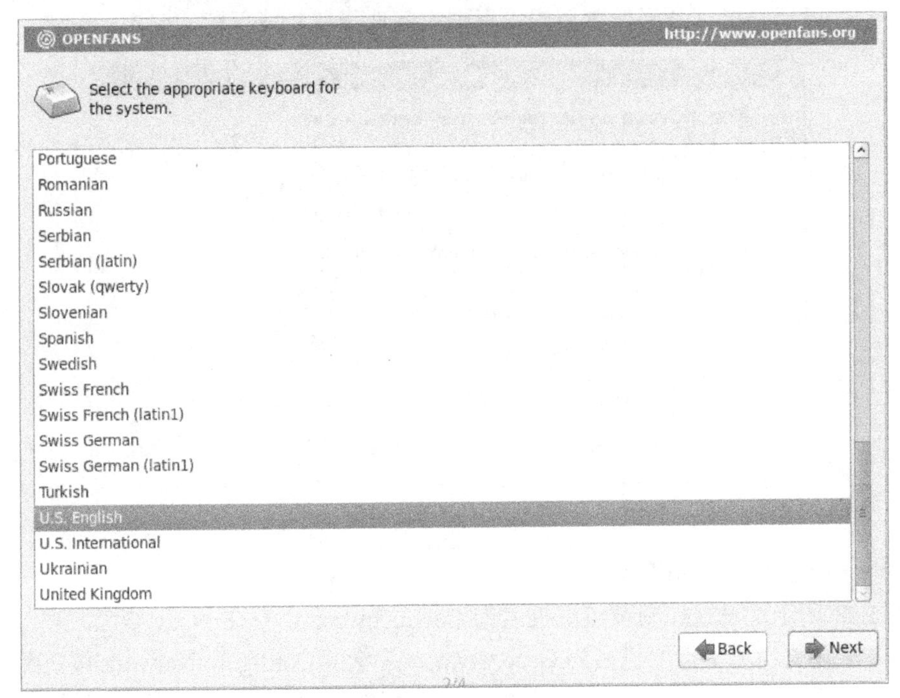

图 5.55　键盘选择

第 5 步：选择磁盘。

如图 5.56 所示，选择需要安装的磁盘类型为 Basic Storage Devices（基本存储设备），确定后单击 Next 按钮。

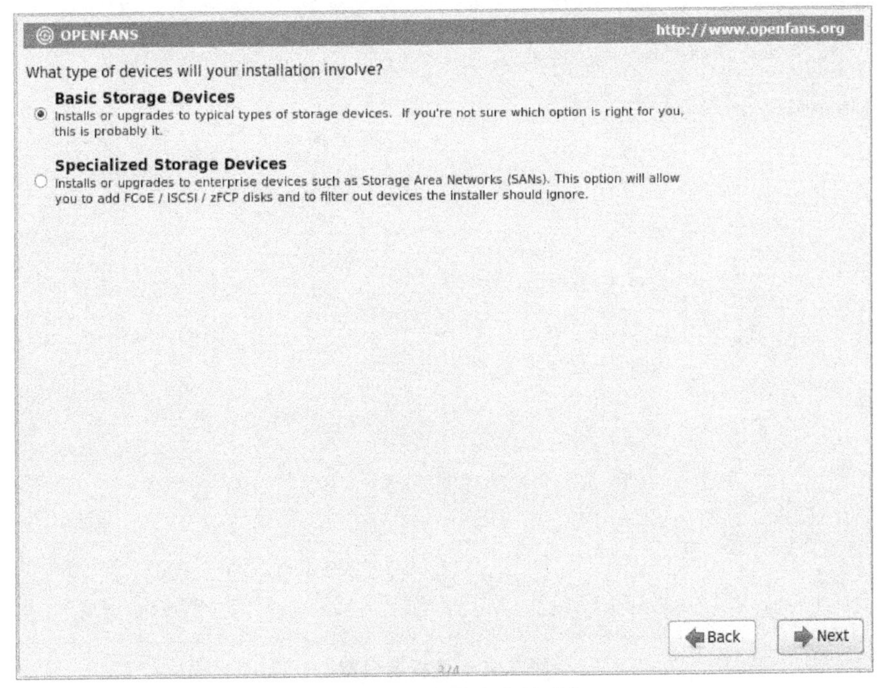

图 5.56　选择基本存储设备

第 6 步：初始化硬盘。

如图 5.57 所示，提示是否覆盖数据，根据实际选择覆盖或保留，确定后继续。

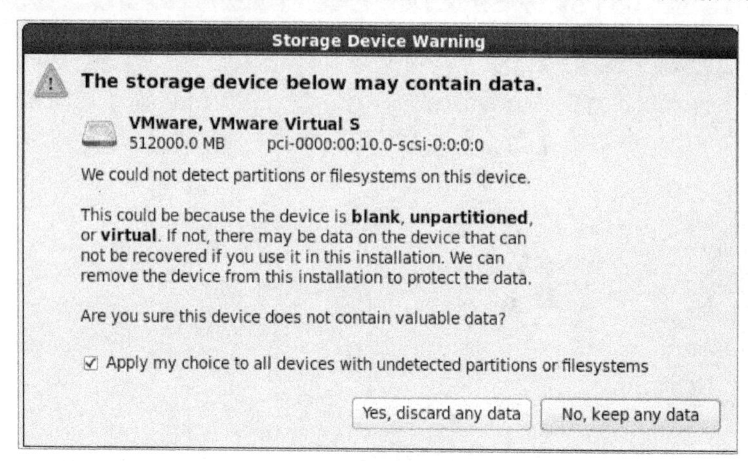

图 5.57　磁盘初始化

第 7 步：设置主机名与网络。

如图 5.58 所示，设置控制节点主机名为 Cecm.yhy.com，单击 Next 按钮，进入下一步界面，同样方法设置计算节点主机名为 Cecc.yhy.com；单击 Configure Network 按钮配置网络，设置控制节点为 192.168.19.100/24、网关为 192.168.19.1、DNS 为 127.0.0.1，设置计算节点地址为 192.168.19.200/24、网关为 192.168.19.1、DNS 为 127.0.0.1，如图 5.59 所示；配置完成进入下一步界面，选择所在时区，默认为美国纽约，更改为中国上海，并选择不使用 UTC 时间，如图 5.60 所示。

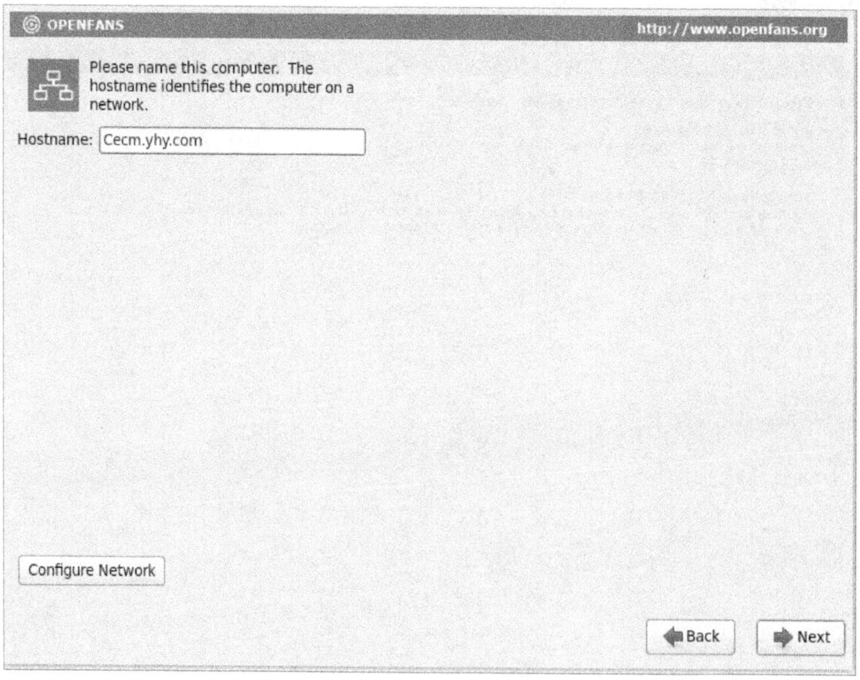

图 5.58　主机名设置

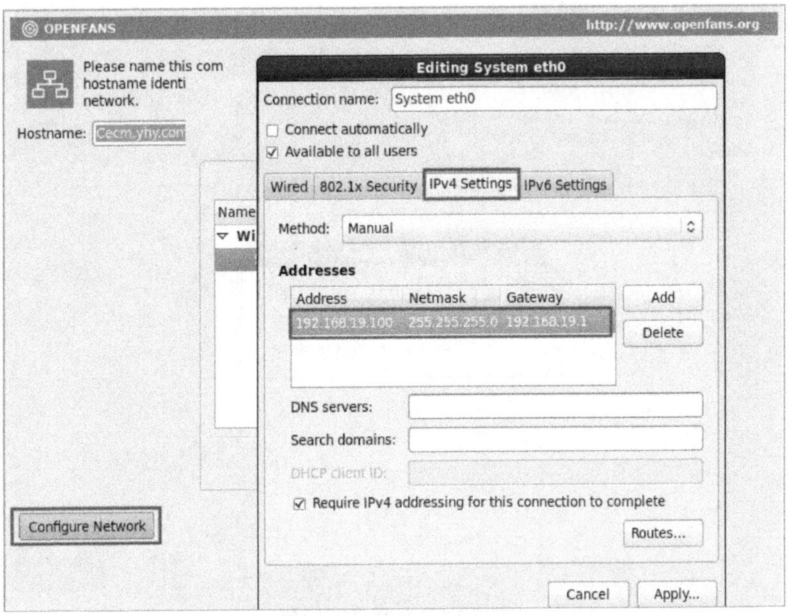

图 5.59　网络设置

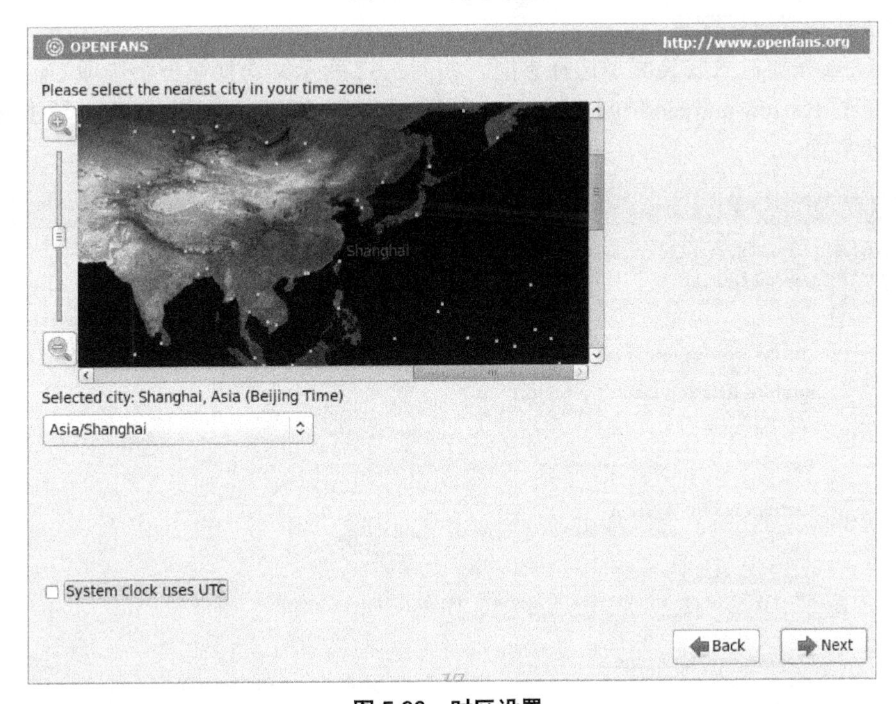

图 5.60　时区设置

第 8 步：设置管理员密码（root 密码）。

进入设置密码界面，如果设置的密码强度不够，会显示提示框警示，如图 5.61 所示。

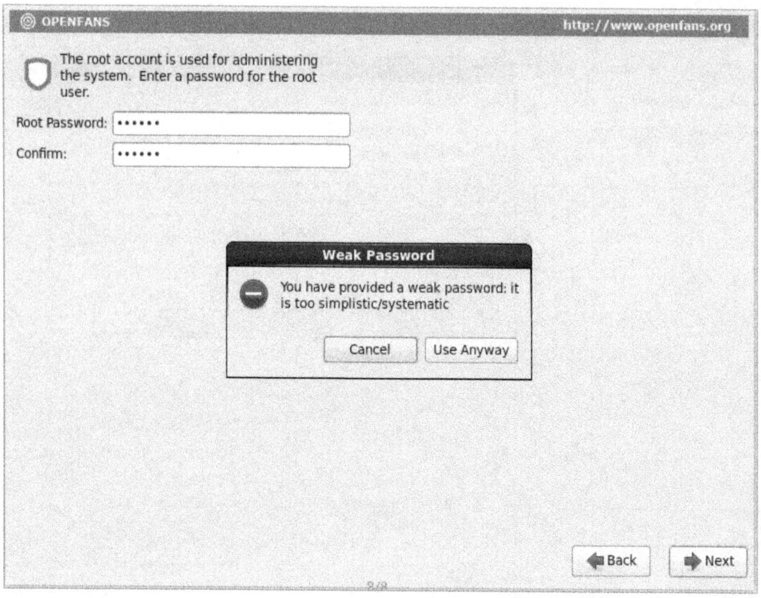

图 5.61　root 密码设置

第 9 步：磁盘分区配置。

单击 Next 按钮进入安装类型选择界面。如图 5.62 所示，选择第一个选项 Use All Space，并选中底部的 Review and modify partitioning layout 选项，查看磁盘分区情况。单击 Next 按钮进入下一步界面。

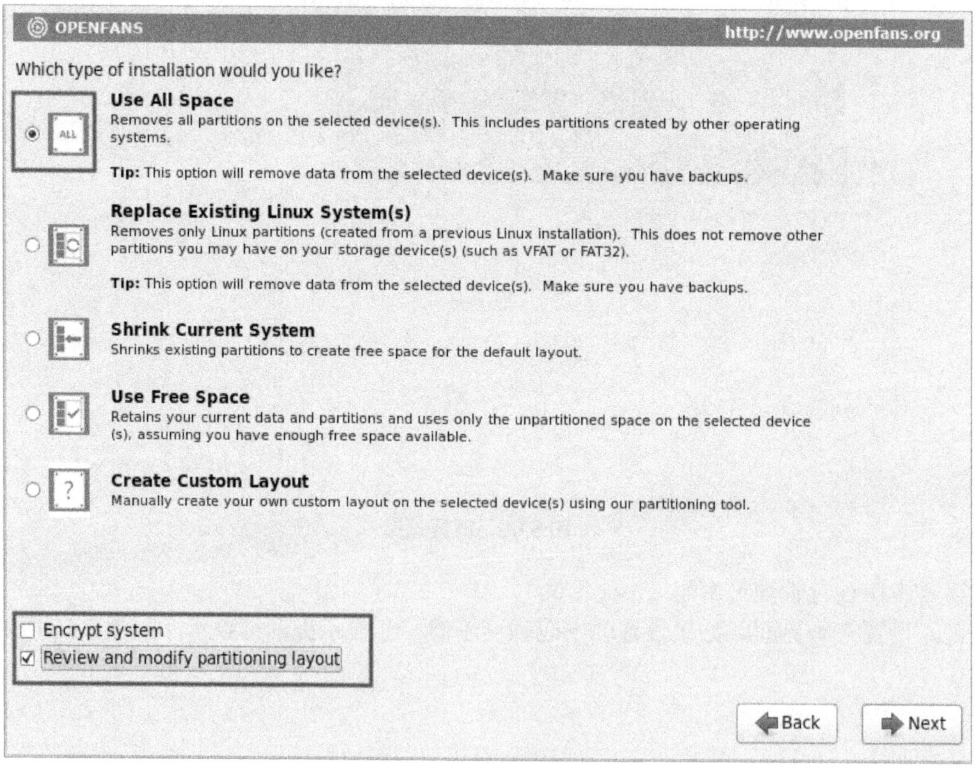

图 5.62　安装类型选择

修改系统的分区大小如图5.63所示，使/home分区为100GB，/（根）分区使用所有的剩余空间，单击Next按钮进入下一步界面，如图5.64所示，系统随后进入格式化进程。

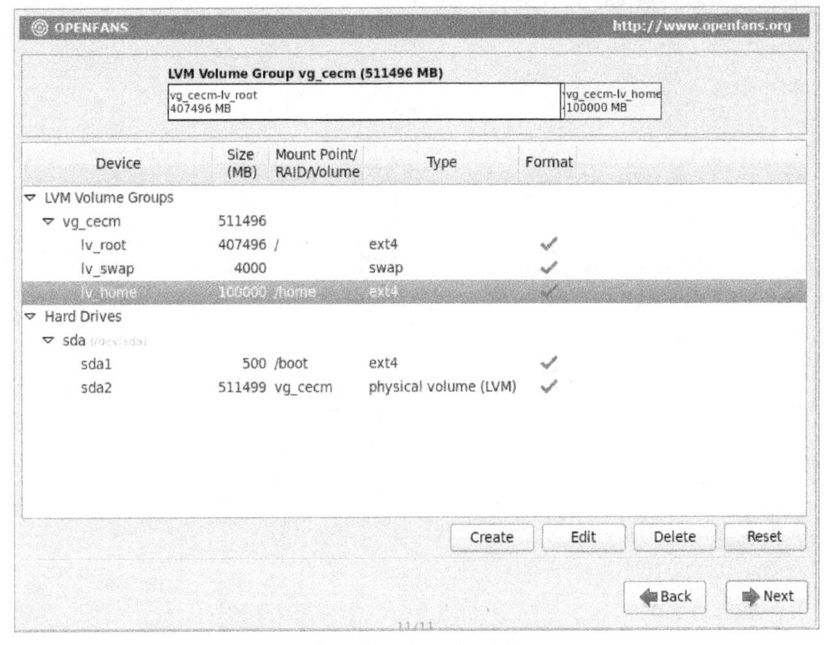

图5.63 手动磁盘分区设置

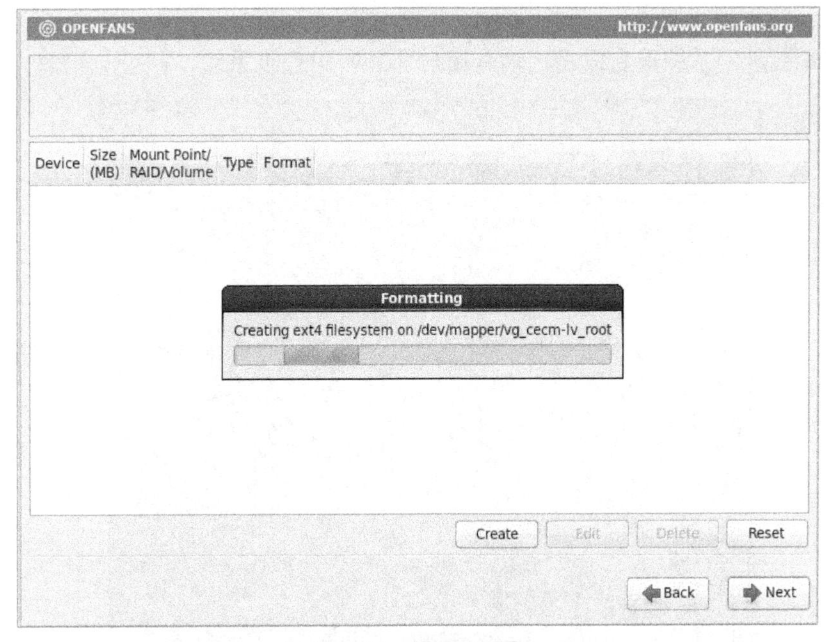

图5.64 格式化硬盘

第10步：选择安装的软件包（默认）。

如图5.65所示，选择系统安装组件为Minimal，确认后开始安装系统。系统安装完成后，单击Reboot，重新启动系统。

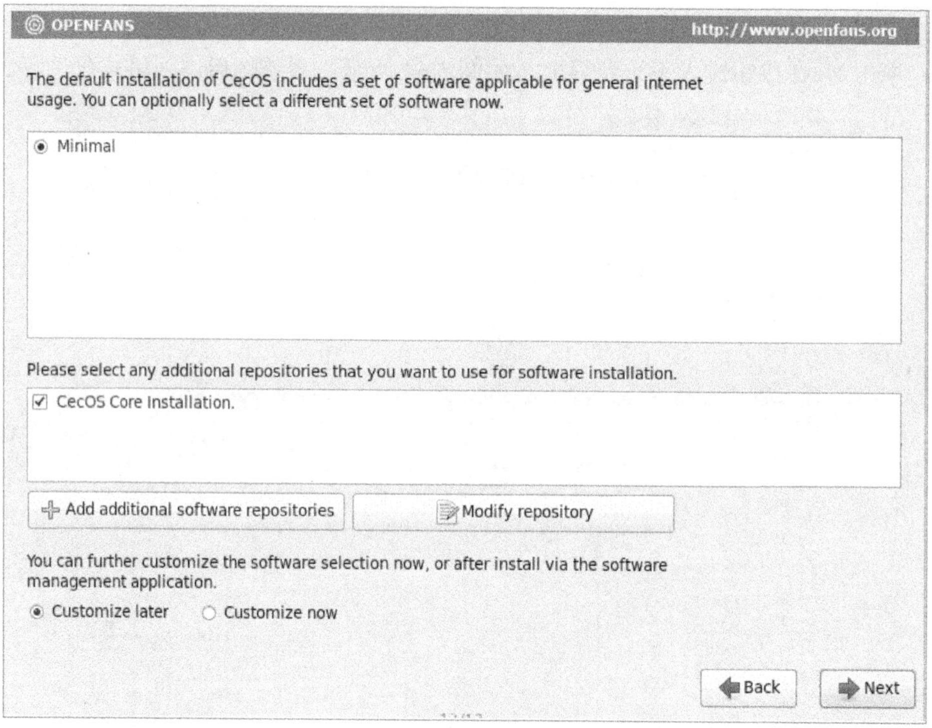

OPENFANS
http://www.openfans.org
The default installation of CecOS includes a set of software applicable for general internet usage. You can optionally select a different set of software now.
Minimal
Please select any additional repositories that you want to use for software installation.
CecOS Core Installation.
Add additional software repositories
Modify repository
You can further customize the software selection now, or after install via the software management application.
Customize later
Customize now
Back
Next

图 5.65　选择软件包

第 11 步：进入登录界面。

如图 5.66 所示，系统重启成功，输入用户名和密码登录系统。

Cec-M
CecOS release 1.4 (Niu'er)
Kernel 3.14.19 on an x86_64
Cecm login: root
Password:
[root@Cecm ~]# _

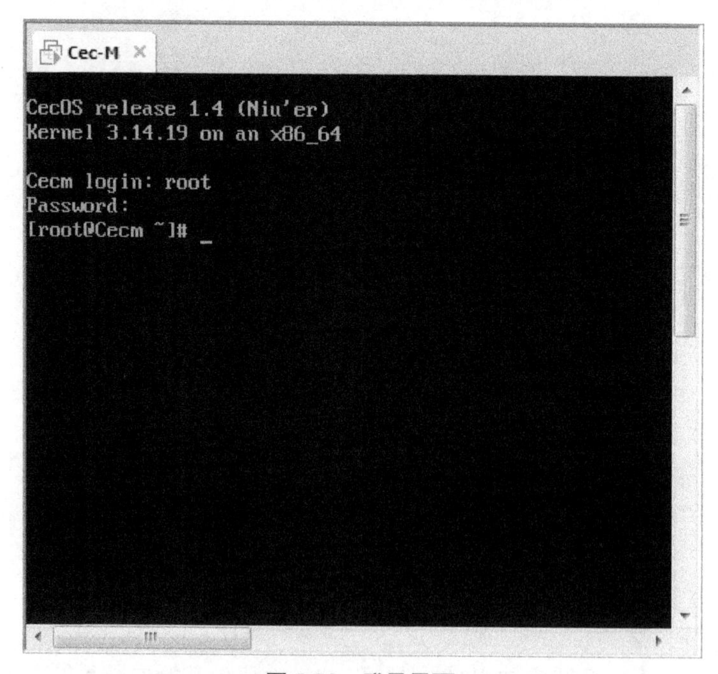

图 5.66　登录界面

第 12 步：配置 Cec-M 虚拟化管理系统。

（1）确认和修改 Cec-M 系统的基本信息：确认主机名为 Cecm.yhy.com；确认 IP 地址是否正确；修改/etc/hosts 文件，提供两台计算机的解析，添加如下两行：

```
192.168.19.100  Cecm  Cecm.yhy.com
192.168.19.200  Cecc  Cecc.yhy.com
```

修改后结果如图 5.67 所示。

```
[root@Cecm ~]# cat /etc/hosts
127.0.0.1   localhost localhost.localdomain localhost4 localhost4.localdomain4
::1         localhost localhost.localdomain localhost6 localhost6.localdomain6
192.168.19.100 Cecm Cecm.yhy.com
192.168.19.200 Cecc Cecc.yhy.com
[root@Cecm ~]# _
```

图 5.67　修改主机解析文件

（2）挂载 CecOSvt 光盘，加载预安装环境。

在 Cec-M 虚拟机中，挂载 CecOSvt-1.4-Final.iso 光盘镜像，打开挂载目录，执行【./run】命令，加载光盘中预置的 yum 软件仓库，出现如图 5.68 所示的界面，表示 yum 源建立成功。

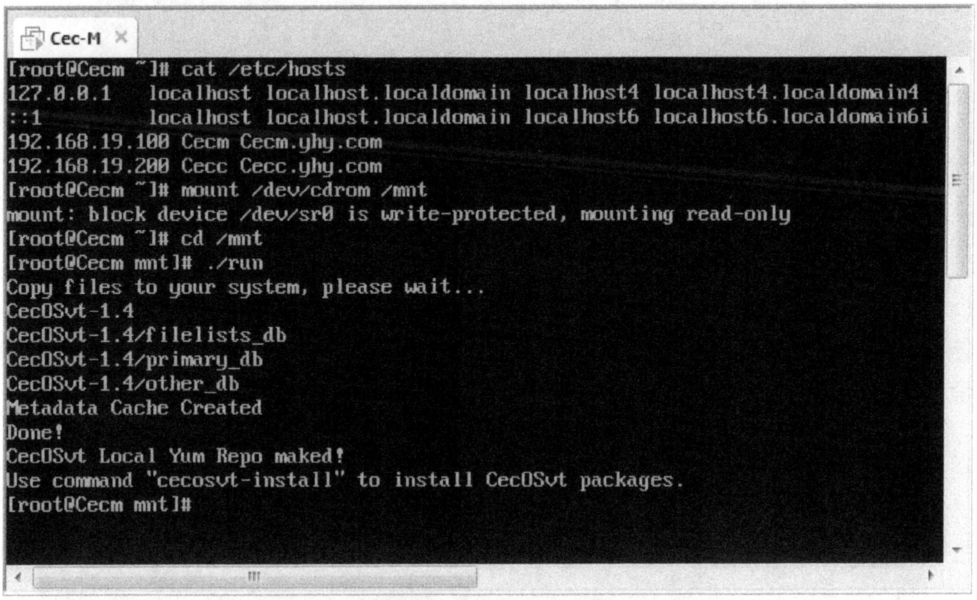

```
[root@Cecm ~]# cat /etc/hosts
127.0.0.1   localhost localhost.localdomain localhost4 localhost4.localdomain4
::1         localhost localhost.localdomain localhost6 localhost6.localdomain6
192.168.19.100 Cecm Cecm.yhy.com
192.168.19.200 Cecc Cecc.yhy.com
[root@Cecm ~]# mount /dev/cdrom /mnt
mount: block device /dev/sr0 is write-protected, mounting read-only
[root@Cecm ~]# cd /mnt
[root@Cecm mnt]# ./run
Copy files to your system, please wait...
CecOSvt-1.4
CecOSvt-1.4/filelists_db
CecOSvt-1.4/primary_db
CecOSvt-1.4/other_db
Metadata Cache Created
Done!
CecOSvt Local Yum Repo maked!
Use command "cecosvt-install" to install CecOSvt packages.
[root@Cecm mnt]#
```

图 5.68　挂载光盘和自动创建安装仓库环境

（3）安装 Cec-M 管理节点。

根据提示运行【cecosvt-install】命令，出现如图 5.69 所示的界面，输入数字 1，安装 Cec-M 软件包。

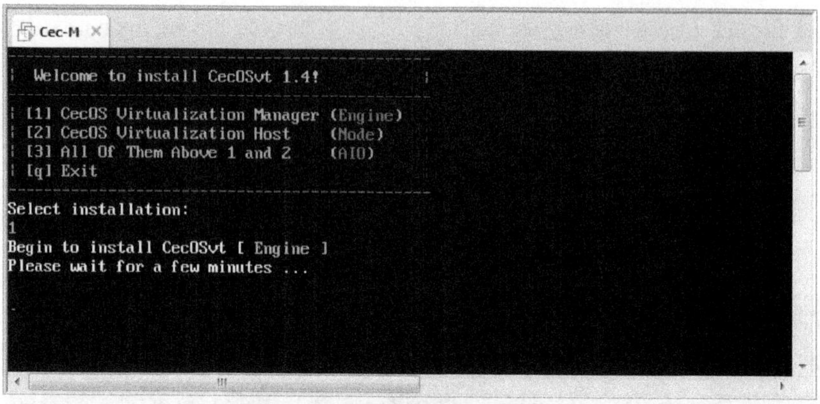

```
Cec-M
| Welcome to install CecOSvt 1.4!                |
| [1] CecOS Virtualization Manager (Engine)
| [2] CecOS Virtualization Host    (Node)
| [3] All Of Them Above 1 and 2    (AIO)
| [q] Exit
Select installation:
1
Begin to install CecOSvt [ Engine ]
Please wait for a few minutes ...
```

图 5.69 使用向导安装 Cec-M

开始安装 Cec-M，等待片刻，图 5.70 所示界面表示 Cec-M 节点软件包已经安装完成。

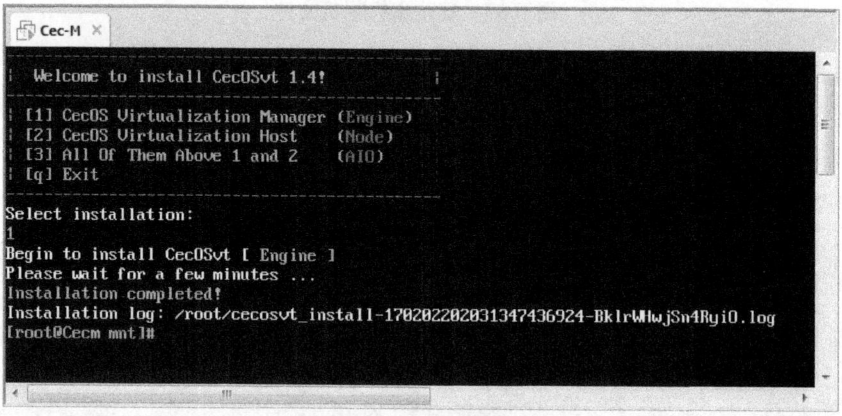

```
Cec-M
| Welcome to install CecOSvt 1.4!                |
| [1] CecOS Virtualization Manager (Engine)
| [2] CecOS Virtualization Host    (Node)
| [3] All Of Them Above 1 and 2    (AIO)
| [q] Exit
Select installation:
1
Begin to install CecOSvt [ Engine ]
Please wait for a few minutes ...
Installation completed!
Installation log: /root/cecosvt_install-17020220203134743б924-BklrWHwjSn4RyiO.log
[root@Cecm mnt]#
```

图 5.70 软件包安装完成

（4）配置 Cec-M 管理服务。

接下来开始配置 Cec-M 服务，执行【cecvm-setup】命令开始配置，首先配置报表系统，可以根据实际情况选择 Yes 或 No，这里采用默认配置，如图 5.71 所示，选择 Yes。

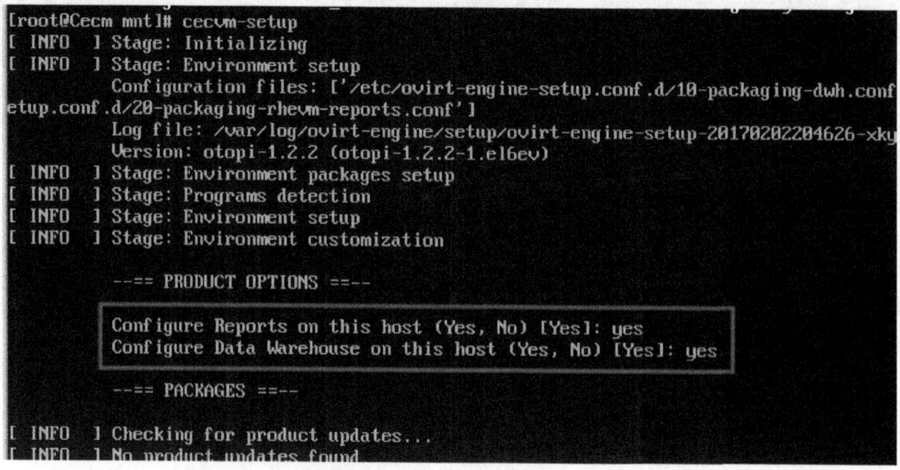

```
[root@Cecm mnt]# cecvm-setup
[ INFO  ] Stage: Initializing
[ INFO  ] Stage: Environment setup
          Configuration files: ['/etc/ovirt-engine-setup.conf.d/10-packaging-dwh.conf
etup.conf.d/20-packaging-rhevm-reports.conf']
          Log file: /var/log/ovirt-engine/setup/ovirt-engine-setup-20170202204626-xky
          Version: otopi-1.2.2 (otopi-1.2.2-1.el6ev)
[ INFO  ] Stage: Environment packages setup
[ INFO  ] Stage: Programs detection
[ INFO  ] Stage: Environment setup
[ INFO  ] Stage: Environment customization

          --== PRODUCT OPTIONS ==--

          Configure Reports on this host (Yes, No) [Yes]: yes
          Configure Data Warehouse on this host (Yes, No) [Yes]: yes

          --== PACKAGES ==--

[ INFO  ] Checking for product updates...
[ INFO  ] No product updates found
```

图 5.71 配置 Reports 和 DataWarehouse 报表

下面开始配置主机名、防火墙等，均采用默认配置即可，如图 5.72 所示。

```
          --== NETWORK CONFIGURATION ==--

          Host fully qualified DNS name of this server [Cecm.yhy.com]:
[WARNING] Failed to resolve Cecm.yhy.com using DNS, it can be resolved only locally
          Setup can automatically configure the firewall on this system.
          Note: automatic configuration of the firewall may overwrite current setting
          Do you want Setup to configure the firewall? (Yes, No) [Yes]: yes
[ INFO  ] iptables will be configured as firewall manager.

          --== DATABASE CONFIGURATION ==--

          Where is the Engine database located? (Local, Remote) [Local]:
          Setup can configure the local postgresql server automatically for the engin
          Would you like Setup to automatically configure postgresql and create Engin
tic]:
          Where is the DWH database located? (Local, Remote) [Local]:
          Setup can configure the local postgresql server automatically for the DWH t
          Would you like Setup to automatically configure postgresql and create DWH d
]:
          Where is the Reports database located? (Local, Remote) [Local]:
          Setup can configure the local postgresql server automatically for the Repor
          Would you like Setup to automatically configure postgresql and create Repor
atic]:

          --== OVIRT ENGINE CONFIGURATION ==--
```

图 5.72　配置主机名和防火墙

配置主机模式和存储模式，主机模式有 Virt 和 Gluster 两种，默认为 Both，即两种都支持；存储类型支持 NFS、FC、ISCSI、POSIXFS、GLUSTERFS 等，默认使用 NFS 类型；配置管理员密码，输入两次，如果输入的为弱密码，可以输入 yes 强制系统接受，如图 5.73 所示。

```
          --== OVIRT ENGINE CONFIGURATION ==--

          Application mode (Both, Virt, Gluster) [Both]:
          Default storage type: (NFS, FC, ISCSI, POSIXFS, GLUSTERFS) [NFS]:
          Engine admin password:
          Confirm engine admin password:
[WARNING] Password is weak: it is WAY too short
          Use weak password? (Yes, No) [No]: yes

          --== PKI CONFIGURATION ==--
```

图 5.73　配置主机模式、存储模式和密码

配置 ISO 存储域和报表系统密码，使用默认值，如图 5.74 所示。

```
          --== SYSTEM CONFIGURATION ==--

          Configure WebSocket Proxy on this machine? (Yes, No) [Yes]:
          Configure an NFS share on this server to be used as an ISO Domain? (Yes, No
          Local ISO domain path [/var/lib/exports/iso]:
          Local ISO domain ACL [0.0.0.0/0.0.0.0(rw)]:
          Local ISO domain name [ISO_DOMAIN]:

          --== MISC CONFIGURATION ==--

          Reports power users password:
          Confirm Reports power users password:
[WARNING] Password is weak: it is WAY too short
          Use weak password? (Yes, No) [No]: yes

          --== END OF CONFIGURATION ==--
```

图 5.74　配置 ISO 存储域和报表系统密码

配置完毕后，系统提示"建议使用 4 GB 以上内存进行配置"，输入 yes 后按 Enter 键，确认在 2GB 的计算机上安装 Cec-M，如图 5.75 所示。

```
[ INFO  ] Stage: Setup validation
[WARNING] Cannot validate host name settings, reason: resolved host does not match any of the local addresses
[WARNING] Warning: Not enough memory is available on the host. Minimum requirement is 4096MB, and 16384MB is recommended.
          Do you want Setup to continue, with amount of memory less than recommended? (Yes, No) [No]: yes
```

图 5.75　内存验证提示页

出现配置清单页面，确定以上配置是否正确，如果需要改动，输入 Cancel 取消，重新配置服务；若无改动，则输入 OK 进入下一步界面，开始配置系统，如图 5.76 所示。

```
Host FQDN                                    : Cecm.yhy.com
NFS export ACL                               : 0.0.0.0/0.0.0.0(rw)
NFS mount point                              : /var/lib/exports/iso
Datacenter storage type                      : nfs
Configure local Engine database              : True
Set application as default page              : True
Configure Apache SSL                         : True
DWH installation                             : True
DWH database name                            : ovirt_engine_history
DWH database secured connection              : False
DWH database host                            : localhost
DWH database user name                       : ovirt_engine_history
DWH database host name validation            : False
DWH database port                            : 5432
Configure local DWH database                 : True
Reports installation                         : True
Reports database name                        : ovirt_engine_reports
Reports database secured connection          : False
Reports database host                        : localhost
Reports database user name                   : ovirt_engine_reports
Reports database host name validation        : False
Reports database port                        : 5432
Configure local Reports database             : True

Please confirm installation settings (OK, Cancel) [OK]:
```

图 5.76　显示系统摘要并确认

直接按 Enter 键，开始配置服务，如图 5.77 所示。

```
[ INFO  ] Starting engine service
[ INFO  ] Restarting httpd
[ INFO  ] Restarting nfs services
[ INFO  ] Starting dwh service
[ INFO  ] Stage: Clean up
          Log file is located at /var/log/ovirt-engine/setup/ovirt-engine-setup-20170202204626-xky65a.log
[ INFO  ] Generating answer file '/var/lib/ovirt-engine/setup/answers/20170202211739-setup.conf'
[ INFO  ] Stage: Pre-termination
[ INFO  ] Stage: Termination
[ INFO  ] Execution of setup completed successfully
[root@Cecm mnt]#
```

图 5.77　系统自动配置过程

等待服务配置完成，Cec-M 服务配置完成后，就可以通过域名或者 IP 来访问及管理 Cec-M 服务器了，通过 IP 地址访问的效果如图 5.78 所示。

图 5.78　通过 IP 地址访问 Cec-M 服务器的效果图

第 13 步：在 Cec-M 上配置 NFS 存储服务。

因为系统默认将采用 NFS 服务作为存储服务器，所以在 Cec-M 上进行简单的 NFS 服务器配置以实现存储服务支持，具体步骤如下。

（1）创建文件夹 isoy 以及 vm，命令如下：

【mkdir -p　/data/iso　/data/vm】

（2）修改文件夹的权限，使虚拟系统可访问。命令如下：

【chown -R 36.36　/data】

（3）修改 NFS 配置文件，添加两个共享文件夹，提供共享服务。

【vi　/etc/exports】打开 NFS 主配置文件，在文件最后添加如下语句：

```
/data/iso    0.0.0.0/0.0.0.0(rw)
/data/vm 0.0.0.0/0.0.0.0(rw)
```

（4）重启 NFS 服务，命令如下：

【service nfs restart】

（5）查看 NFS 提供的共享文件服务状态，命令如下：

【showmount -e】

通过以上步骤配置了一个安全的两个文件夹的简单 NFS 存储空间：一个文件夹用于存放光盘，另一个文件夹用于存放虚拟机。

第 14 步：配置 Cec-C 虚拟化计算系统。

（1）确认和修改 Cec-C 系统的基本信息。安装完 Cec-C 计算机后，确认主机名为 Cecc.yhy.com；确认 IP 地址是否正确；修改/etc/hosts 文件，提供两台计算机的解析，添加如下内容：

```
192.168.19.100    Cecm Cecm.yhy.com
```

```
192.168.19.200    Cecc Cecc.yhy.com
```

（2）挂载CecOSvt光盘，加载预安装环境。

在Cec-C虚拟机中，使用【mount /dev/cdrom /mnt】命令挂载CecOSvt1.4-Final.iso光盘镜像，打开挂载目录，执行【./run】命令，加载光盘中预置的yum软件仓库，出现如图5.79所示界面，表示yum源建立成功。

```
[root@Cecc ~]# mount /dev/cdrom /mnt
mount: block device /dev/sr0 is write-protected, mounting read-only
[root@Cecc ~]# cd /mnt
[root@Cecc mnt]# ./run
Copy files to your system, please wait...
CecOSvt-1.4
CecOSvt-1.4/filelists_db
CecOSvt-1.4/primary_db
CecOSvt-1.4/other_db
Metadata Cache Created
Done!
CecOSvt Local Yum Repo maked!
Use command "cecosvt-install" to install CecOSvt packages.
[root@Cecc mnt]# _
```

图5.79　完成仓库和向导脚本创建

（3）安装Cec-C计算节点组件。

根据提示运行【cecosvt-install】命令，出现如图5.80所示界面，选择2，安装Cec-C软件包。

```
Cec-C
| Welcome to install CecOSvt 1.4!                      |
| [1] CecOS Virtualization Manager (Engine)
| [2] CecOS Virtualization Host     (Node)
| [3] All Of Them Above 1 and 2     (AIO)
| [q] Exit
Select installation:
2
Begin to install CecOSvt [ Node ]
Please wait for a few minutes ...
```

图5.80　使用向导安装Cec-C

开始安装Cec-C组件后，等待片刻，可看到如图5.81所示的界面，表示Cec-C节点软件包已经安装设置完成。

```
Cec-C
| Welcome to install CecOSvt 1.4!                      |
| [1] CecOS Virtualization Manager (Engine)
| [2] CecOS Virtualization Host     (Node)
| [3] All Of Them Above 1 and 2     (AIO)
| [q] Exit
Select installation:
2
Begin to install CecOSvt [ Node ]
Please wait for a few minutes ...
Installation completed!
Installation log: /root/cecosvt_install-170203071744196786044-YYfYnI6IwupLADg.log
[root@Cecc mnt]# _
```

图5.81　软件包安装完成

第15步：准备Cec-C本地存储系统。

CecOS 系统除了支持网络共享存储系统以外，还支持计算节点的本地文件系统存储，为加快测试实验速度，在 Cec-C 系统的本地建立两个存储文件夹用于本地的存储系统测试，因为系统默认将采用 NFS 服务作为存储服务器，在 Cec-M 上进行简单的 NFS 服务器配置以实现存储服务支持，具体步骤如下。

（1）创建文件夹 iso 以及 vm，命令如下：

【mkdir -p　/data/iso　/data/vm】

（2）修改文件夹的权限，使虚拟系统可访问。命令如下：

【chown -R 36.36　/data】

（3）修改 NFS 配置文件，添加两个共享文件夹，提供共享服务。

【vi　/etc/exports】打开 NFS 主配置文件，在文件最后添加如下语句：

```
/data/iso    0.0.0.0/0.0.0.0(rw)
/data/vm 0.0.0.0/0.0.0.0(rw)
```

使用【cat /etc/exports】命令查看修改后的配置文件效果，如图 5.82 所示。

```
[root@Cecm mnt]# cat /etc/exports
/var/lib/exports/iso    0.0.0.0/0.0.0.0(rw)
/data/iso         0.0.0.0/0.0.0.0(rw)
/data/vm          0.0.0.0/0.0.0.0(rw)
[root@Cecm mnt]#
```

图 5.82　NFS 主配置文件修改后效果图

（4）重启 NFS 服务，命令如下：

【service nfs restart】

5.2.3　配置 CecOS 云计算系统服务器虚拟化

在上一个小节中，我们已经安装好了 CecOS 云计算系统，在本节中，我们将一步步地来配置 CecOS 云计算系统的服务器虚拟化。

第 1 步：访问 CecOS 企业虚拟化管理中心。

在 Windows 系统中使用 Firefox 或 Chrome 浏览器访问 https://192.168.19.100，得到如图 5.83 所示的数据中心访问页面。

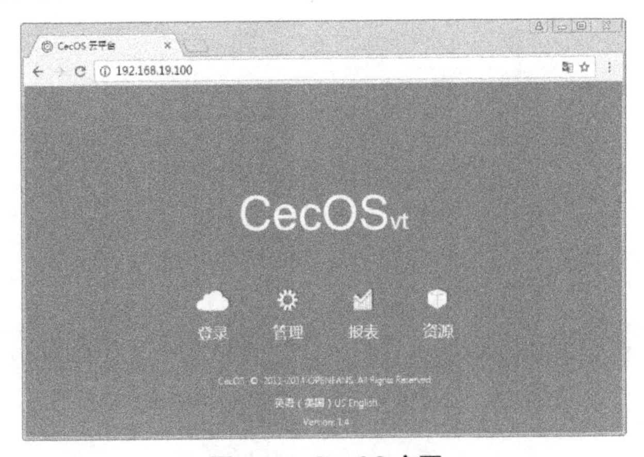

图 5.83　CecOS 主页

单击“管理”图标，忽略安全控制或添加例外，进入数据中心登录页面，如图 5.84 所示。

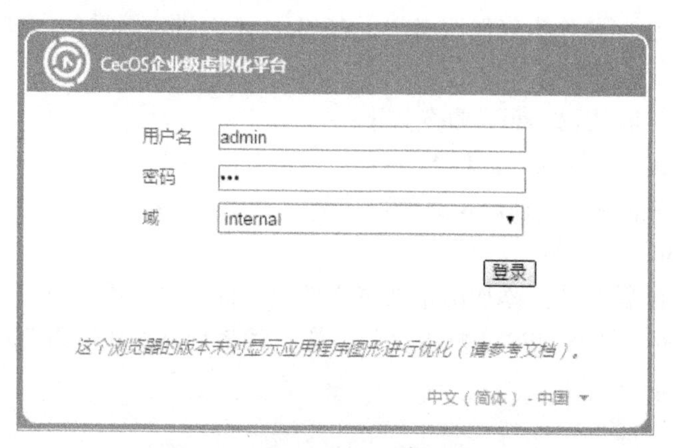

图 5.84　数据中心管理登录主页

第 2 步：登录 Cec 数据中心。

使用用户名 admin，以及在安装 Cec-M 时，针对 admin 账户输入的密码，登录系统，进入管理功能主页，如图 5.85 所示。可以看到该页面涵盖数据中心、群集、主机、网络、存储、磁盘、虚拟机、池、模板、卷以及用户的全套管理功能。

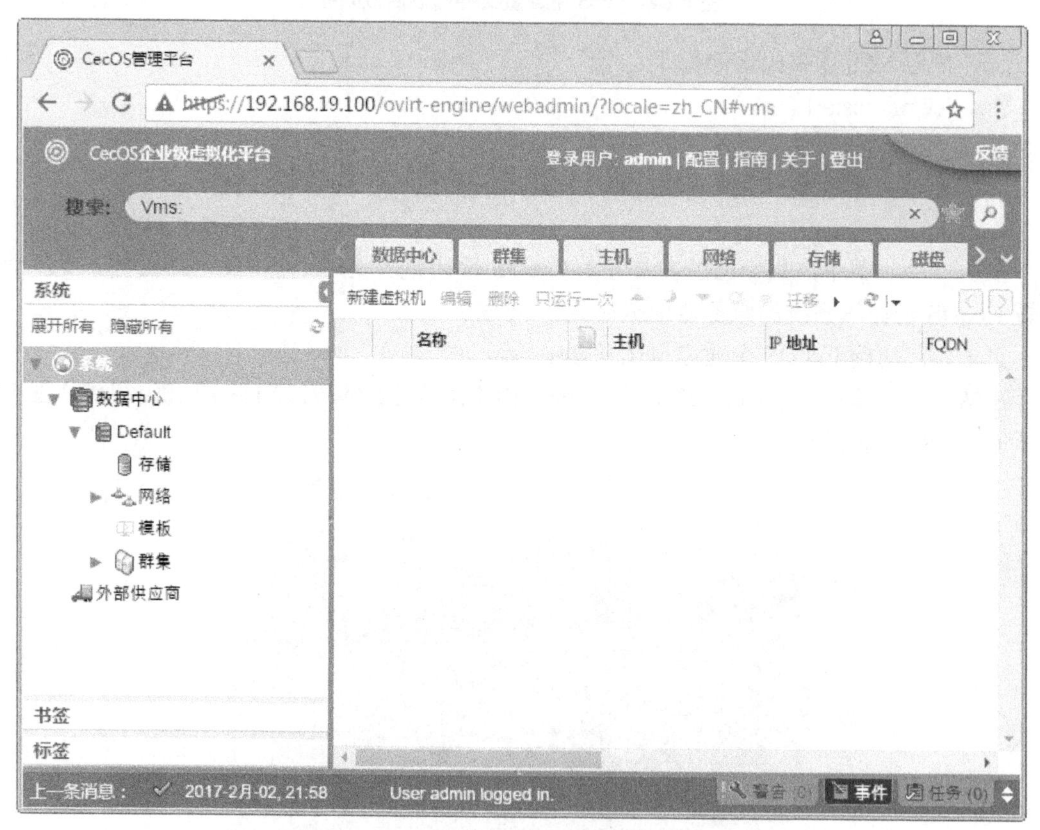

图 5.85　CecOS 企业虚拟化平台管理功能主页

第 3 步：添加 Cec-C 虚拟主机。

在主机界面单击“新建”按钮，输入 Cec-C 主机的所有参数，如图 5.86 所示。

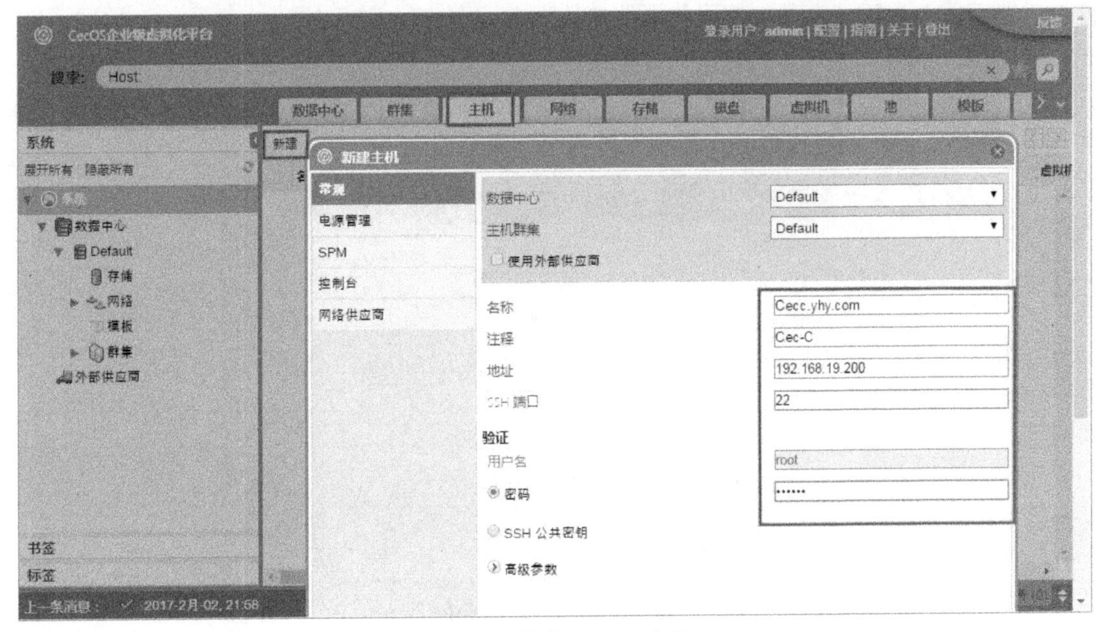

图 5.86　添加 Cec-C 主机

在添加过程中，Cec-M 将与 Cec-C 主机进行通信，安装必要的代理服务，安装完成后，管理界面下方将出现如图 5.87 所示的界面，Cec-C 完成向数据中心的添加，主机前部出现绿色向上的小箭头，Cec-C 主机已经可以通过 Cec-M 平台进行管理了。如果需要添加更多的 Cec-C 主机，可重复该步骤进行。

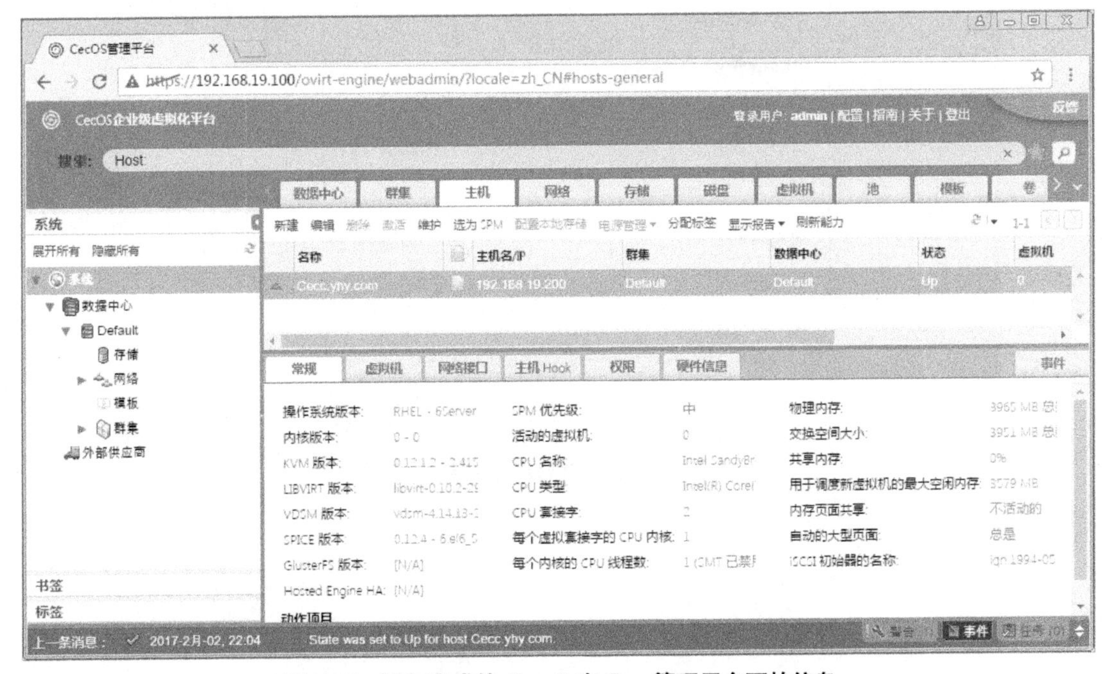

图 5.87　添加完成的 Cec-C 在 Cec 管理平台下的信息

图 5.87 中的主机信息非常重要，在后续的集群创建中，将使用 CPU 名称这一重要参数。不同的计算机或服务器硬件的 CPU 参数不同，请用户在实际使用中注意该项参数的内容，以便在后续配置中使用，本书中使用的硬件参数为 Intel Haswell Family。

第 4 步：添加一个共享的数据中心和集群。

在数据中心中，选择“新建”功能，打开“新建数据中心”对话框，如图 5.88 所示，添加一个名为 yhy-test 的数据中心，类型设置为“共享的”。

图 5.88　新建数据中心

如图 5.89 所示，在接着的引导操作中，选择“配置群集”，添加数据中心的群集，如图 5.90 所示，名称为 clusteryhy-test，CPU 名称与 Cec-C 的 CPU 名称相同，为 Intel Sandybridge Family。在图 5.91 中单击“以后再配置”按钮。

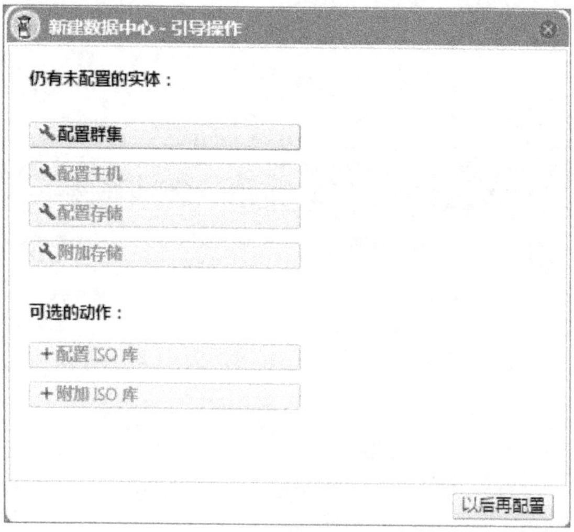

图 5.89　引导操作界面

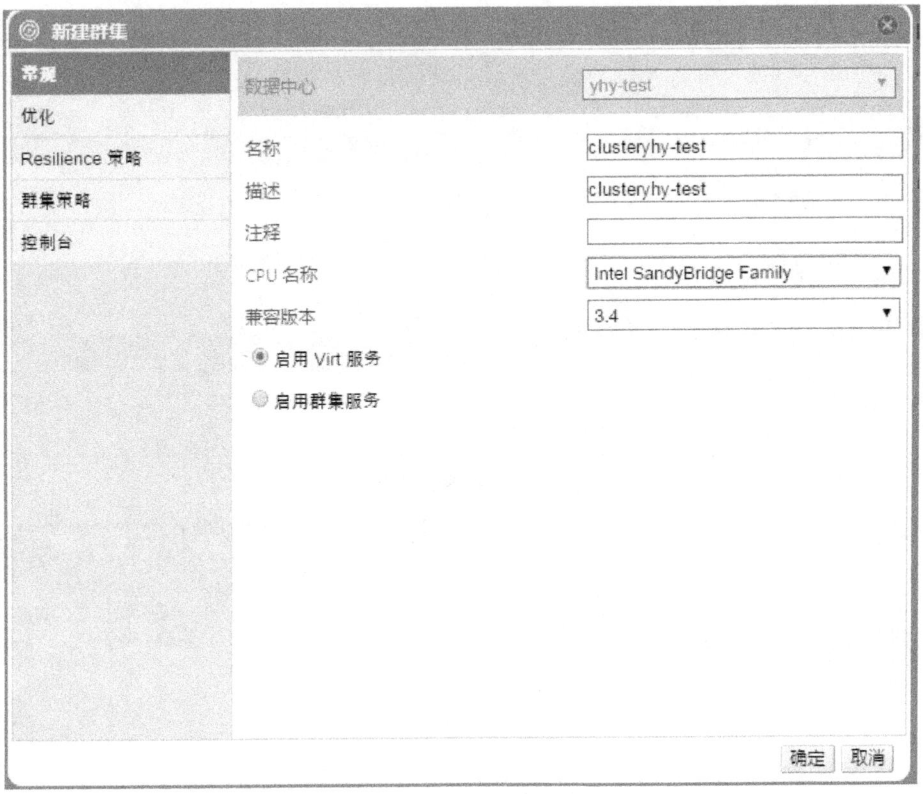

图 5.90 添加群集界面

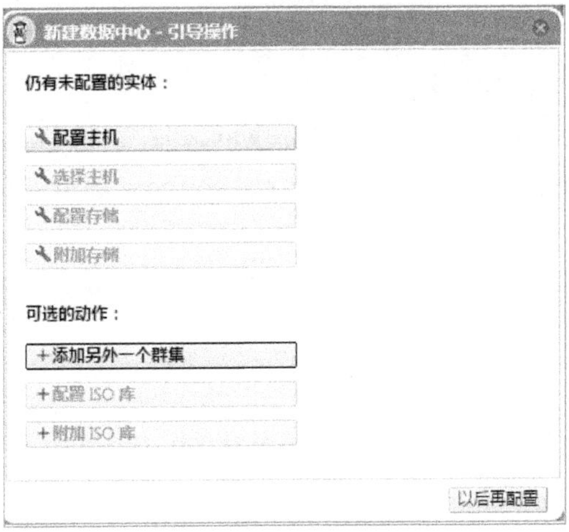

图 5.91 结束引导操作

第 5 步：修改主机为维护模式。

在系统菜单的“主机”选项卡中，选中 Cecc.yhy.com 虚拟主机，在右键快捷菜单中选择“维护”命令，如图 5.92 所示；然后单击“确定”按钮，确认维护主机，如图 5.93 所示为维护中的主机。

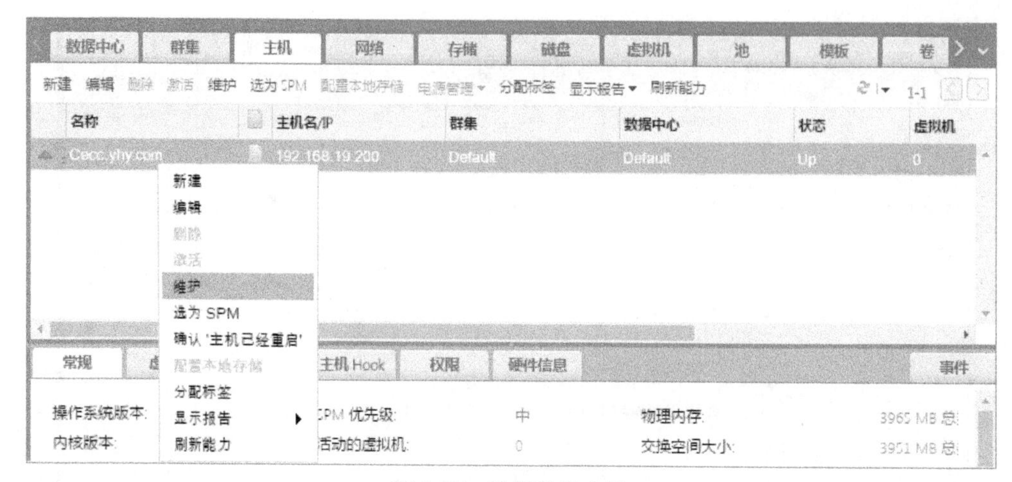

图 5.92　选择维护主机

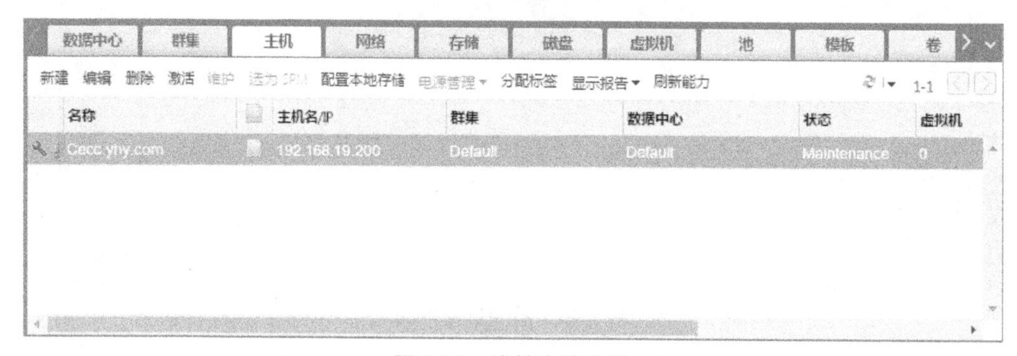

图 5.93　维护中的主机

第 6 步：将主机添加到新的群集。

选中主机，单击“编辑”按钮，将 Cecc.yhy.com 主机修改到 yhy-test 数据中心的 clusteryhy-test 群集中，如图 5.94 所示。选择 Cecc.yhy.com 虚拟主机，再选择“激活”，将主机退出维护模式。

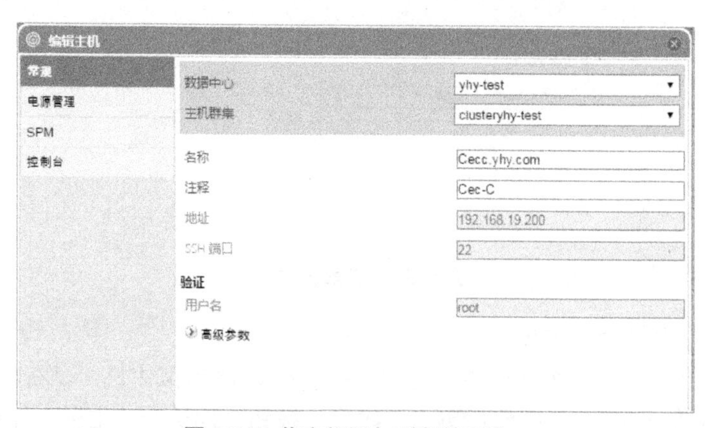

图 5.94　将主机添加到新的群集

第 7 步：添加数据存储域。

在“存储”选项卡中，单击“新建域”按钮，选择数据中心 yhy-test，选择 DATA/NFS 类型，添加名为 datavm 的数据存储域，存储路径为 NFS 共享的 192.168.19.100:/data/vm，如

图 5.95 所示。CecOS 支持 NFS、POSIX compliant FS、GlusterFS、iSCSI、Fibre Channel 共 5 种共享存储类型。

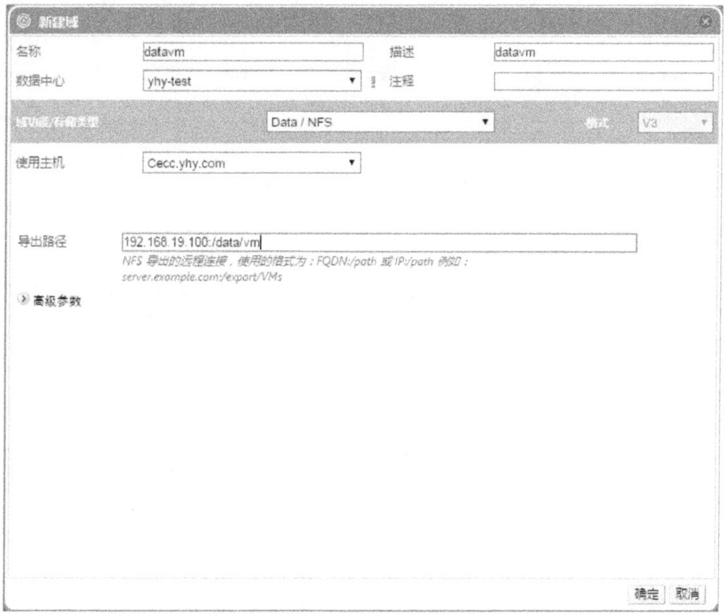

图 5.95　新建数据域

第 8 步：添加 ISO 存储域。

在“存储”选项卡中，选择 ISO-DOMAIN 默认存储域，在下方的“数据中心”选项卡中，单击“附加”按钮，如图 5.96 所示，将 ISO 存储域添加到 dcshare-test 数据中心中；该存储域为创建数据中心时默认的存储域，该存储域的路径为 192.168.1.100:/var/lib/exports/iso。

图 5.96　将 ISO 存储域附加到数据中心中

将 DATA 数据域和 ISO 存储域都附加到数据中心后，可以看到数据中心已经启动正常，如图 5.97 所示。

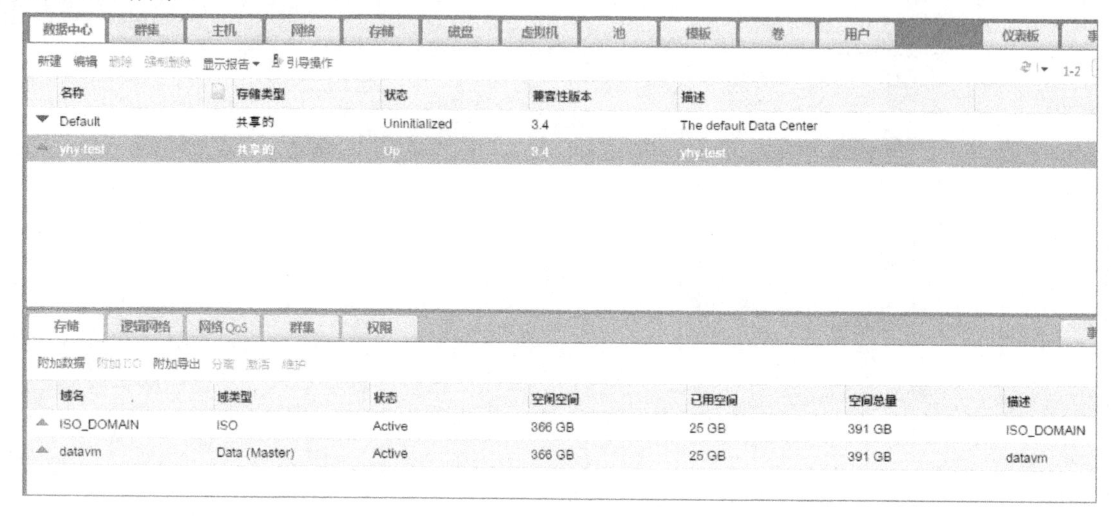

图 5.97 数据中心启动正常的界面

第 9 步：上传镜像。

使用 CRT 工具连接到 192.168.100 的 Cec-M 机器中，然后上传 CentOS 6.5 的镜像到路径 /var/lib/exports/iso/c9a89fc0-910c-4a8b-b7d9-c0251205c1b2/images/11111111-1111-1111-1111-111111111111 下，其中 c9a89fc0-910c-4a8b-b7d9-c0251205c1b2 为一个随机的 ID，在不同的计算机中路径信息不同，如图 5.98 所示。上传完毕后，可在 Cec-M 系统的存储界面中查看该文件，如图 5.99 所示。

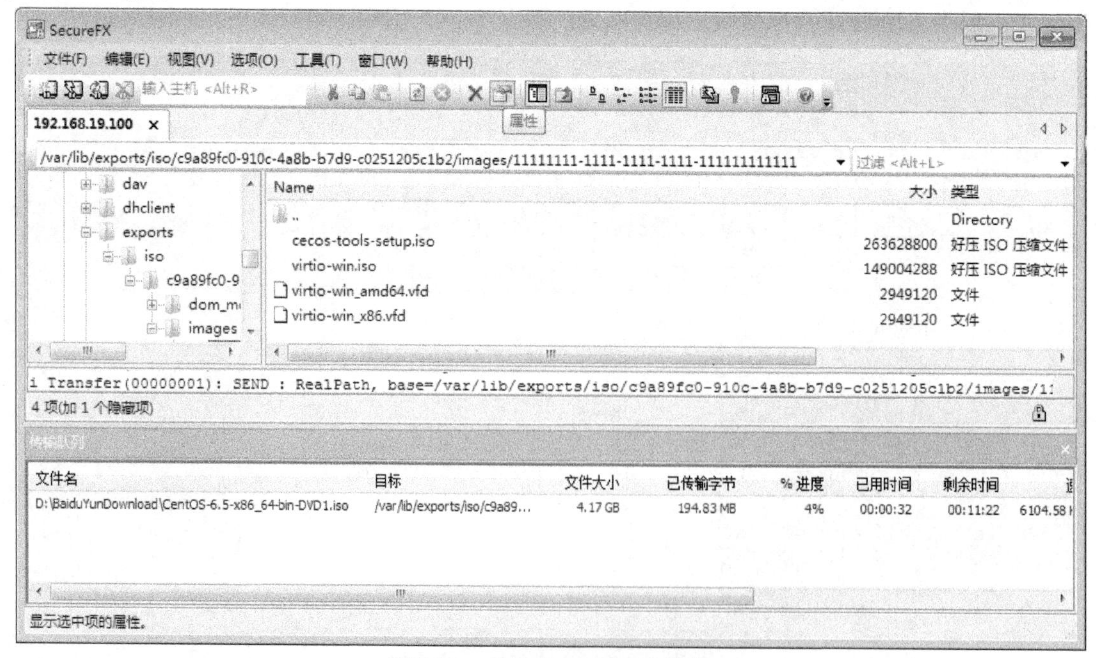

图 5.98 上传 CentOS 6.5 镜像

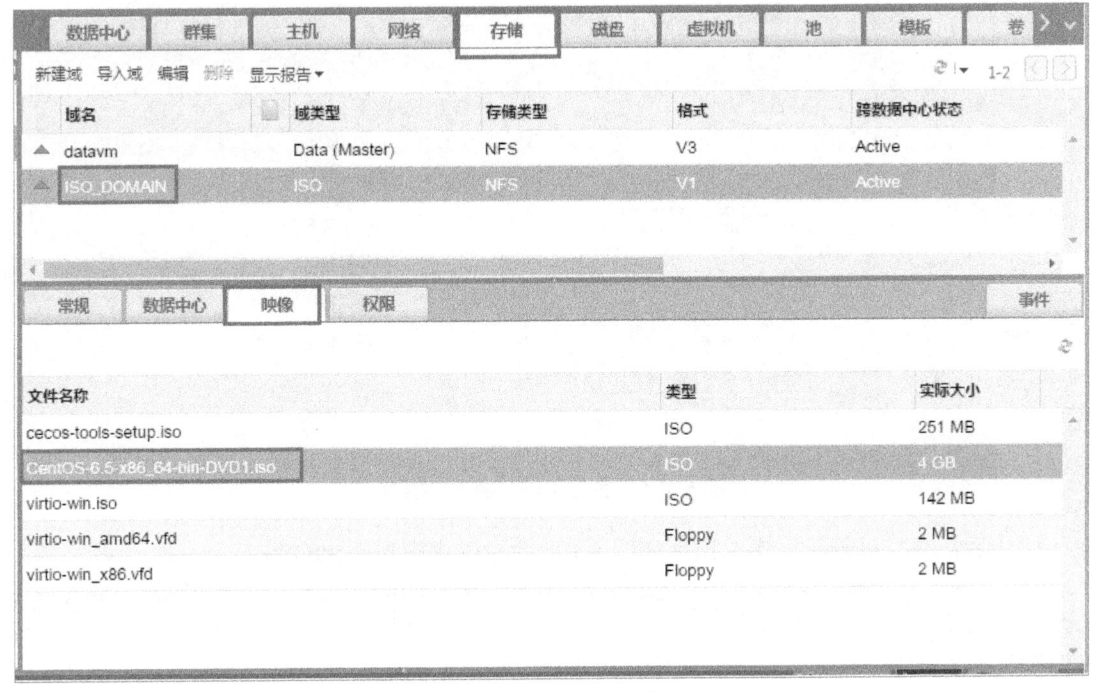

图 5.99　在 ISO 域查看上传后的镜像

第 10 步：安装 CentOS 6 虚拟服务器。

在“虚拟机”选项卡中，单击“新建”按钮，添加一台 CentOS 6 的服务器，名称为 CentOS6，网络接口选择 cecos-vmnet/cecos-vmnet，如图 5.100 所示。确定后，添加虚拟磁盘，设置硬盘大小为 10 GB，如图 5.101 所示。

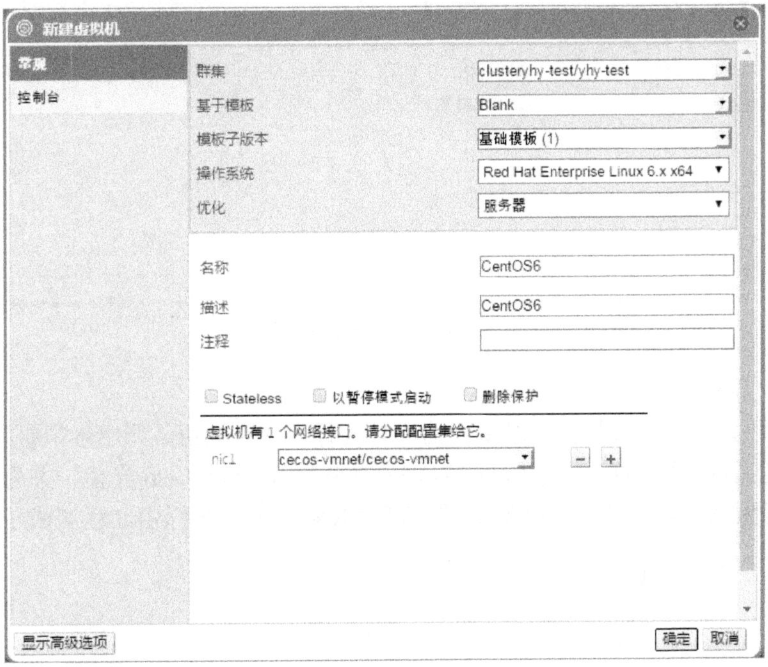

新建虚拟机
常规
控制台
群集 clusteryhy-test/yhy-test
基于模板 Blank
模板子版本 基础模板 (1)
操作系统 Red Hat Enterprise Linux 6.x x64
优化 服务器
名称 CentOS6
描述 CentOS6
注释
Stateless 以暂停模式启动 删除保护
虚拟机有 1 个网络接口。请分配配置集给它。
nic1 cecos-vmnet/cecos-vmnet
显示高级选项 确定 取消

图 5.100　添加 CentOS6 虚拟服务器

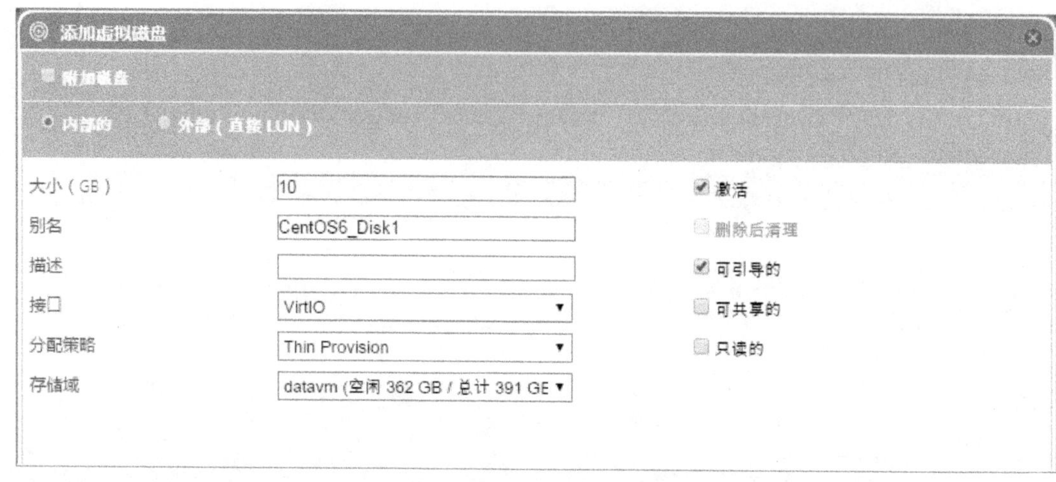

图 5.101　添加 10GB 的虚拟磁盘

确认后，虚拟机创建完毕，出现如图 5.102 所示的虚拟机 CentOS6。

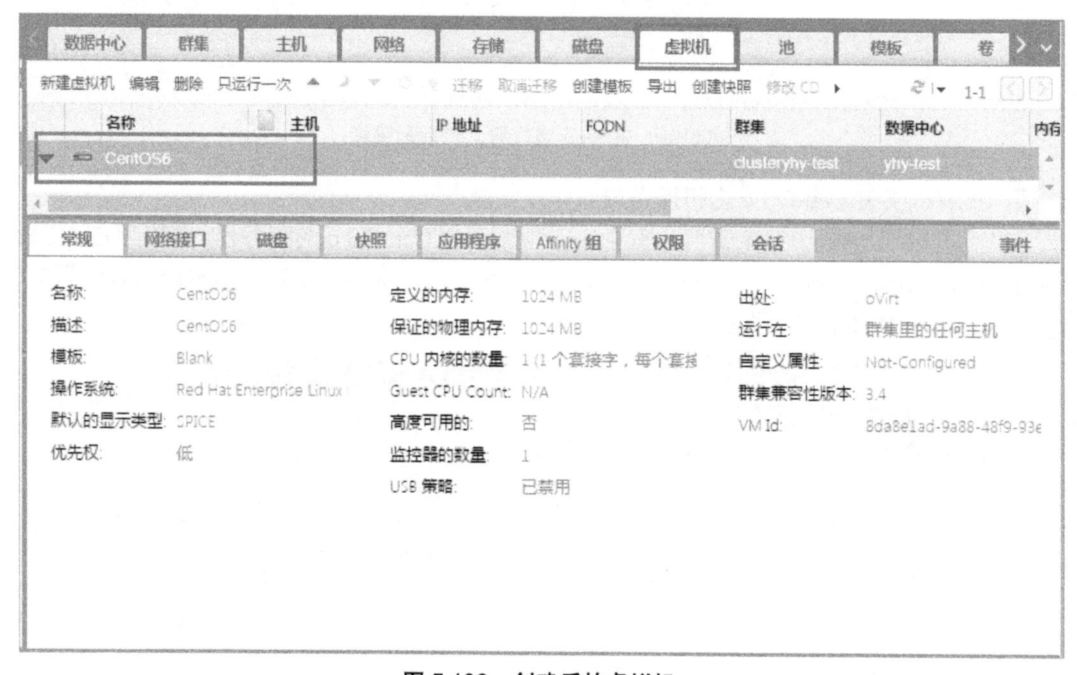

图 5.102　创建后的虚拟机

第 11 步：启动虚拟机。

启动虚拟机，单击“虚拟机”菜单下的“只运行一次”按钮，调出虚拟机运行配置界面，如图 5.103 所示，设置附加 CD 为 CentOS-6.5-x86_64-bin-DVD1.iso 光盘，并将引导序列中的 CD-ROM 设置为第一项，单击“确定”按钮可以看到虚拟机图标由红色变成了绿色。

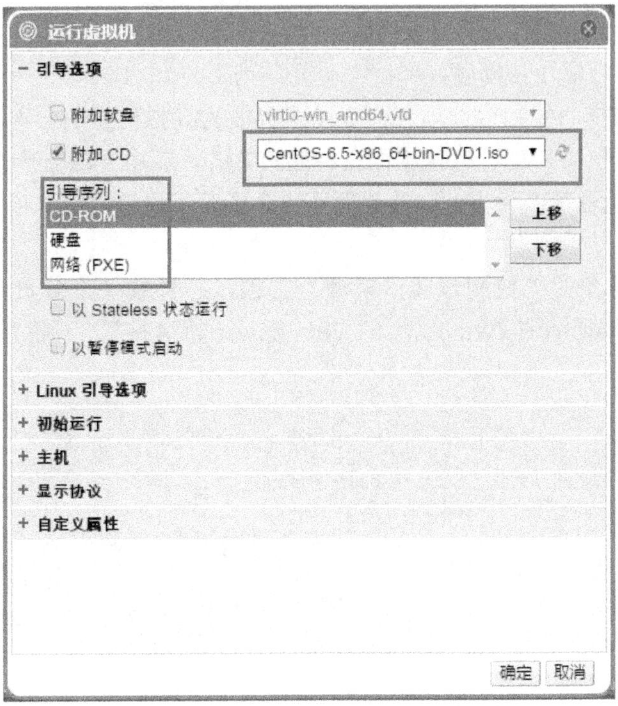

图 5.103 运行虚拟机启动设置

第 12 步：安装虚拟服务器调用工具。

虚拟机启动后，第一次访问可以右击选择“控制台”命令，如图 5.104 所示。

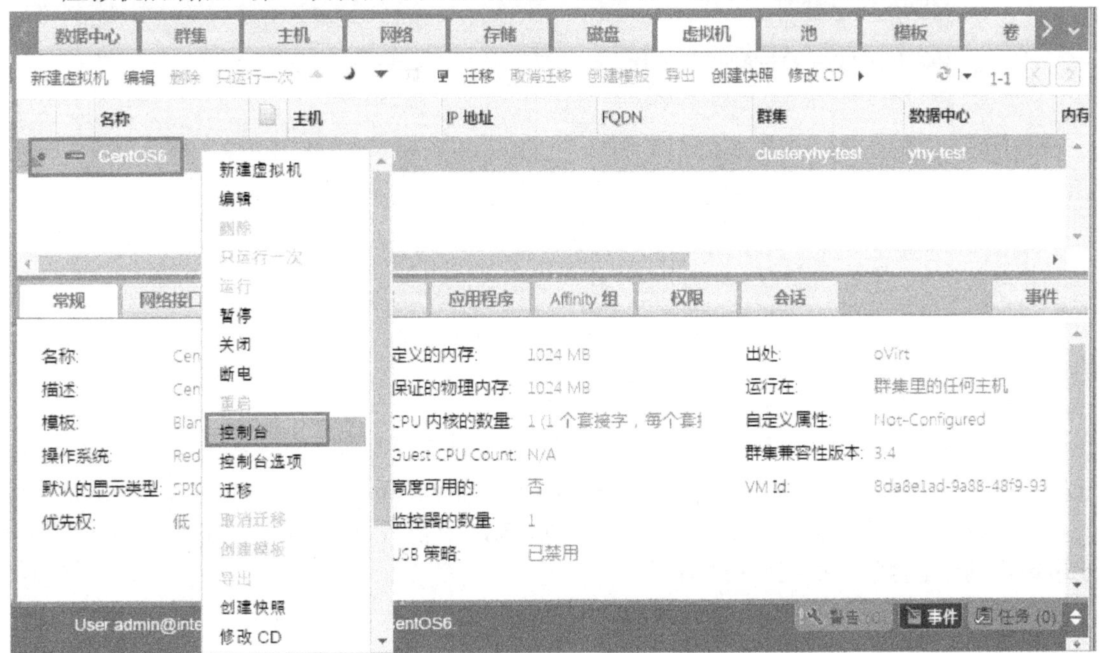

图 5.104 控制台访问虚拟机

在默认情况下，浏览器会自动下载一个名称为 console.vv 的连接文件，但是很有可能该文件无法打开，这是因为虚拟机默认采用的是客户端连接模式，但客户端没有连接软件造成的。可以通过如下步骤解决该问题。

右击虚拟机，选择“控制台选项”命令，该界面为虚拟机控制台连接设置界面，CecOS 中的虚拟机支持 SPICE、VNC、远程桌面三种连接方式，调用方法支持 Native 客户端、浏览器插件、HTML5 浏览器等多种方法，该界面还包含了若干协议配置选项；默认情况下虚拟机采用 SPICE 协议。

单击该界面左下角的“控制台客户资源”链接，打开软件下载页，如图 5.105 所示，在该界面下选择“用于 64 位 Windows 的 Virt Viewer 超链接”，下载并安装 Virt Viewer 连接工具。

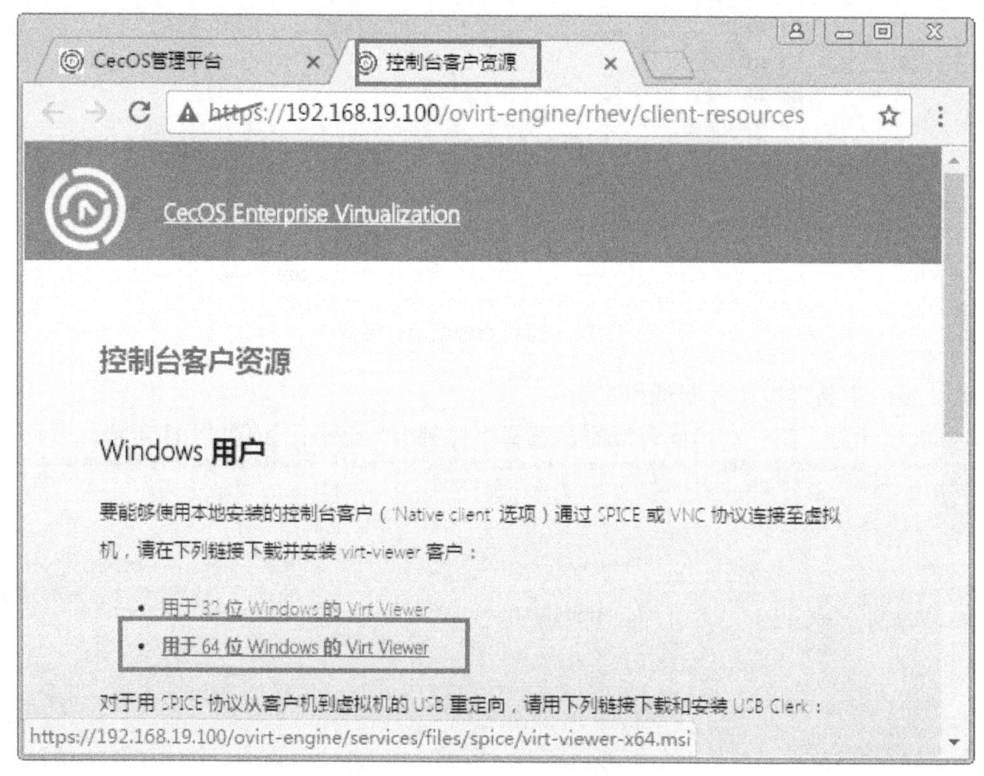

图 5.105　Virt Viewer 下载页面

第 13 步：通过 Virt Viewer 访问虚拟服务器。

在虚拟机界面中，再次右击 CentOS6 虚拟机，选择“控制台”命令，下载 console.vv 文件后，自动打开该文件，Virt Viewer 软件将自动访问 CentOS6 虚拟机，如图 5.106 所示。

在该界面下，参考本书前面介绍的安装步骤，安装一台名为 Minimal 的 CentOS6 虚拟机，安装后启动该虚拟机，如图 5.107 所示。

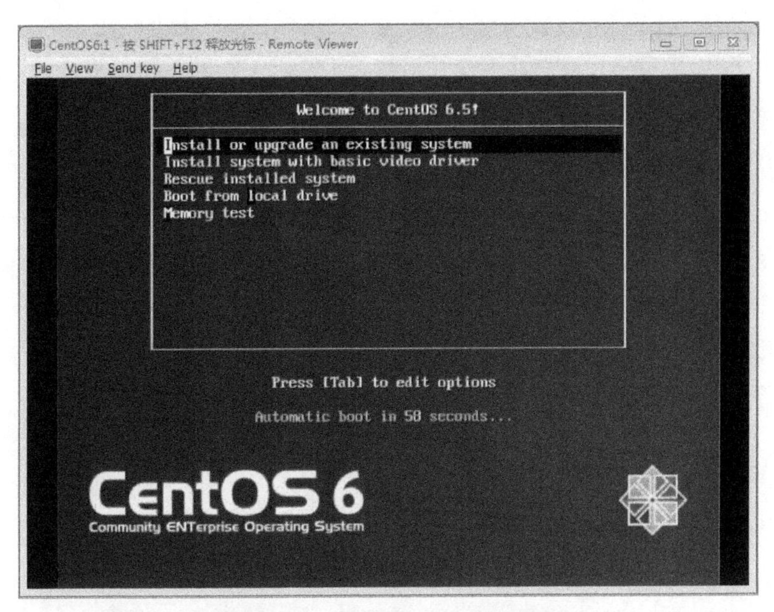

图 5.106　Virt Viewer 访问虚拟服务器

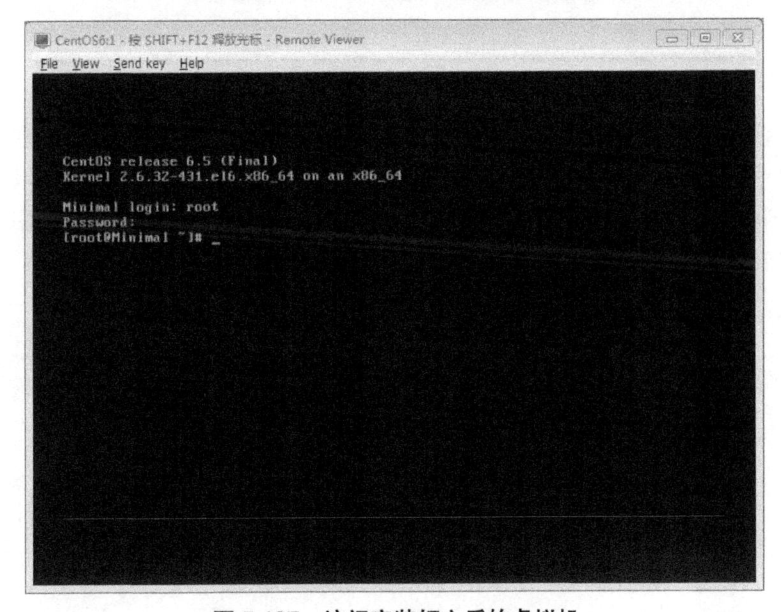

图 5.107　访问安装好之后的虚拟机

第 14 步：通过模板部署新的 CentOS 6 虚拟服务器。

为了将安装好的服务器快速部署成多台服务器，一般需要通过安装系统→封装→制作模板→部署 4 步来完成多个新服务器的部署，具体操作如下。

（1）封装 Linux 服务器：在安装好的 CentOS 6 系统中，通过【rm -rf /etc/ssh/ssh_*】命令删除所有的 SSH 证书文件，再执行【sys-unconfig】命令，虚拟机将自动进行封装；封装后的虚拟机在启动时将重新生成新的计算机配置。

（2）创建快照：右击虚拟机，在快捷菜单中找到“创建快照”命令，或者在上层菜单中单击“创建快照”按钮，如图 5.108 所示，创建一个名为 yhy 的快照。

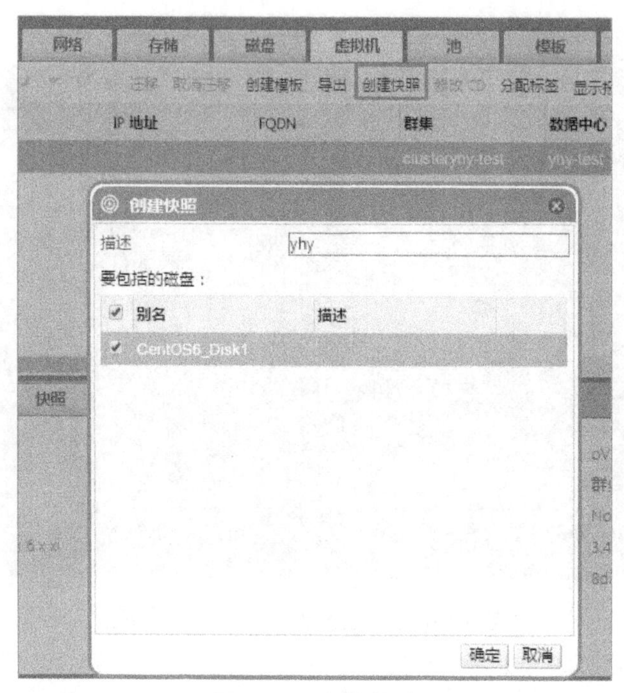

图 5.108　创建快照

（3）创建模板：在虚拟机菜单中选中 CentOS6 虚拟机，右击选择“创建模板”命令，或者在上层菜单中单击“创建模板”按钮，该功能会锁定虚拟机几分钟，然后以此虚拟机为基础，创建一个新的名为“CentOS6-temp”的模板，如图 5.109 所示。创建完毕后在“模板”选项卡中能够看到创建完毕的模板，如图 5.110 所示。

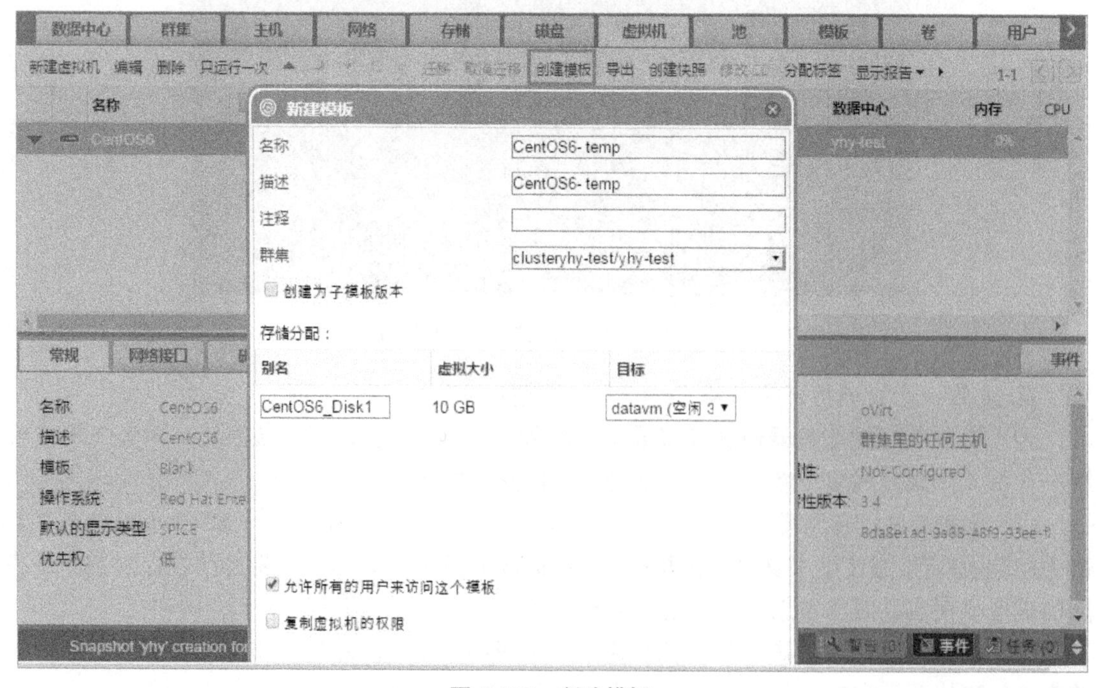

图 5.109　创建模板

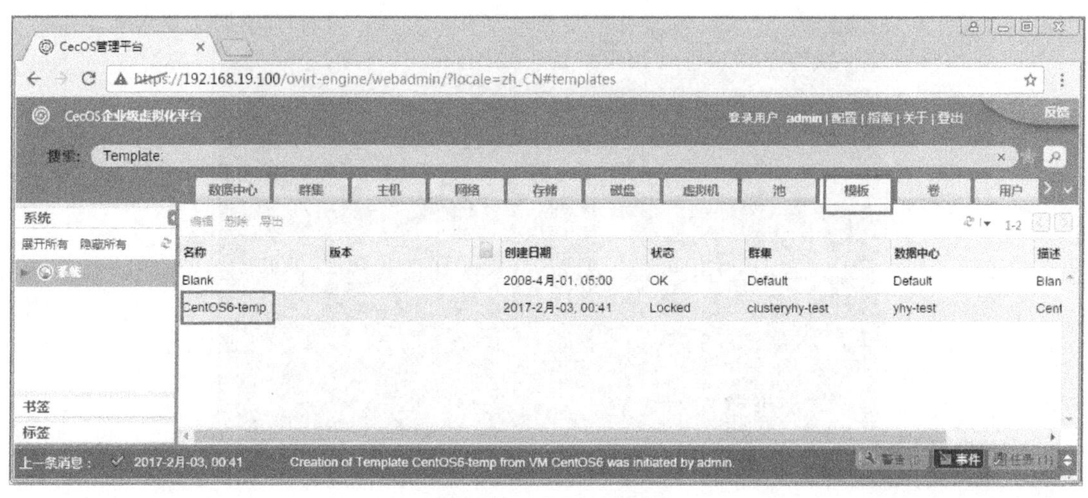

图 5.110 创建好的模板

（4）从模板创建虚拟机主机：在“虚拟机”选项卡中，选择“新建虚拟机”，选择群集，设置“基于模板”为 CentOS6-temp、虚拟机名称为 CentOS-Server1，如图 5.111 所示。

图 5.111 从模板新建虚拟服务器

稍等片刻后，启动该虚拟机，通过简单密码设置等操作之后，新的虚拟服务器就可以快速访问了，如图 5.112 所示。

在模板创建完成之后，即可通过该模板直接创建生成其他的虚拟机。通过合理配置 CentOS-Server1 等服务器，该虚拟机可实现互联网访问，并可以向外提供网络服务。

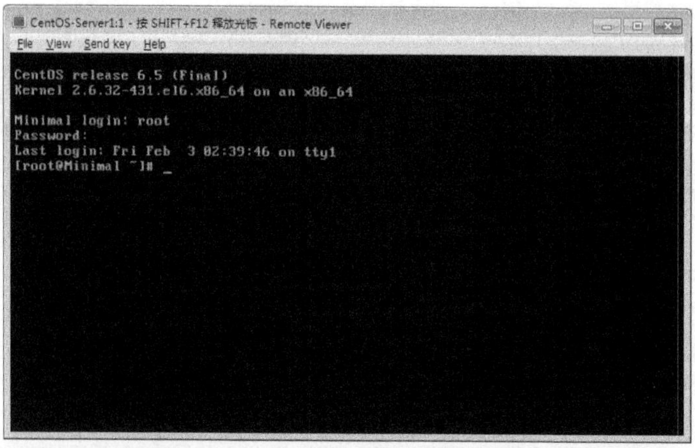

图 5.112　从模板创建好的虚拟服务器

至此，本子任务结束。

5.2.4　配置 CecOS 云计算系统桌面虚拟化

在上一个小节中，我们已经配置好了 CecOS 系统的服务器虚拟化，在本小节中，我们将一步步地来配置 CecOS 系统 Windows 7 操作系统的虚拟化和桌面虚拟化的访问。

第 1 步：上传 Windows 7 光盘镜像。

参考服务器虚拟化的配置，使用 CRT 工具连接到 192.168.19.100 的 Cec-M 机器中，上传一张 Win7_X86_CN.iso 的 32 位中文版系统到 ISO 存储域/var/lib/exports/iso/c9a89fc0-910c-4a8b-b7d9-c0251205c1b2/images/11111111-1111-1111-1111-111111111111 中。

第 2 步：新建 Windows 7 桌面虚拟机。

在"虚拟机"选项卡中，单击"新建虚拟机"，设置操作系统为 Windows 7、名称为 Win7x86，优化类型自动选择为"桌面"，如图 5.113 所示，为虚拟机添加一个 20 GB 的虚拟磁盘，如图 5.114 所示。

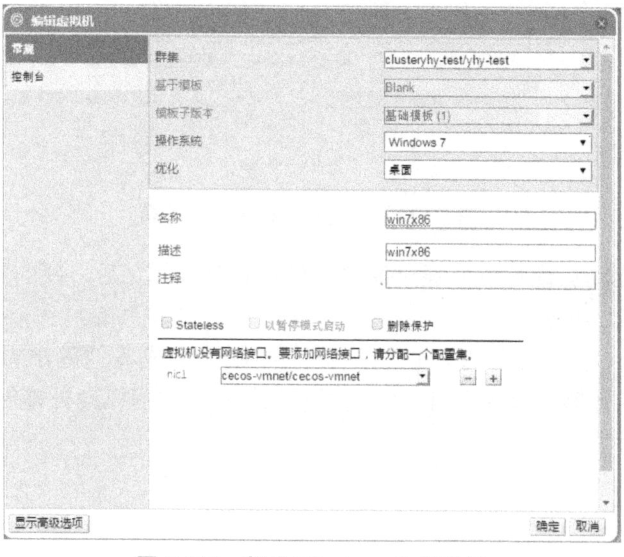

图 5.113　新建 Windows 7 虚拟机

图 5.114　添加虚拟硬盘

第 3 步：启动 Win7x86 桌面虚拟机。

使用虚拟机右键菜单中的“只运行一次”命令。Win7x86 虚拟机的安装配置如图 5.115 所示，附加软盘 Virtio-win_x86.vfd 用于安装硬盘驱动，设置附加 CD 为 Win7_X86_CN.iso，将“引导序列”中的 CD-ROM 设为首位，确定启动虚拟机。

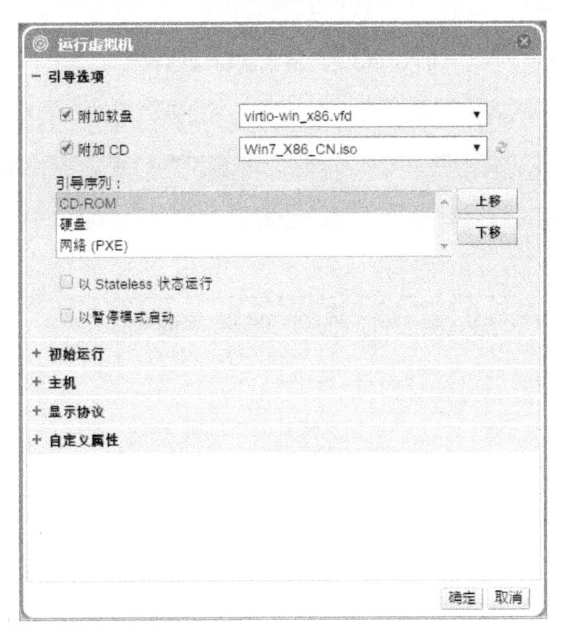

图 5.115　Win7x86 虚拟机的安装配置

第 4 步：安装 Windows 7 操作系统。

引导进入操作系统，单击“下一步”→“现在安装”→“接受许可”→“自定义（高级）”等界面选项，进入“驱动器”选择界面，提示无法找到硬盘，如图 5.116 所示。单击“加载驱动程序”，如图 5.117 所示，选择“Red Hat VirtIO SCSI controller(A:\i386\Win7\viostor.inf)”，加载磁盘驱动，单击“下一步”按钮。

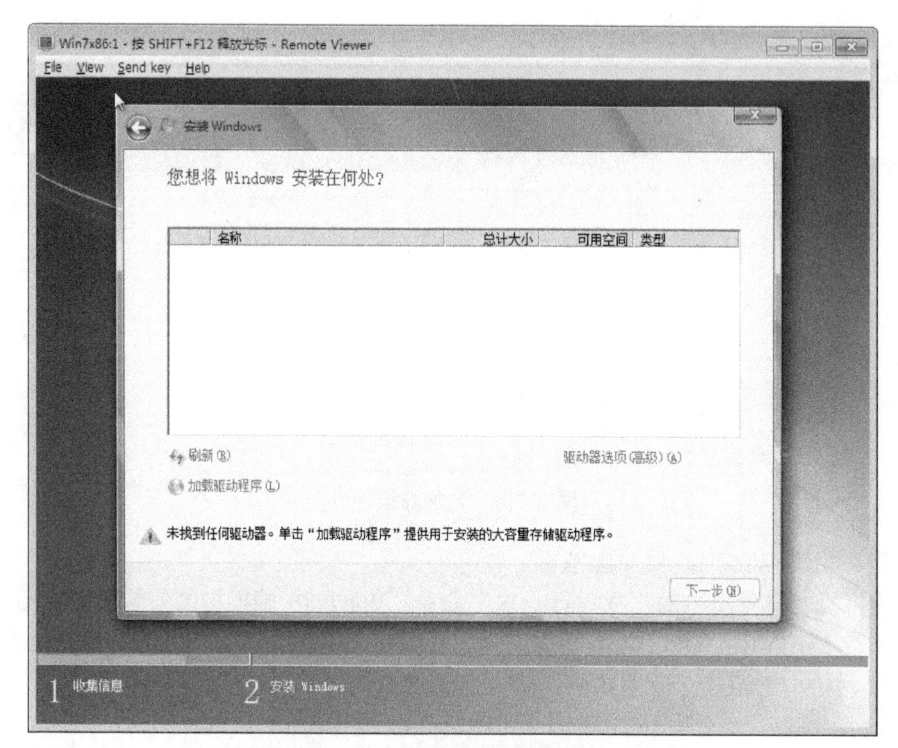

图 5.116　无法找到磁盘的界面

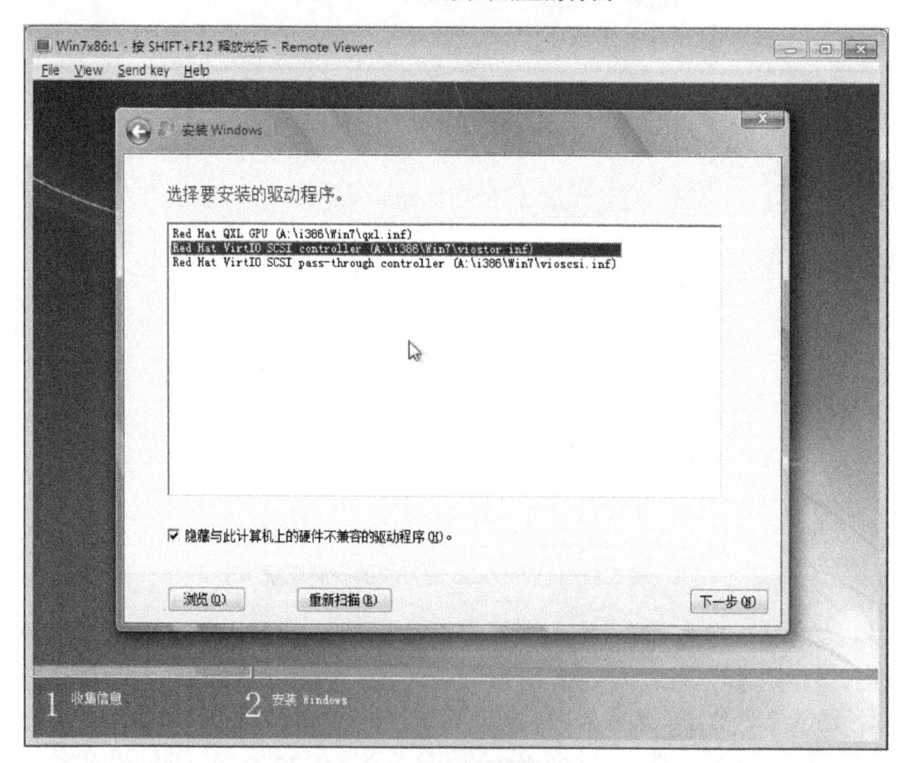

图 5.117　选择磁盘驱动文件

如图 5.118 所示，20 GB 的磁盘找到了，选择该硬盘后直接单击“下一步”按钮进行系统的自动安装，如图 5.119 所示。

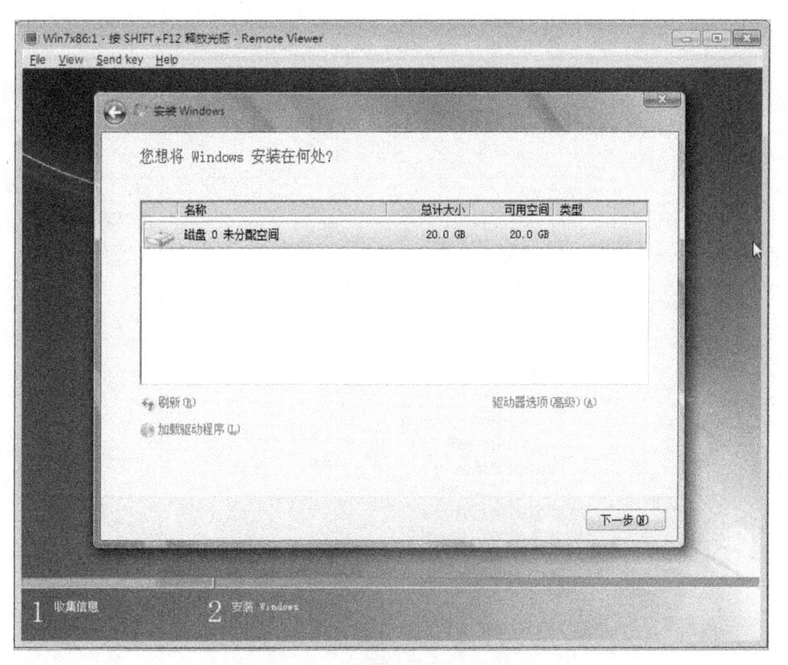

图 5.118　选择磁盘安装系统

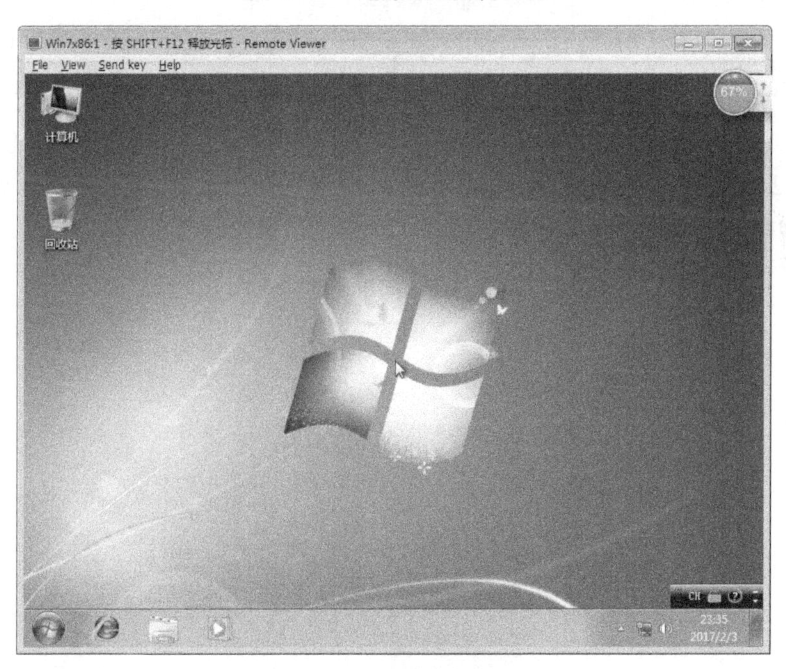

图 5.119　系统安装完成

第 5 步：安装系统驱动程序和虚拟机代理软件。

在安装完毕的 Windows 7 系统中，可以发现很多驱动程序没有被正确安装，如图 5.120 所示。

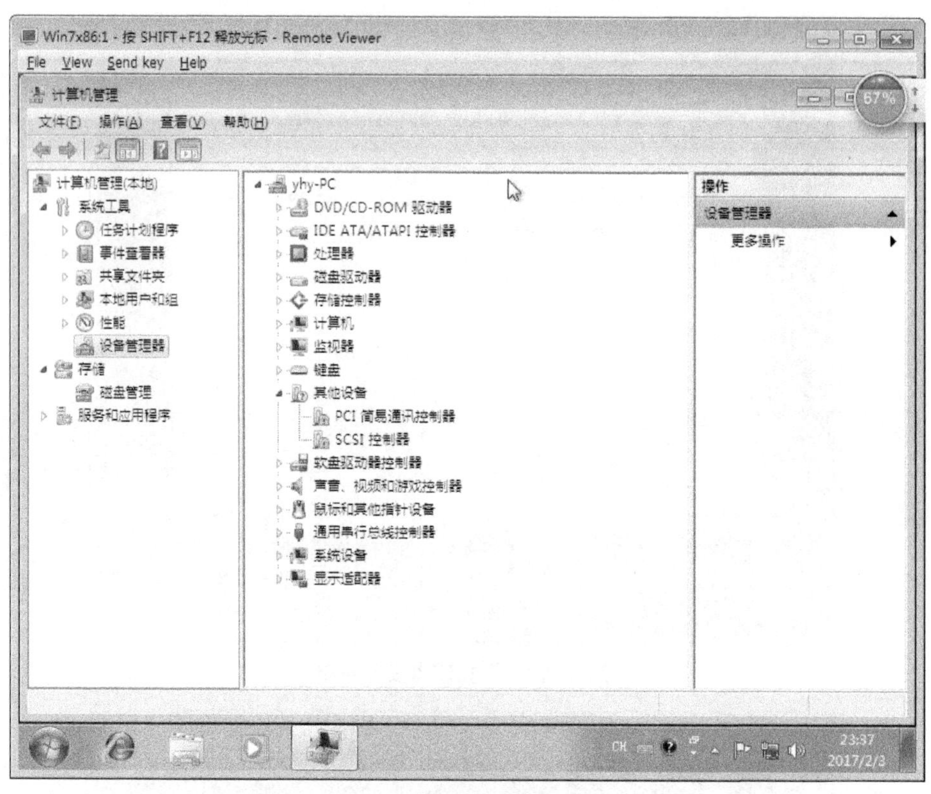

图 5.120　设备未被驱动

如图 5.121 所示，在 win7x86 虚拟机的右键快捷菜单中选择“修改 CD”命令，再选择 cecos-tools-setup.iso，如图 5.122 所示，通过该光盘自动安装驱动和部分工具。

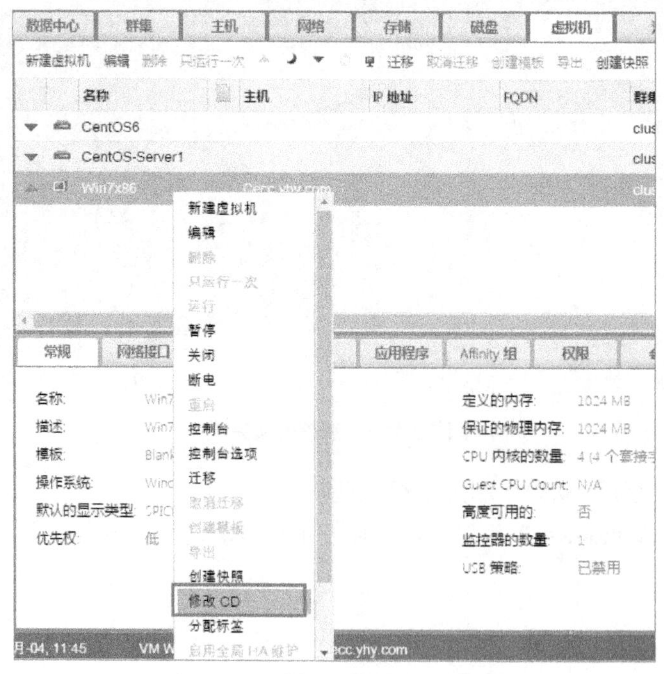

图 5.121　选择“修改 CD”命令

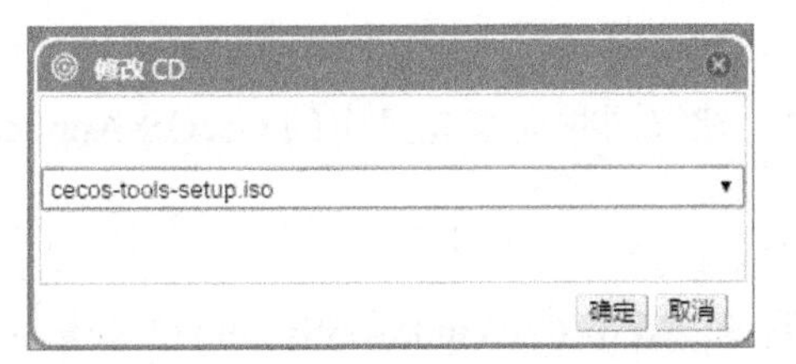

图 5.122　修改 CD 光盘文件

加载完光盘后，双击光盘中的 CecOS Tools Setup 文件，如图 5.123 所示，完成所有驱动程序和代理服务的安装。如图 5.124 所示，安装完毕后重启虚拟机。

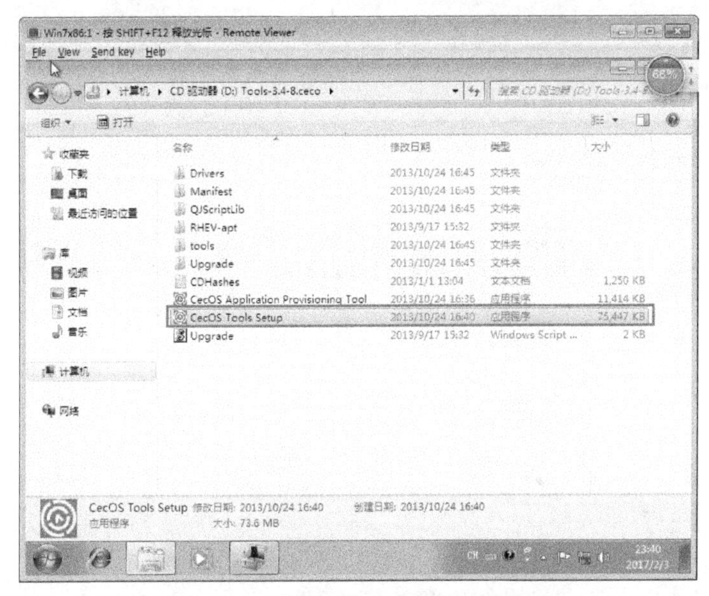

图 5.123　选择安装光盘中的工具程序

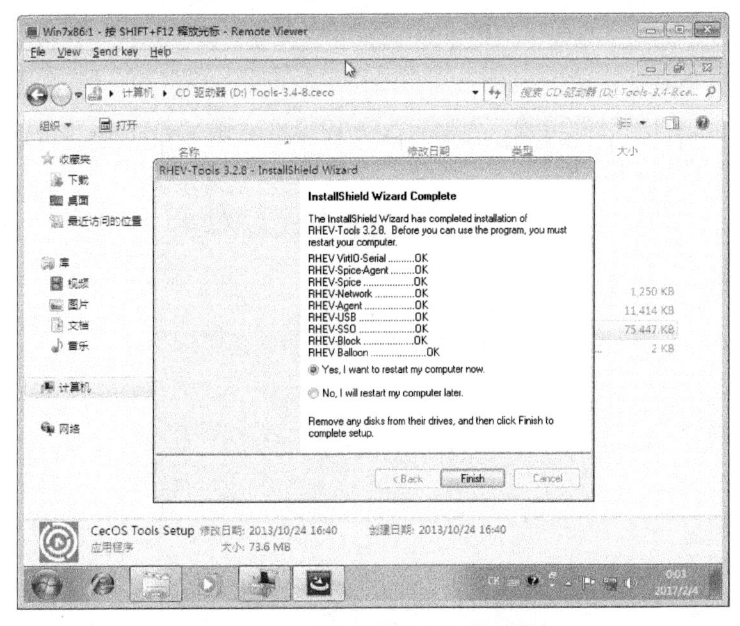

图 5.124　安装驱动程序和代理服务

安装完驱动程序和代理服务后，鼠标就能平滑地在真实机与虚拟机之间移动了，不再需要同时按 Shift+F12 组合键。建议同时安装光盘中的 CecOS Application Provisioning Tool，用于部署应用识别代理。

第 6 步：封装桌面操作系统。

进入安装完毕的操作系统，双击 C:\Windows\System32\Sysprep\sysprep.exe 文件，进行对操作系统的封装，封装后操作系统将自动关机，如图 5.125 所示。

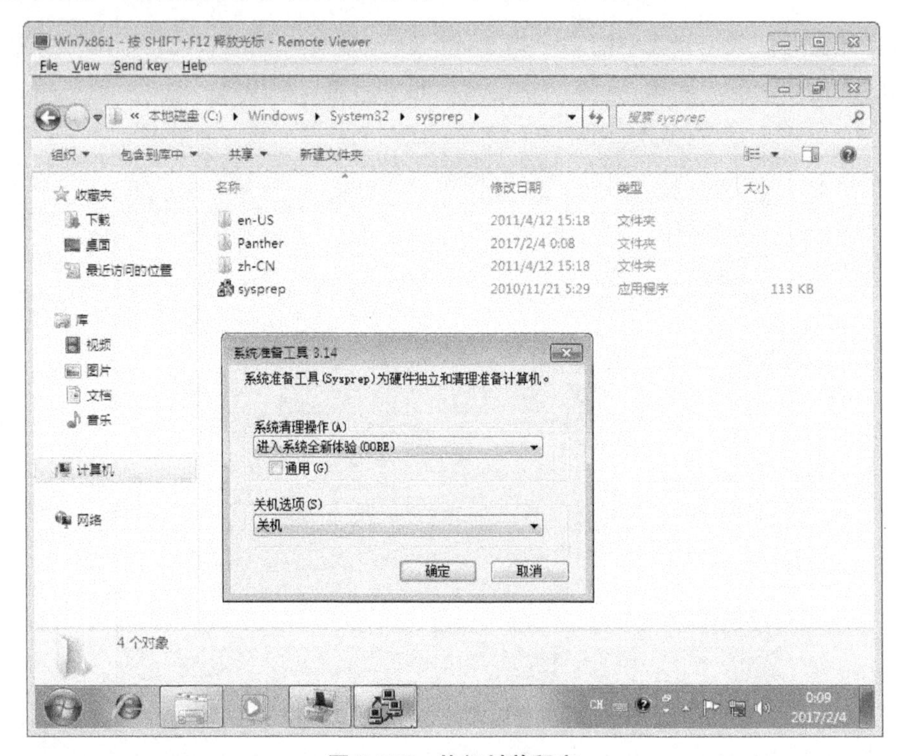

图 5.125　执行封装程序

第 7 步：创建快照和模板。

参考服务器虚拟机部分的步骤，为 Win7x86 虚拟机创建 YHY-Base 快照和 Win7x86-temp 模板，如图 5.126 和图 5.127 所示。

图 5.126　添加快照

新建模板

名称 Win7x86-temp

描述 Win7x86-temp-yhy

注释

群集 clusteryhy-test/yhy-test

创建为子模板版本

存储分配：

别名	虚拟大小	目标
Win7x86_Disk1	20 GB	datavm (空闲 3

允许所有的用户来访问这个模板

复制虚拟机的权限

确定 取消

图 5.127　添加模板

第 8 步：从模板创建桌面池。

桌面虚拟化与服务器虚拟化最大的不同是需要将桌面作为平台传送给客户，而服务器虚拟化则没有此需求，因此桌面虚拟化中的桌面虚拟机是通过“桌面池”的重要概念来进行批量分配的。

在“池”页面中，单击“新建池”按钮，利用 Win7x86-temp 模板创建一个名为 win7-yhyu 的桌面池，选择“显示高级选项”，设置虚拟机的数量为 5，每个用户的最大虚拟机数目为 5，如图 5.128 所示。设置“池类型”为“手动”，如图 5.129 所示。

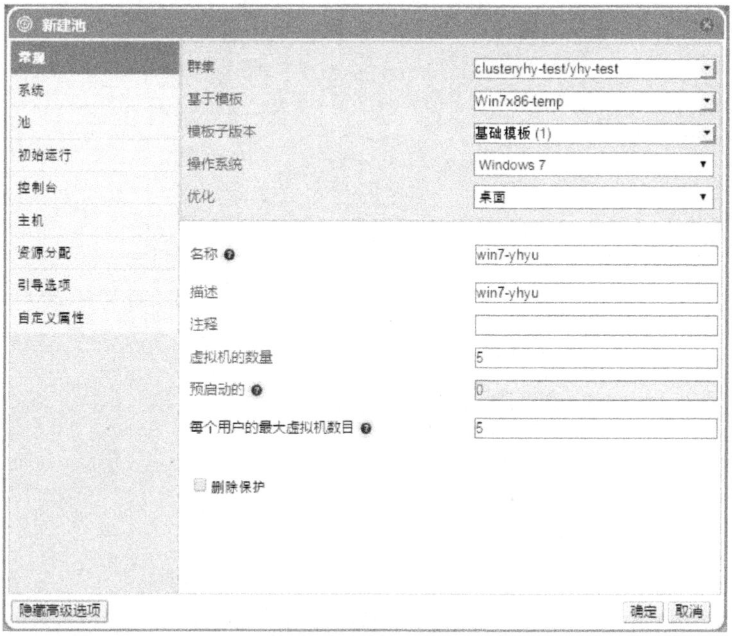

新建池

常规
系统
池
初始运行
控制台
主机
资源分配
引导选项
自定义属性

群集 clusteryhy-test/yhy-test

基于模板 Win7x86-temp

模板子版本 基础模板 (1)

操作系统 Windows 7

优化 桌面

名称 win7-yhyu

描述 win7-yhyu

注释

虚拟机的数量 5

预启动的 0

每个用户的最大虚拟机数目 5

删除保护

隐藏高级选项 确定 取消

图 5.128　桌面池的常规设置

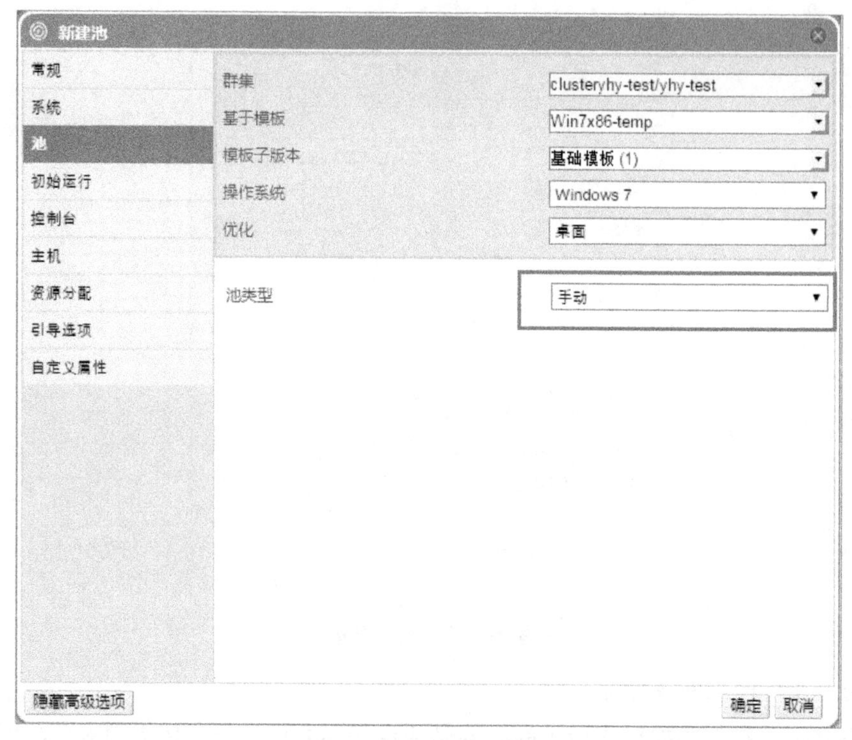

图 5.129　设置池类型

特别注意，请设置“控制台”中的“USB 支持”为 Native，选中“禁用单点登录”选项，如图 5.130 所示；设置完成后，发现分别出现了 5 台虚拟机，如图 5.131 所示。

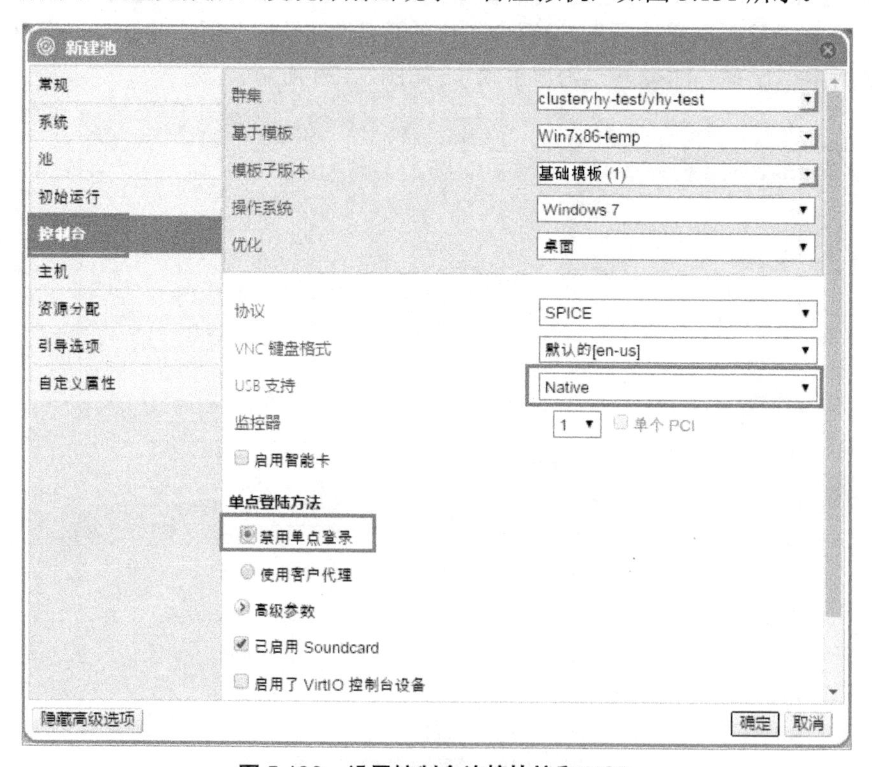

图 5.130　设置控制台连接协议和 USB

图 5.131　从池中生成的桌面虚拟机

第9步：设置桌面池用户权限。

如图 5.132 所示，在“池”→“权限”选项卡中，单击“添加连接”为系统唯一账户 admin 分配一个新角色 UserRole，并将桌面池的权限分配给该用户，如图 5.133 和图 5.134 所示。

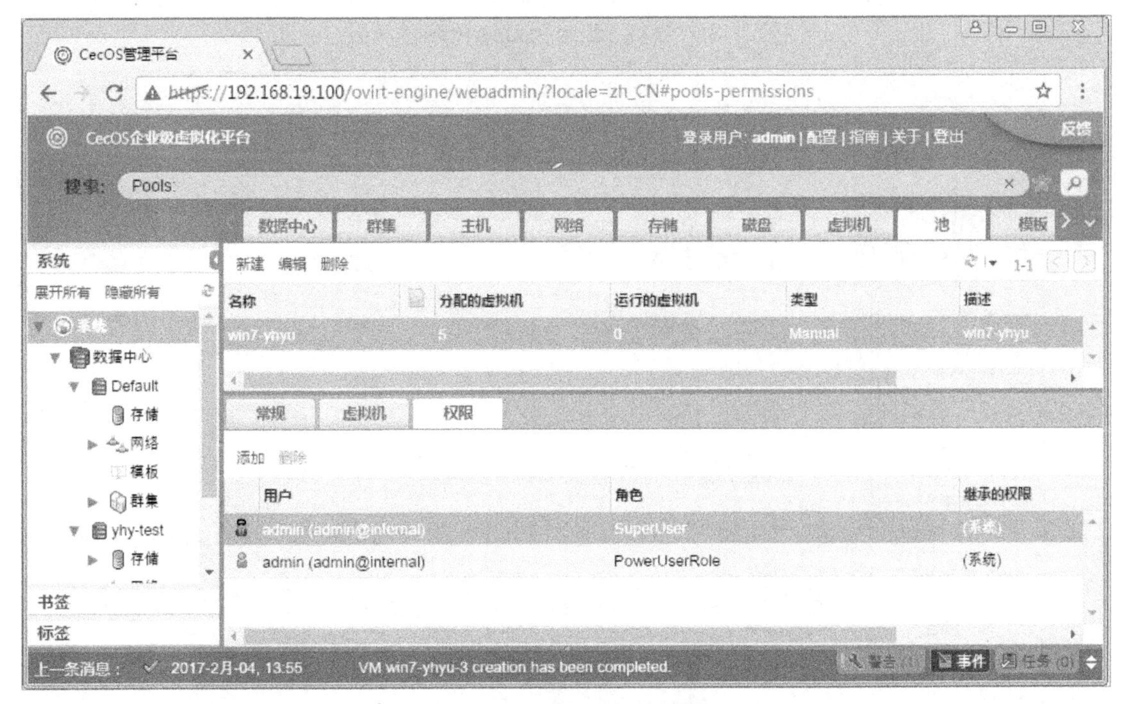

图 5.132　添加池权限信息

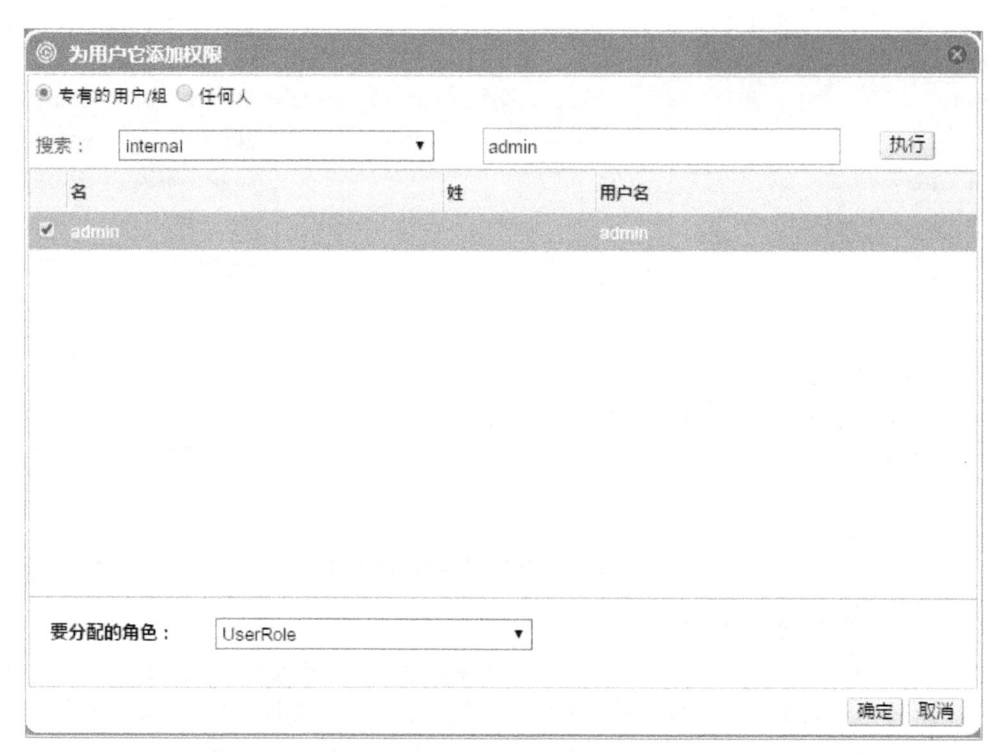

图 5.133　添加 admin 为 UserRole 的角色

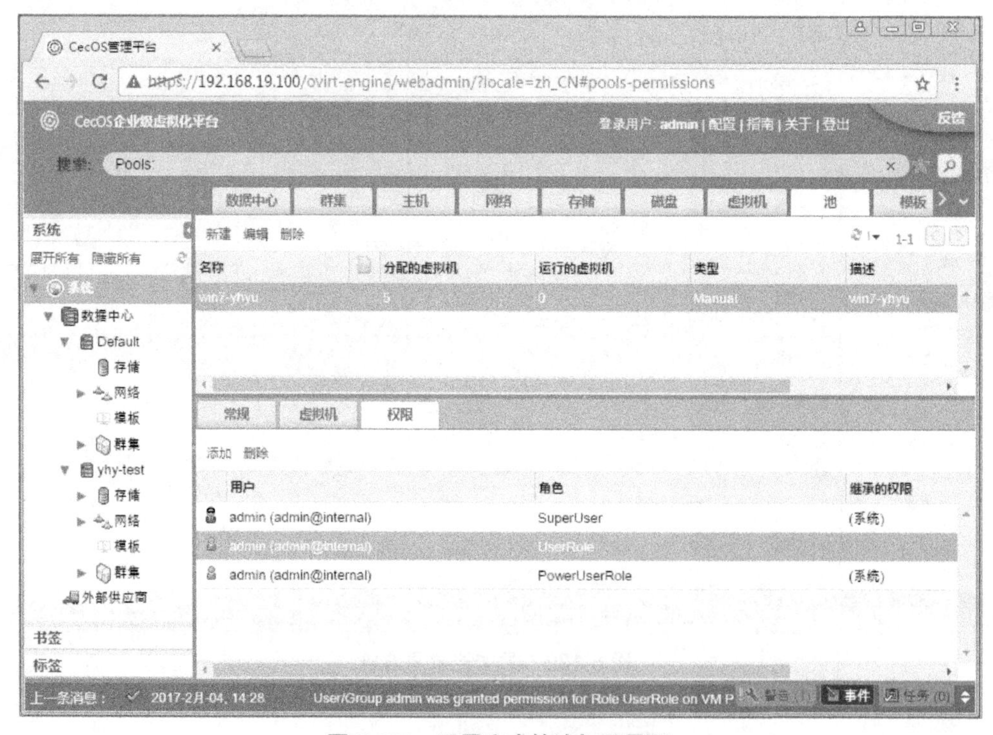

图 5.134　配置完成的池权限界面

第 10 步：访问 Win7x86 桌面虚拟机。

使用 192.168.19.100 的网址访问系统主页，选择“登录”连接，输入 admin 账号和密码，登录系统。

选择“基本视图”，可以看到一台名为 win7-yhy 的虚拟机。单击“采用该虚拟机”的绿色箭头按钮，虚拟机启动了一台名为 win7-yhy-1 的虚拟机，如图 5.135 所示。等待虚拟机就绪后双击该虚拟机的图标，将通过 SPICE 协议连接到虚拟桌面中，简单设置之后，虚拟机就可以通过 192.168.19.0/24 网段的地址访问互联网了，如图 5.136 所示。

图 5.135 为 admin 用户启动桌面虚拟机

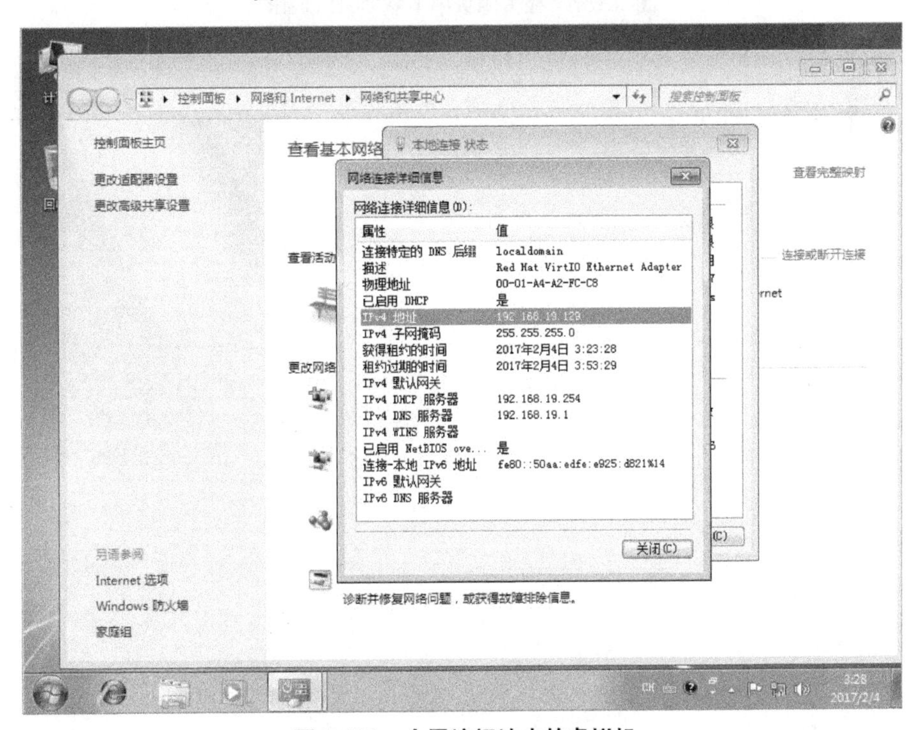

图 5.136 全屏访问池中的虚拟机

默认连接协议全屏访问，并支持 USB 设置（客户端 U 盘可以直接映射到虚拟机中），在控制器资源网页中下载安装 USB 相应版本重定向软件 USB Clerk，下载页面如图 5.137 所示，设置完成后，访问 Win7x86 桌面虚拟机，可以将客户端中的 U 盘映射在桌面虚拟机中。

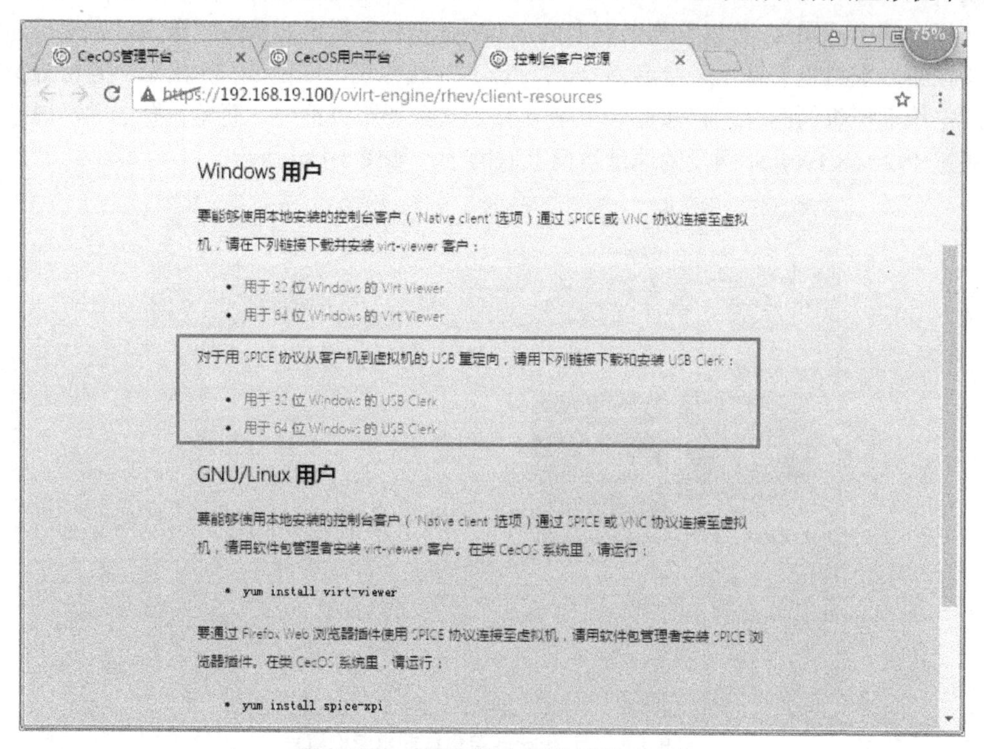

图 5.137　在资源页中下载 USB Clerk